广联达 计量计价实训系列教程

GUANGLIANDA JILIANG JIJIA SHIXUN XILIE JIAOCHENG

建筑工程计量与计价
实训教程（云南版）（第2版）

JIANZHU GONGCHENG JILIANG YU JIJIA
SHIXUN JIAOCHENG

主　编

张必超　昆明融众建筑工程技术咨询有限公司
王全杰　广联达软件股份有限公司
屈俊童　云南大学

副主编

朱溢镕　广联达软件股份有限公司
容绍波　昆明融众建筑工程技术咨询有限公司
韩利红　云南农业大学

参　编

刘师雨　广联达软件股份有限公司
徐　静　云南经济管理学院
王　瑞　云南农业大学
李敬民　云南农业大学
李云春　云南农业大学
李鹏伟　云南旅游职业学院
张国强　云南经济管理学院
孙俊玲　昆明冶金高等专科学校
蒲爱华　昆明理工大学
李　煜　云南开放大学
邓荣榜　云南城市建设职业学院
刘　军　云南机电职业技术学院

主　审

苏　欣　昆明学院

重庆大学出版社

内 容 提 要

本书主要分建筑工程计量与建筑工程计价两篇。上篇详细介绍了如何识图、如何从清单与定额的角度进行分析,确定算什么、如何算的问题,然后讲解了如何应用广联达土建算量软件完成工程量的计算;下篇主要介绍了在采用广联达造价系列软件完成土建工程量计算与钢筋工程量计算后,如何完成工程量清单计价的全过程,并提供了报表实例。

通过本书学习,可以让学生掌握正确的算量流程和组价流程、掌握软件的应用方法,能够独立完成工程量计算和清单计价。

本书可作为高等职业教育工程造价专业实训用教材,也可作为建筑工程技术专业、监理专业等的教学参考用书,还可作为岗位培训教材或供土建工程技术人员学习参考。

图书在版编目(CIP)数据

建筑工程计量与计价实训教程:云南版/张必超,
王全杰,屈俊童主编.—2版.—重庆:重庆大学出版
社,2016.8(2022.1重印)
广联达 BIM 造价实训系列教程
ISBN 978-7-5624-8543-8

Ⅰ.①建⋯　Ⅱ.①张⋯　②王⋯　③屈⋯　Ⅲ.①建筑工
程—计量—教材②建筑工程—工程造价—教材　Ⅳ.
①TU723.3

中国版本图书馆 CIP 数据核字(2016)第 182816 号

广联达 BIM 造价实训系列教程
建筑工程计量与计价实训教程(云南版)
(第 2 版)
主　编　张必超　王全杰　屈俊童
副主编　朱溢镕　容绍波　韩利红
主　审　苏　欣
责任编辑:范春青　　版式设计:范春青
责任校对:邹　忌　　责任印制:赵　晟

*

重庆大学出版社出版发行
出版人:饶帮华
社址:重庆市沙坪坝区大学城西路 21 号
邮编:401331
电话:(023) 88617190　88617185(中小学)
传真:(023) 88617186　88617166
网址:http://www.cqup.com.cn
邮箱:fxk@ cqup.com.cn (营销中心)
全国新华书店经销
POD:重庆新生代彩印技术有限公司

*

开本:787mm×1092mm　1/16　印张:20.5　字数:499千
2014 年 10 月第 1 版　2016 年 8 月第 2 版　2022 年 1 月第 5 次印刷
ISBN 978-7-5624-8543-8　定价:49.00 元

编审委员会

出版说明

近年来,每次与工程造价专业的老师交流时,大家都希望能够有一套广联达造价系列软件的实训教材——帮助老师们切实提高教学效果,让学生真正掌握使用软件编制造价的技能,从而满足企业对工程造价人才的需求,达到"零适应期"的应用教学目标。

围绕工程造价专业学生"零适应期"的应用教学目标,我们对 140 多家企业进行了深度调研,其中包括建筑安装施工企业 69 家、房地产开发企业 21 家、工程造价咨询企业 25 家、建设管理单位 27 家。通过调研,我们分析总结出企业对工程造价人才的四点核心要求:

1. 识读建筑工程图纸能力 90%
2. 编制招投标价格和标书能力 87%
3. 造价软件运用能力 94%
4. 沟通、协作能力 85%

同时,我们还调研了近 300 所院校,包括本科、高职高专、中职等。从中我们了解到,各院校工程造价实训教学的推行情况,以及对软件实训教学的期待:

1. 进行计量计价手工实训 98%
2. 造价软件实训教学 85%
3. 造价软件作为课程教学 93%
4. 采用本地定额与清单进行实训教学 96%
5. 合适图纸难找 80%
6. 不经常使用软件,对软件功能掌握不熟练 36%
7. 软件教学准备时间长、投入大,尤其需要编制答案 73%
8. 学生的学习效果不好评估 90%
9. 答疑困难,软件中相互影响因素多 94%
10. 计量计价课程要理论与实际紧密结合 98%

从本次面向企业和学校展开的广泛交流与调研中,我们得到如下结论:

1. 工程造价专业计量计价实训是一门将工程识图、工程结构、计量计价等相关课程的知识、理论、方法与实际工作结合的应用性课程。

2. 工程造价技能需要实践。在工程造价实际业务的实践中,能够更深入领会所学知识,全面透彻理解知识体系,做到融会贯通,知行合一。

3. 工程造价需要团队协作。随着建筑工程规模的扩大,工程多样性、差异性、复杂性的提高,工期要求越来越紧,工程造价人员需要通过多人协作来完成项目;因此,造价课程的实践需要以团队合作方式进行,在过程中培养学生与人合作的团队精神。

工程计量与计价是造价人员的核心技能,计量计价实训课程是学生从学校走向工作岗位的练兵场,架起了学校与企业的桥梁。

计量计价课程的开发团队需要企业业务专家、学校优秀教师、软件企业金牌讲师三方的精诚协作,共同完成。业务专家以提供实际业务案例、优秀的业务实践流程、工作成果要求为重点;教师以教学方式、章节划分、课时安排为重点;软件讲师则以如何应用软件解决业务问题、软件应用流程、软件功能讲解为重点。

依据计量计价课程本地化的要求,我们组建了由企业、学校、软件公司三方专家构成的地方专家编委会,确定了课程编制原则:

1. 培养学生工作技能、方法、思路;

2. 采用实际工程案例;

3. 以工作任务为导向,采用任务驱动的方式;

4. 加强业务联系实际,包括工程识图,从定额与清单两个角度分析算什么、如何算;

5. 以团队协作的方式进行实践,加强讨论与分享环节;

6. 课程应以技能培训的实效作为检验的唯一标准;

7. 课程应方便教师教学,做到好教、易学。

教材中业务分析由各地业务专家及教师编写,软件操作部分由广联达公司讲师编写,课程中各阶段工程由专家及教师编制完成(广联达公司审核),教学指南、教学PPT、教学视频由广联达公司组织编写并录制,教学软件需求由企业专家、学校教师共同编制,教学相关软件由广联达软件公司开发。

本教程编制框架分为7个部分:

1. 图纸分析,解决识图的问题;

2. 业务分析,从清单、定额两个方面进行分析,解决本工程要算什么以及如何算的问题;

3. 如何应用软件进行计算;

4. 本阶段的实战任务;

5. 工程实战分析;

6. 练习与思考;

7. 知识拓展。

在上述调研分析的基础上,广联达组织编写了第一版4本实训教材。教材上市两年多来,销售超过10万册,反响良好,全国大多高等职业院校采用此实训教程作为工程造价等专业软件操作实训教材。在这两年的时间里,土建实训教程已经实现了15个地区本地化。随着2013新清单的推广应用,各地新定额的配套实施,广联达教育事业部联合各地高校专业资深教师完成已开发地区本地化教程及课程资料包的更新,教材中按照新清单及地区新定额,结合广联达新土建算量计价软件重新编制了案例模型文件,对教材整体框架进行了调整,更适应高校软件实训课程教学,满足高校实训教学需要。

新版教材、配套资源以及授课模式讲解如下:

一、土建计量计价实训教程

1.《办公大厦建筑工程图》

2.《钢筋工程量计算实训教程》

3.《建筑工程计量与计价实训教程》(分地区版)

二、土建计量计价实训教程资料包

为了方便教师开展教学,与目前新清单、新定额相配套,切实提高实际教学质量,按照新的内容全面更新实训教学配套资源:

教学指南：

4.《钢筋工程量计算实训教学指南》

5.《建筑工程计量与计价实训教学指南》

教学参考：

6. 钢筋工程量计算实训授课 PPT

7. 建筑工程计量与计价实训授课 PPT

8. 钢筋工程量计算实训教学参考视频

9. 建筑工程计量与计价实训教学参考视频

10. 钢筋工程量计算实训阶段参考答案

11. 建筑工程计量与计价实训阶段参考答案

教学软件：

12. 广联达 BIM 钢筋算量软件　GGJ2013

13. 广联达 BIM 土建算量软件　GCL2013

14. 广联达计价软件　GBQ4.0

15. 广联达钢筋算量评分软件　GGJPF2013：可以批量地对钢筋工程进行评分

16. 广联达土建算量评分软件　GCLPF2013：可以批量地对土建算量工程进行评分

17. 广联达计价评分软件　GBQPF4.0：可以批量地对计价文件进行评分

18. 广联达钢筋对量软件　GSS2014：可以快速查找学生工程与标准答案之间的区别，找出问题所在

19. 广联达图形对量软件　GST2014

20. 广联达计价审核软件　GSH4.0：快速查找两组价文件之间的不同之处

以上除教材外的第4—20项内容由广联达科技股份有限公司以课程的方式提供。

三、教学授课模式

针对之前老师对授课资料包的运用不清楚的地方，我们建议老师们采用"团建八步教学法"模式进行教学，充分合理、有效利用我们的授课资料包所有内容，高效完成教学任务，提升课堂教学效果。

何谓团建？团建也就是将班级学生按照成绩优劣等情况合理地搭配分成若干个小组，有效地形成若干个团队，形成共同学习、相互帮助的小团队。同时，老师引导各个团队形成不同的班级管理职能小组（学习小组、纪律小组、服务小组、娱乐小组等）。授课时老师组织引导各职能小组发挥作用，帮助老师有效管理课堂和自主组织学习。本授课方法主要以组建团队为

主导,以团建的形式培养学生自我组织学习、自我管理,形成团队意识、竞争意识。在实训过程中,所有学生以小组团队身份出现。老师按照"八步教学法"的步骤,首先对整个实训工程案例进行切片式阶段任务设计,每个阶段任务利用"八步教学法"合理贯穿实施。整个课程利用我们提供的教学资料包进行教学,备、教、练、考、评一体化课堂设计,老师主要扮演组织者和引导者角色,学生作为实训学习的主体,发挥主要作用,实训效果在学生身上得到充分体现。

团建"八步教学法"框架图如下:

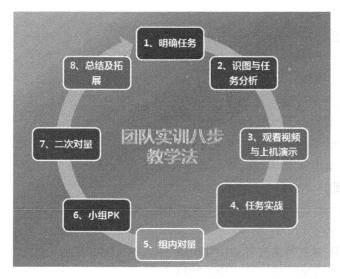

"八步教学法"授课操作流程如下:

第一步　明确任务:1.本堂课的任务是什么;2.该任务是在什么情境下;3.该任务计算范围(哪些项目需要计算,哪些项目不需要计算)。

第二步　该任务对应的案例工程图纸的识图及业务分析:(结合案例图纸)以团队的方式进行图纸及业务分析,找出各任务中涉及构件的关键参数及图纸说明,以团队的方式从定额、清单两个角度进行业务分析,确定算什么、如何算。

第三步　观看视频与上机演示:老师可以采用播放完整的案例操作以及业务讲解视频,也可以自行根据需要上机演示操作,主要是明确本阶段的软件应用的重要功能,操作上机的重点及难点。

第四步　任务实战:老师根据已布置的任务,规定完成任务的时间,团队学生自己动手操作,配合老师辅导指引,在规定时间内完成阶段任务。(**其中,在套取清单的过程中,此环节强烈建议采用教材统一提供的教学清单库。土建实训教程采用本地化"2014 土建实训教程教学专用清单库",此清单库为高校专用清单库,采用 12 位清单编码,和广联达高校算量大赛对接,主要用于结果评测。**)学生在规定时间内完成任务后,提交个人成果,老师利用评分软件当堂对学生成果资料进行评测,得出个人成绩。

第五步　组内对量:评分完毕后,学生根据每个人的成绩,在小组内利用对量软件进行对量,讨论完成对量问题,如找问题、查错误、优劣搭配、自我提升。老师要求每个小组最终出具一份能代表小组实力的结果文件。

　　第六步　小组 PK：每个小组上交最终结果文件后，老师再次使用评分软件进行评分，测出各个小组的成绩优劣，希望能通过此成绩刺激小组的团队意识以及学习动力。

　　第七步　二次对量：老师下发标准答案，学生再次利用对量软件与标准答案进行结果对比，从而找出错误点加以改正，掌握本堂课所有内容，提升自己的能力。

　　第八步　学生小组及个人总结：老师针对本堂课的情况进行总结及知识拓展，最终共同完成本堂课的教学任务。

　　本教程由昆明融众建筑工程技术咨询有限公司张必超、广联达科技股份有限公司王全杰、云南大学屈俊童担任主编，广联达科技股份有限公司朱溢镕、昆明融众建筑工程技术咨询有限公司容绍波、云南农业大学韩利红担任副主编，参与了教程的方案设计、编制、审核工作；同时，广联达科技股份有限公司刘师雨，云南经济管理学院张国强、徐静，云南机电职业技术学院刘军，云南农业大学王瑞、李敬民、李云春，云南旅游职业学院李鹏伟，昆明理工大学蒲爱华，昆明冶金高等专科学校孙俊玲，云南开放大学李煜，云南城市建设职业学院邓荣榜参与了教材的编写工作。昆明学院苏欣作为主审对本教程的内容进行了仔细审读，昆明融众建筑工程技术咨询有限公司朱丕俊、周晓东、郑则直等参与书稿内容的审校与工程数据的校核工作，在此一并表示感谢。

　　在本教程的调研、修订过程中，工程教育事业部高杨经理、李永涛、王光思、李洪涛、沈默等同事给予了热情的帮助，对课程方案提出了中肯的建议，在此表示诚挚的感谢。

　　随着高校对实训教学的深入开展，广联达教育事业部造价组联合全国高校资深专业教师，倾力打造完美的造价实训课堂。针对高校人才培养方案，研究适合高校的实训教学模式，欢迎广大老师积极加入我们的广联达实训大家庭（实训教学群：307716347），希望我们能联手打造优质的实训系列课程。

　　本套教程在编写过程中，虽然经过反复斟酌和校对，但由于时间紧迫、编者能力有限，难免存在不足之处，诚望广大读者提出宝贵意见，以便再版时修改完善。

朱溢镕

2014 年 8 月　北京

目 录

下篇　建筑工程计价

上篇　建筑工程计量

本篇内容简介

建筑施工图识读

结构施工图识读

土建算量软件算量原理

云南版图纸修订说明

建筑工程量计算准备工作

首层工程量计算

二层工程量计算

三、四层工程量计算

机房及屋面工程量计算

地下一层工程量计算

基础层工程量计算

装修工程量计算

楼梯工程量计算

钢筋算量软件与图形算量软件的无缝联接

BIM在算量中的应用

评分软件应用

对量软件应用

云指标应用

测评和论证

本篇教学目标

具体参看每节教学目标

第1章　土建算量工程图纸及业务分析

通过本章学习,你将能够:

(1)分析图纸的重点内容,提取算量的关键信息;

(2)从造价的角度进行识图;

(3)描述土建算量软件的基本流程;

(4)清楚云南版图纸修订内容。

1.1　建筑施工图

通过本小节学习,你将能够:

(1)熟悉建筑设计总说明主要内容;

(2)熟悉建筑施工图及其详图的重要信息。

对于预算的初学者,拿到图纸及造价编制要求后,面对手中的图纸、资料、要求等大堆资料往往无从下手,究其原因,主要集中在以下两个方面:

①看着密密麻麻的建筑说明、结构说明中的文字,有关预算的"关键字眼"是哪些呢?

②针对常见的框架、框剪、砖混3种结构,应分别从哪里入手开始进行算量工作?

下面就针对这些问题,结合《办公大厦建筑工程图》,从读图、列项逐一分析。

对于房屋建筑土建施工图纸,大多分为建筑施工图、结构施工图。建筑施工图纸大多由总平面布置图、建筑设计说明以及各楼层平面图、立面图、剖面图、节点详图、楼梯详图等组成。下面就分别对其功能、特点逐一介绍。

1)总平面布置图

(1)概念

建筑总平面布置图表明新建房屋所在基础有关范围内的总体布置,它反映新建、拟建、原有和拆除的房屋、构筑物等的位置和朝向,室外场地、道路、绿化等的布置,地形、地貌、标高等以及原有环境的关系和邻界情况等。建筑总平面图也是房屋及其他设施施工的定位、土方施工以及绘制水、暖、电等管线总平面图和施工总平面图的依据。

(2)对编制工程预算的作用

①结合拟建建筑物位置,确定塔吊的位置及数量。

②结合场地总平面位置情况,考虑是否存在二次搬运。

③结合拟建工程与原有建筑物的位置关系,考虑土方支护、放坡、土方堆放调配等问题。

④结合拟建工程之间的关系,综合考虑建筑物的共有构件等问题。

2）建筑设计说明

（1）概念

建筑设计说明是对拟建建筑物的总体说明。

（2）包含的主要内容

①建筑施工图目录。

②设计依据：设计所依据的标准、规定、文件等。

③工程概况：内容一般应包括建筑名称、建设地点、建设单位、建筑面积，建筑基底面积、建筑工程等级、设计使用年限、建筑层数和建筑高度、防火设计建筑分类和耐火等级、人防工程防护等级、屋面防水等级、地下室防水等级、抗震设防烈度等，以及能反映建筑规模的主要技术经济指标，如住宅的套型和套数（包括每套的建筑面积、使用面积、阳台建筑面积，房间的使用面积可在平面图中标注）旅馆的客房间数和床位数、医院的门诊人次和住院部的床位数、车库的停车泊位数等。

④建筑物定位及设计标高、高度。

⑤图例。

⑥用料说明和室内外装修。

⑦对采用新技术、新材料的做法说明及对特殊建筑造型和必要建筑构造的说明。

⑧门窗表及门窗性能（防火、隔声、防护、抗风压、保温、空气渗透、雨水渗透等）、用料、颜色，玻璃、五金件等的设计要求。

⑨幕墙工程（包括玻璃、金属、石材等）及特殊的屋面工程（包括金属、玻璃、膜结构等）的性能及制作要求，平面图、预埋件安装图，以及防火、安全、隔声构造。

⑩电梯（自动扶梯）选择及性能说明（功能、载质量、速度、停站数、提升高度等）。

⑪墙体及楼板预留孔洞需封堵时的封堵方式说明。

⑫其他需要说明的问题。

（3）编制预算时需思考的问题

①该建筑物的建设地点在哪里？（涉及税金等费用问题）

②该建筑物的总建筑面积是多少？地上、地下建筑面积各是多少？（可根据经验，对此建筑物估算大约造价金额）

③图纸中的特殊符号表示什么意思？（帮助我们读图）

④层数是多少？高度是多少？（确认是否产生超高增加费）

⑤填充墙体采用什么材质？厚度有多少？砌筑砂浆标号是多少？特殊部位墙体是否有特殊要求？（查套填充墙子目）

⑥是否有关于墙体粉刷防裂的具体措施？（比如在混凝土构件与填充墙交接部位设置钢丝网片）

⑦是否有相关构造柱、过梁、压顶的设置说明？（此内容不在图纸上画出，但也需计算造价）

⑧门窗采用什么材质？对玻璃的特殊要求是什么？对框料的要求是什么？有什么五金？门窗的油漆情况如何？是否需要设置护窗栏杆？（查套门窗、栏杆相关子目）

⑨有几种屋面？构造做法分别是什么？采用哪本图集？（查套屋面子目）

⑩屋面排水的形式是什么？（计算落水管的工程量及查套子目）

⑪外墙保温的形式是什么？保温材料及厚度如何确定？（查套外墙保温子目）

⑫外墙装修分几种？做法分别是什么？（查套外装修子目）

⑬室内有几种房间？它们的楼地面、墙面、墙裙、踢脚、天棚（吊顶）装修做法是什么？采用哪本图集？（查套房间装修子目）

问 题思考

请结合《办公大厦建筑工程图》，思考以上问题。

3）各层平面图

在窗台上边用一个水平剖切面将房子水平剖开，移去上半部分、从上向下透视它的下半部分，可看到房子的四周外墙和墙上的门窗、内墙和墙上的门，以及房子周围的散水、台阶等。将看到的部分都画出来，并注上尺寸，就是平面图。

编制预算时需思考的问题：

（1）地下 n 层平面图：

①注意地下室平面图的用途，地下室墙体的厚度及材质。（结合《建筑说明》）

②注意进入地下室的渠道。（是与其他邻近建筑地下室连通还是本建筑物地下室独立？进入地下室的楼梯在什么位置？）

③注意图纸下方对此楼层的特殊说明。

（2）首层平面图

①通看平面图，是否存在对称的情况？

②台阶、坡道的位置在哪里？台阶挡墙的做法是否有节点引出？台阶的构造做法采用哪本图集？坡道的位置在哪里？坡道的构造做法采用哪本图集？坡道栏杆的做法？（台阶、坡道的做法有时也在《建筑说明》中明确）

③散水的宽度是多少？做法采用的图集号是多少？（散水做法有时也在《建筑说明》中明确）

④首层的大门、门厅位置在哪里？（与二层平面图中雨篷相对应）

⑤首层墙体的厚度、材质、砌筑要求如何确定？（可结合《建筑说明》对照来读）

⑥是否有节点详图引出标志？（如有节点引出标志，则需对照相应节点号找到详图，以帮助全面理解图纸）

⑦注意图纸下方对此楼层的特殊说明。

（3）二层平面图

①是否存在平面对称或户型相同的情况？

②雨篷的位置在哪里？（与首层大门位置一致）

③二层墙体的厚度、材质、砌筑要求？（可结合《建筑说明》对照来读）

④是否有节点详图引出标志？（如有节点引出标志，则需对照相应节点号找到详图，以帮助全面理解图纸）

⑤注意图纸下方对此楼层的特殊说明。

（4）其他层平面图

①是否存在平面对称或户型相同的情况？

②当前层墙体的厚度、材质、砌筑要求。（可结合《建筑说明》对照来读）

③是否有节点详图引出标志？（如有节点引出标志,则需对照相应节点号找到详图,以帮助全面理解图纸）

④注意当前层与其他楼层平面的异同,并结合立面图、详图、剖面图综合理解。

⑤注意图纸下方对此楼层的特殊说明。

（5）屋面平面图

①屋面结构板顶标高是多少？（结合层高、相应位置结构层板顶标高来读）

②屋面女儿墙顶标高是多少？（结合屋面板顶标高计算出女儿墙高度）

③查看屋面女儿墙详图。（理解女儿墙造型、压顶造型等信息）

④屋面的排水方式？落水管位置及根数是多少？（结合《建筑说明》中关于落水管的说明来理解）

⑤注意屋面造型平面形状,并结合相关详图理解。

⑥注意屋面楼梯间的信息。

4）立面图

在房子的正面看,将可看到房子的正立面形状、门窗、外墙裙、台阶、散水、挑檐等都画出来,即形成建筑立面图。

编制预算时需注意的问题:

①室外地坪标高是多少？

②查看立面图中门窗洞口尺寸、离地标高等信息,结合各层平面图中门窗的位置,思考过梁的信息;结合建筑说明中关于护窗栏杆的说明,确定是否存在护窗栏杆。

③结合屋面平面图,从立面图上理解女儿墙及屋面造型。

④结合各层平面图,从立面图上理解空调板、阳台拦板等信息。

⑤结合各层平面图,从立面图理解各层节点位置及装饰位置的信息。

⑥从立面图上理解建筑物各个立面的外装修信息。

⑦结合平面图理解门斗造型信息。

问题思考

请结合《办公大厦建筑工程图》,思考以上问题。

5）剖面图

剖面图的作用是对无法在平面图及立面图表述清楚的局部剖切,以表述清楚建筑内部的构造,从而补充说明平面图、立面图所不能显示的建筑物内部信息。

编制预算需注意的问题:

①结合平面图、立面图、结构板的标高信息、层高信息及剖切位置,理解建筑物内部构造的信息。

②查看剖面图中关于首层室内外标高信息,结合平面图、立面图理解室内外高差的概念。

③查看剖面图中屋面标高信息,结合屋面平面图及其详图,正确理解屋面板的高差变化。

问题思考

请结合《办公大厦建筑工程图》,思考以上问题。

6）楼梯详图

（1）综述

楼梯详图由楼梯剖面图、平面图组成。由于平面图、立面图只能显示楼梯的位置，而无法清楚显示楼梯的走向、踏步、标高、栏杆等细部信息，因此设计中一般把楼梯详图展示出来。

（2）编制预算时需注意的问题

①结合平面图中楼梯位置、楼梯详图的标高信息，正确理解楼梯作为竖向交通工具的立体状况。（思考关于楼梯平台、楼梯踏步、楼梯休息平台的概念，进一步理解楼梯及楼梯间装修的工程量计算及定额套用的注意事项）

②结合楼梯详图，了解楼梯井的宽度，进一步思考楼梯工程量的计算规则。

③了解楼梯栏杆的详细位置、高度及所用到的图集。

问 题思考

请结合《办公大厦建筑工程图》，思考以上问题。

7）节点详图

（1）表示方法

为了补充说明建筑物细部的构造，从建筑物的平面图、立面图中特意引出需要说明的部位，对其作进一步的描述就构成了节点详图。下面就节点详图的表示方法作简要说明。

①被索引的详图在同一张图纸内，如图 1.1 所示。

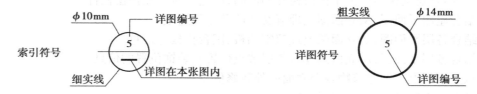

图 1.1

②被索引的详图不在同一张图纸内，如图 1.2 所示。

图 1.2

③被索引的详图参见图集，如图 1.3 所示。

④索引的剖视详图在同一张图纸内，如图 1.4 所示。

⑤索引的剖视详图不在同一张图纸内，如图 1.5 所示。

（2）编制预算时需注意的问题

①墙身节点详图：

a.墙身节点详图底部：查看关于散水、排水沟、台阶、勒脚等方面的信息；对照散水宽度是否与平面图一致；参照的散水、排水沟图集是否明确。（图集有时在平面图或"建筑设计说明"

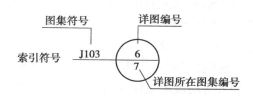

图 1.3

图 1.4

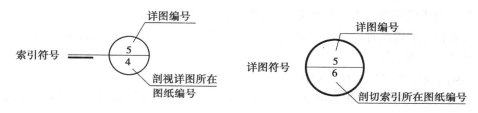

图 1.5

中明确)

b.墙身节点详图中部:了解墙体各个标高处外装修、外保温信息;理解外窗中关于窗台板、窗台压顶等信息;理解关于圈梁位置、标高的信息。

c.墙身节点详图顶部:理解相应墙体顶部关于屋面、阳台、露台、挑檐等位置的构造信息。

②飘窗节点详图:理解飘窗板的标高、尺寸等信息。

③压顶节点详图:了解压顶的形状、标高、位置等信息。

④空调板节点详图:了解空调板的立面标高、生根的信息;了解空调板栏杆(或百叶)的高度及位置信息。

⑤其他详图。

1.2 结构施工图

通过本小节学习,你将能够:

(1)熟悉结构设计总说明主要内容;

(2)熟悉结构施工图及其详图的重要信息。

结构施工图纸一般包括图纸目录、结构设计总说明、基础平面图及其详图、墙柱定位图、各层结构平面图(模板图、板配筋图、梁配筋图)、墙柱配筋图及其留洞图、楼梯及其他构筑物详图(水池、坡道、电梯机房、挡土墙等)。

对造价工作者来讲,结构施工图主要是为了计算混凝土、模板、钢筋等工程量,进而计算其造价,而计算这些工程量,还需要了解建筑物的钢筋配置、摆放信息,需要了解建筑物的基础及其垫层、墙、梁、板、柱、楼梯等的混凝土标号、截面尺寸、高度、长度、厚度、位置等信息,从预算角度也着重在这些方面加以详细阅读。

1)结构设计总说明

(1)主要内容

①工程概况:建筑物的位置、面积、层数、结构抗震类别、设防烈度、抗震等级、建筑物合理使用年限等。

②工程地质情况:土质情况、地下水位等。

③设计依据。

④结构材料类型、规格、强度等级等。

⑤分类说明建筑物各部位设计要点、构造及注意事项等。

⑥需要说明的隐蔽部位的构造详图,如后浇带加强、洞口加强筋、锚拉筋、预埋件等。

⑦重要部位图例等。

(2)编制预算时需要注意的问题

①建筑物抗震等级、设防烈度、檐高、结构类型等信息,作为计算钢筋的搭接、锚固的计算依据。

②土质情况,作为针对土方工程组价的依据。

③地下水位情况,考虑是否需要采取降排水措施。

④混凝土标号、保护层等信息,作为查套定额、计算钢筋的依据。

⑤钢筋接头的设置要求,作为计算钢筋的依据。

⑥砌体构造要求,包括构造柱、圈梁的设置位置及配筋、过梁的参考图集、砌体加固钢筋的设置要求或参考图集,作为计算圈梁、构造柱、过梁的工程量及钢筋量的依据。

⑦砌体的材质及砌筑砂浆要求,作为套砌体定额的依据。

⑧其他文字性要求或详图,有时不在结构平面图纸中画出,但应计算其工程量,举例如下:

a.现浇板分布钢筋;

b.施工缝止水带;

c.次梁加筋、吊筋;

d.洞口加强筋;

e.后浇带加强钢筋。

问题思考

请结合《办公大厦建筑工程图》,思考以下问题:

(1)本工程结构类型是什么?

（2）本工程的抗震等级及设防烈度是多少？

（3）本工程不同位置混凝土构件的混凝土标号是多少？有无抗渗等特殊要求？

（4）本工程砌体的类型及砂浆标号是多少？

（5）本工程的钢筋保护层有什么特殊要求？

（6）本工程的钢筋接头及搭接有无特殊要求？

（7）本工程各构件的钢筋配置有什么要求？

2）桩基平面图

编制预算时需注意以下问题：

①桩基类型，结合"结构设计总说明"中的地质情况，考虑施工方法及相应定额子目。

②桩基钢筋详图，是否存在铁件，用来准确计算桩基钢筋及铁件工程量。

③桩顶标高，用来考虑挖桩间土方等因素。

④桩长。

⑤桩与基础的连接详图，考虑是否存在凿截桩头情况。

⑥其他计算桩基需要考虑的问题。

3）基础平面图及其详图

编制预算时需要注意以下问题：

①基础的类型以及决定查套的子目。例如：需要注意去判断是有梁式条基还是无梁式条基？

②基础详图情况，帮助理解基础构造，特别注意基础标高、厚度、形状等信息，了解在基础上生根的柱、墙等构件的标高及插筋情况。

③注意基础平面图及详图的设计说明，有些内容不再画在平面图上，而是以文字的形式表现，比如筏板厚度、筏板配筋、基础混凝土的特殊要求（例如抗渗）等。

4）柱子平面布置图及柱表

编制预算时需要注意以下问题：

①对照柱子位置信息（b 边、h 边的偏心情况）及梁、板、建筑平面图墙体梁的位置，从而理解柱子作为支座类构件的准确位置，为以后计算梁、墙、板等工程量作准备。

②柱子不同标高部位的配筋及截面信息（常以柱表或平面标注的形式出现）。

③特别注意柱子生根部位及高度截止信息，为理解柱子高度信息作准备。

问题思考

请结合《办公大厦建筑工程图》，思考以上问题。

5）剪力墙体布置平面图及暗柱、端柱表

编制预算时需要注意以下问题：

①对照建筑平面图阅读理解剪力墙位置及长度信息，从而了解剪力墙和填充墙共同作为建筑物围护结构的部位，便于计算混凝土墙及填充墙体工程量。

②阅读暗柱、端柱表，学习并理解暗柱、端柱钢筋的拆分方法。

③注意图纸说明,捕捉其他钢筋信息,防止漏项(例如暗梁,一般不在图形中画出,以截面详图或文字形式体现其位置及钢筋信息)。

问题思考

请结合《办公大厦建筑工程图》,思考以上问题。

6)梁平面布置图

编制预算时需要注意以下问题:

①结合剪力墙平面图、柱平面图、板平面图综合理解梁的位置信息。

②结合柱子位置,理解梁跨的信息,进一步理解主梁、次梁的概念及在计算工程量过程中的次序。

③注意图纸说明,捕捉关于次梁加筋、吊筋、构造钢筋的文字说明信息,防止漏项。

问题思考

请结合《办公大厦建筑工程图》,思考以上问题。

7)板平面布置图

编制预算时需注意以下问题:

①结合图纸说明,阅读不同板厚的位置信息。

②结合图纸说明,理解受力筋范围信息。

③结合图纸说明,理解负弯矩钢筋的范围及其分布筋信息。

④仔细阅读图纸说明,捕捉关于洞口加强筋、阳角加筋、温度筋等信息,防止漏项。

问题思考

请结合《办公大厦建筑工程图》,思考以上问题。

8)楼梯结构详图

编制预算时需注意以下问题:

①结合建筑平面图,了解不同楼梯的位置。

②结合建筑立面图、剖面图,理解楼梯的使用性能(举例:1#楼梯仅从首层通至4层,2#楼梯从负1层可以通往5层等)。

③结合建筑楼梯详图及楼层的层高、标高等信息,理解不同踏步板的数量、休息平台、平台的标高及尺寸。

④结合图纸说明及相应踏步板的钢筋信息,理解楼梯钢筋的布置状况,注意分布筋的特殊要求。

⑤结合详图及位置,阅读梯板厚度、宽度及长度,平台厚度及面积,楼梯井宽度等信息,为计算楼梯实际混凝土体积作准备。

问题思考

请结合《办公大厦建筑工程图》,思考以上问题。

1.3　土建算量软件算量原理

通过本节学习,你将能够:
了解土建算量软件的算量原理。

　　建筑工程量的计算是一项工作量大而烦琐的工作,工程量计算的算量工具也随着信息化技术的发展,经历算盘、计算器、计算机表格、计算机建模几个阶段(见图1.6)。现在我们采用的也就是通过建筑模型进行工程量的计算。

图 1.6

　　现在建筑设计输出的图纸绝大多数是采用二维设计,提供建筑的平、立、剖图纸,对建筑物进行表达。而建模算量则是将建筑平、立、剖面图结合,建立建筑的空间模型。模型的正确建立则可以准确地表达各类构件之间的空间位置关系,土建算量软件则按计算规则计算各类构件的工程量,构件之间的扣减关系则根据模型由程序进行处理,从而准确计算出各类构件的工程量。为方便工程量的调用,将工程量以代码的方式提供,套用清单与定额时可以直接套用(见图1.7)。

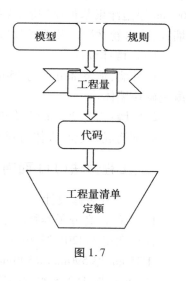

图 1.7

　　使用土建算量软件进行工程量计算,已经从手工计算的大量书写与计算转化为建立建筑模型。无论用手工算量还是软件算量,都有一个基本的要求,那就是知道算什么、如何算。知道算什么,是做好算量工作的第一步,也就是业务关,手工算、软件算只是采用了不同的手段而已。

　　软件算量的重点:一是如何快速地按照图纸的要求,建立建筑模型;二是将算出来的工程量与工程量清单与定额进行关联;三是掌握特殊构件的处理及灵活应用。

1.4　图纸修订说明

通过本节学习,你将能够:

(1)清楚云南版图纸建筑设计说明修订内容;

(2)清楚云南版图纸工程做法。

一、建筑设计说明

(二)工程概况

2.本建筑物建设地点位于昆明市郊。

12.本建筑物设计标高 ±0.000m,相当于绝对标高为 1880.750m。

(三)节能设计

1.建筑物体形系数小于 0.4。

2.本建筑框架部分外墙砌体结构为 250mm 厚加气混凝土砌块。

3.本建筑物塑钢门窗均为透明中空玻璃(6+9A+6),传热系数为 2.8W/(m^2·K)。

4.本建筑物屋面均采用 30mm 厚挤塑聚苯乙烯泡沫板保温层,导热系数为 0.732W/(m^2·K)。

(四)防水设计

1.本建筑物地下工程防水等级为一级,用防水卷材与钢筋混凝土自设 3 道设防要求,底板、墙身卷材均选用 3.0mm 厚 2 层 SBS 高聚物改性沥青防水卷材,所有阴阳角附加一层同质卷材,底板处在卷材防水表面做 50mm 厚 C20 细石混凝土保护层。钢筋混凝土外墙外做 60mm 厚泡沫聚苯板保护墙,保护墙外回填 3∶7 灰土夯实,回填范围 500mm,在地下室管道穿墙处、防水卷材端口及地面收口处用防水油膏做局部防水处理。

(六)墙体设计

1.外墙:地下部分均为 250mm 厚自防水钢筋混凝土墙体;地上部分均为 250mm 厚加气混凝土砌块墙体。

2.内墙:均为 200mm 厚轻质加气混凝土砌块墙体。

3.钢筋混凝土与砌体材料交接处,均设置 300mm 钢筋网片。

二、工程做法(11J 西南图集)

(一)室外装修设计

1)屋面1:高分子卷材防水保温屋面(上人屋面)

详见西南 11J201-2206(a)。

①35mm 厚 590mm×590mm 钢筋混凝土预制板或铺地面砖;

②10mm 厚 1∶2.5 水泥砂浆结合层;

③20mm 厚 1∶3 水泥砂浆保护层;

④高分子卷材 1 道,同材性胶粘剂 2 道;

⑤20mm 厚 1∶3 水泥砂浆;

⑥改性沥青卷材 1 道,胶粘剂 2 道;

⑦刷底胶漆 1 道,材性同防水材料;

⑧20mm 厚 1∶3 水泥砂浆找平层;

⑨保温层:60mm 厚挤塑聚苯板;

⑩20mm 厚 1∶3 水泥砂浆;

⑪隔汽层:改性沥青卷材 1 道;

⑫20mm 厚 1∶3 水泥砂浆找平层;

⑬结构层。

2)屋面 2:不上人屋面

详见西南 11J201-2103。

①40mm 厚 C20 细石混凝土加 5% 防水剂,提浆压光;

②隔离层:刷沥青玛蹄脂 1 道;

③20mm 厚 1∶3 水泥砂浆找平层;

④结构层。

(二)室内装修设计

1)地面

(1)地面 1:细石混凝土地面

详见西南 11J312-3114D(b)。

①40mm 厚 C20 细石混凝土(有敷管时为 50mm 厚),表面撒 1∶1 水泥砂子随打随抹光;

②水泥浆水灰比 0.4 ~ 0.5 结合层 1 道;

③100mm 厚 C10 混凝土垫层;

④素土夯实基土。

(2)地面 2:水泥砂浆地面

详见西南 11J312-3102D(b)。

①20mm 厚 1∶2 水泥砂浆面层铁板赶光;

②水泥浆水灰比 0.4 ~ 0.5 结合层 1 道;

③100mm 厚 C10 混凝土垫层;

④素土夯实基土。

(3)地面 3:防滑地砖地面

详见西南 11J312-3121D(b1)。

①普通地砖面层 1∶1 水泥砂浆擦缝;

②20mm 厚 1∶2 干硬性水泥砂浆黏合层,上撒 1 ~ 2mm 厚干水泥并洒清水适量;

③20mm 厚 1∶3 水泥砂浆找平层;

④100mm 厚 C10 混凝土垫层找坡表面赶光;

⑤素土夯实基土。

2）楼面

（1）楼面1：防滑地砖楼面（400mm×400mm）

详见西南11J312-3121L（2）。

①防滑地砖面层1:1水泥砂浆擦缝；

②20mm厚1:2干硬性水泥砂浆黏合层，上撒1~2mm厚干水泥并洒清水适量；

③20mm厚1:3水泥砂浆找平层；

④水泥浆水灰比0.4~0.5结合层1道；

⑤结构层。

（2）楼面2：防滑地砖防水楼面（400mm×400mm）

详见西南11J312-3122L（2）。

①防滑地砖面层1:1水泥砂浆擦缝；

②20mm厚1:2干硬性水泥砂浆黏合层，上撒1~2mm厚干水泥并洒清水适量；

③改性沥青一布四涂防水层；

④1:3水泥砂浆找坡层，最薄处20mm厚；

⑤水泥浆水灰比0.4~0.5结合层1道；

⑥结构层。

（3）楼面3：大理石楼面（800mm×800mm）

详见西南11J312-3145L。

①20mm厚石材面层，水泥浆擦缝；

②20mm厚1:2干硬性水泥砂浆黏合层，上撒1~2mm厚干水泥并洒清水适量；

③水泥浆水灰比0.4~0.5结合层1道；

④50mm厚C10细石混凝土敷管找平层；

⑤结构层。

3）踢脚

（1）踢脚1：水泥砂浆踢脚

详见西南11J312-4104T（b1）。

①6mm厚1:2水泥砂浆面层铁板赶光；

②7mm厚1:3水泥砂浆基层；

③13mm厚1:3水泥砂浆打底。

（2）踢脚2：面砖踢脚

详见西南11J312-4104T（a1）。

①5~10mm厚地砖面层，水泥砂浆擦缝；

②4mm厚纯水泥浆粘贴层（425号水泥中掺20%白乳胶）；

③25mm厚1:2.5水泥砂浆基层。

（3）踢脚3：大理石踢脚

详见西南11J312-4109T（a1）。

①20mm厚石材面层，水泥砂浆擦缝；

②4mm厚纯水泥浆粘贴层（425号水泥中掺20%白乳胶）；

③25mm厚1:2.5水泥砂浆灌注。

4）内墙面

（1）内墙面1：水泥砂浆墙面

详见西南11J515-N08。

①墙体；

②7mm 厚 1∶3 水泥砂浆打底扫毛；

③6mm 厚 1∶3 水泥砂浆垫层；

④5mm 厚 1∶2.5 水泥砂浆罩面压光；

⑤满刮腻子1道砂磨平；

⑥刷乳胶漆。

（2）内墙面2：瓷砖墙面（面层用 200mm × 300mm 高级面砖）

详见西南11J515-N12。

①墙体；

②9mm 厚 1∶3 水泥砂浆打底扫毛，分两次抹；

③8mm 厚 1∶2 水泥砂浆黏结层（加建筑胶适量）；

④4～4.5mm 厚陶瓷锦砖，色浆或瓷砖勾缝剂擦缝。

5）顶棚

（1）顶棚1：抹灰顶棚

详见西南11J515-P08。

①基层处理；

②刷水泥浆1道（加建筑胶适量）；

③10～15mm 厚 1∶1∶4 水泥石灰砂浆打底找平（现浇基层10mm 厚，预制基层15mm 厚），两次成活；

④4mm 厚 1∶0.3∶3 水泥石灰砂浆找平层；

⑤满刮腻子找平磨光；

⑥刷乳胶漆。

6）吊顶

（1）吊顶1：铝合金条板吊顶（燃烧性能为A级）

详见西南11J515-P10。

①钢筋混凝土内预留 $\phi8$ 吊杆，双向吊点，中距 900～1200mm；

②$\phi8$ 钢筋吊杆，双向吊点，中距 900～1200mm；

③次龙骨（专用），中距 <300～600mm；

④0.5～0.8mm 厚铝合金条板，中距 200mm。

（2）吊顶2：穿孔石膏吸声板吊顶（燃烧性能为A级）

详见西南11J515-P15。

①钢筋混凝土内预留 $\phi6.5$ 吊杆，双向吊点，中距 900～1200mm；

②$\phi6.5$ 钢筋吊杆，双向吊点，中距 900～1200mm；

③承载（主）龙骨 $\lbrack$ 50 × 15 × 12，中距 <1200mm；

④复面（次）龙骨 U50 × 19 × 0.5 中距等于板材宽度 <1200mm；

⑤复面横撑（次）龙骨 U50 × 19 × 0.5 中距等于板材宽度 <2400mm；

⑥9mm 厚穿孔吸声板自攻螺丝拧牢,腻子勾板缝,钉眼用腻子补平,石膏板规格600mm ×600mm ×9mm;

⑦刷涂料,无光油漆、乳胶漆等。

7)混凝土散水做法

详见西南 11J812-1/4。

①散水与外墙接缝处做 15mm 宽 1:1 沥青砂浆或油膏嵌缝;

②60mm 厚 C15 混凝土提浆抹面;

③100mm 厚碎砖(石、卵石)黏土夯实垫层;

④素土夯实。

8)水泥砂浆台阶做法

详见西南 11J812-1a/7。

①1:2水泥砂浆粉 20mm 厚;

②M5 水泥砂浆砌砖;

③100mm 厚 C15 混凝土;

④素土夯实。

9)水泥砂浆坡道做法(05J1-坡 3)

①20mm 厚 1:2水泥砂浆,木抹搓平;

②素水泥浆结合层 1 道;

③60mm 厚 C15 混凝土;

④300mm 厚 3:7灰土;

⑤素土夯实。

(三)外墙装修

1)外墙 1:面砖饰面(混凝土基层)

详见西南 11J516-5408。

①刷界面处理剂;

②14mm 厚 1:3水泥砂浆打底,两次成活,扫毛或划出纹道;

③8mm 厚 1:0:15:2水泥石灰砂浆(内掺建筑胶或专业黏结剂);

④贴外墙砖 1:1水泥砂浆勾缝。

2)外墙 1:面砖饰面(加气混凝土基层)

详见西南 11J516-5409。

①基层清扫干净,填补缝隙缺损均匀润湿;

②刷界面处理剂;

③14mm 厚 1:3水泥砂浆打底,两次成活,扫毛或划出纹道;

④8mm 厚 1:0:15:2水泥石灰砂浆(内掺建筑胶或专业黏结剂);

⑤贴外墙砖 1:1水泥砂浆勾缝。

3)外墙 2:玻璃幕墙

具体做法按实际施工工序。

(四)屋面雨落管

①UPVC 落水管 ϕ100。

②做法及配件详见西南 11J201-2b/51。

第2章 建筑工程量计算

2.1 准备工作

通过本节学习,你将能够:
(1)正确选择清单与定额规则及相应的清单库和定额库;
(2)区分做法模式;
(3)正确设置室内外高差;
(4)定义楼层及统一设置各类构件混凝土标号;
(5)按图纸定义轴网。

2.1.1 新建工程

通过本小节学习,你将能够:
(1)正确选择清单与定额规则及相应的清单库和定额库;
(2)正确设置室内外高差;
(3)依据图纸定义楼层;
(4)依据图纸要求设置混凝土标号、砂浆标号。

一、任务说明

根据《办公大厦建筑工程图》,在软件中完成新建工程的各项设置。

二、任务分析

①软件中新建工程的各项设置都有哪些?
②清单与定额规则及相应的清单库和定额库都是做什么用的?
③室外地坪标高的设置是如何计算出来的?
④各层对混凝土标号、砂浆标号的设置,对哪些操作有影响?
⑤工程楼层的设置应依据建筑标高还是结构标高?区别是什么?
⑥基础层的标高应如何设置?

三、任务实施

1)新建工程

①启动软件,进入"欢迎使用 GCL2013"界面,如图 2.1 所示。(注意:本教材使用的图形

软件版本号为10.4.1.1185）

图 2.1

②鼠标左键单击欢迎界面上的"新建向导"，进入"新建工程"中"工程名称"的界面，如图 2.2 所示。

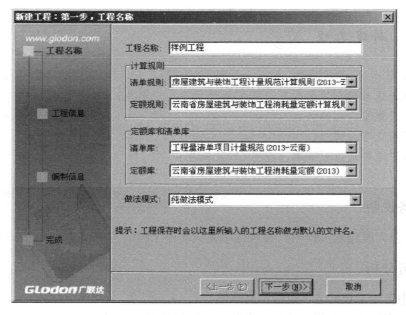

图 2.2

工程名称：按工程图纸名称输入，保存时会作为默认的文件名。本工程名称输入为"样例工程"。

计算规则、定额和清单库选择如图 2.2 所示。

做法模式：选择"纯做法模式"。

学习提示

软件提供了两种做法模式：纯做法模式和工程量表模式。工程量表模式与纯做法模式的区别在于：工程量表模式针对构件需要计算的工程量给出了参考列项。

③单击"下一步"按钮,进入"工程信息"界面,如图2.3所示。

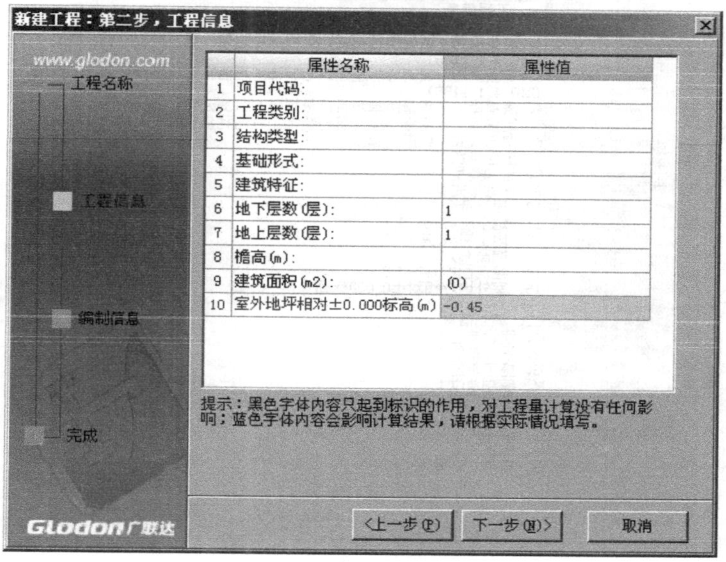

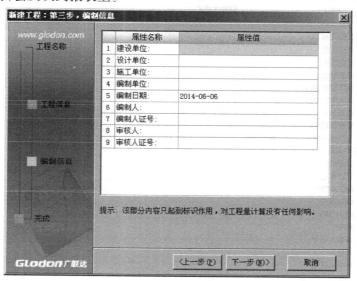

图2.3

在工程信息中,室外地坪相对±0.000m标高的数值,需要根据实际工程的情况进行输入。本样例工程的信息输入如图2.3所示。

室外地坪相对±0.000m标高会影响到土方工程量计算,可根据《办公大厦建筑工程图》建施-9中的室内外高差确定。

灰色字体输入的内容只起到表示作用,所以地上层数、地下层数也可以不按图纸实际输入。

④单击"下一步"按钮,进入"编制信息"界面,如图2.4所示,根据实际工程情况添加相应的内容,汇总时,会反映到报表里。

图2.4

⑤单击"下一步"按钮,进入"完成"界面,这里显示了工程信息和编制信息,如图2.5所示。

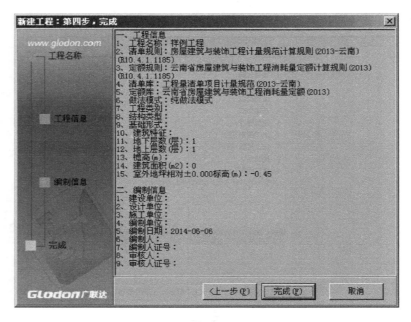

图 2.5

⑥单击"完成"按钮,完成新建工程,切换到"工程信息"界面,该界面显示了新建工程的工程信息,供用户查看和修改,如图 2.6 所示。

	属性名称	属性值
1	□ 工程信息	
2	工程名称:	样例工程
3	清单规则:	房屋建筑与装饰工程计量规范计算规则(2013-云南)(R10.4.1.1185)
4	定额规则:	云南省房屋建筑与装饰工程消耗量定额计算规则(2013)(R10.4.1.1185)
5	清单库:	工程量清单项目计量规范(2013-云南)
6	定额库:	云南省房屋建筑与装饰工程消耗量定额(2013)
7	做法模式:	纯做法模式
8	项目代码:	
9	工程类别:	
10	结构类型:	
11	基础形式:	
12	建筑特征:	
13	地下层数(层):	1
14	地上层数(层):	1
15	檐高(m):	
16	建筑面积(m2):	(0)
17	室外地坪相对±0.000标高(m):	-0.45
18	□ 编制信息	
19	建设单位:	
20	设计单位:	
21	施工单位:	
22	编制单位:	
23	编制日期:	2014-06-06
24	编制人:	
25	编制人证号:	
26	审核人:	
27	审核人证号:	

图 2.6

2）建立楼层

（1）分析图纸

层高的确定按照《办公大厦建筑工程图》中结施-4 中"结构层高"建立。

（2）建立楼层

①软件默认给出首层和基础层。在本工程中,基础层的筏板厚度为 500mm,在基础层的层高位置输入"0.5",板厚按照本层的筏板厚度输入"500"。

②首层的结构底标高输入为"－0.1",层高输入为"3.9",最常用的板厚为 120mm。鼠标左键选择首层所在的行,单击"插入楼层",添加第 2 层,第 2 层的高度输入为"3.9",最常用的板厚为 120mm。

③按照建立第 2 层的同样方法,建立 3—5 层,第 5 层层高为 4.0m,可以按照图纸把第 5 层的名称修改为"机房层"。单击基础层,插入楼层,地下一层的层高为 4.3m,各层建立后,如图 2.7 所示。

楼层序号		名称	层高 (m)	首层	底标高 (m)	相同层数	现浇板厚 (mm)	建筑面积 (m2)
1	5	机房层	4.000	□	15.500	1	120	
2	4	第4层	3.900	□	11.600	1	120	
3	3	第3层	3.900	□	7.700	1	120	
4	2	第2层	3.900	□	3.800	1	120	
5	1	首层	3.900	☑	-0.100	1	120	
6	-1	第-1层	4.300	□	-4.400	1	120	
7	0	基础层	0.500		-4.900	1	500	

图 2.7

（3）标号设置

从"结构设计总说明（一）"第八条"2.混凝土"中可知各层构件混凝土标号。从第八条"5.砌体（填充墙）"中分析,砂浆基础采用 M5 水泥砂浆,一般部位为 M5 混合砂浆。

在楼层设置下方是软件中的标号设置,用来集中统一管理构件混凝土标号、类型,砂浆标号、类型;对应构件的标号设置好后,在绘图输入新建构件时,会自动取这里设置的标号值。同时,标号设置适用于对定额进行楼层换算。选择每一个楼层分别进行设置;如果不同楼层有相同的混凝土标号、类型和砂浆标号、类型,则可以使用"复制到其他楼层"命令。

四、任务结果

完成楼层设置,如图 2.7 所示。

2.1.2　建立轴网

通过本小节学习,你将能够:
按图纸定义轴网。

一、任务说明

根据《办公大厦建筑工程图》,在软件中完成轴网建立。

二、任务分析

①建施图与结施图中采用什么图的轴网最全面?

②轴网中上、下、左、右开间如何确定?

三、任务实施

1)建立轴网

楼层建立完毕后,切换到"绘图输入"界面。首先,建立轴网。施工时是用放线来定位建筑物的位置,使用软件做工程时是用轴网来定位构件的位置。

(1)分析图纸

由建施-3可知该工程的轴网是简单的正交轴网,上下开间在⑨~⑪轴轴距不同,左右进深轴距都相同。

(2)轴网的定义

①切换到绘图输入界面之后,选择导航栏构件树中的"轴线"→"轴网",单击右键,选择"定义"按钮,将软件切换到轴网的定义界面。

②单击"新建",选择"新建正交轴网",新建"轴网-1"。

③输入下开间,在"常用值"下面的列表中选择要输入的轴距,双击鼠标即添加到轴距中;或者在添加按钮下的输入框中输入相应的轴网间距,单击"添加"按钮或回车即可。按照图纸从左到右的顺序,下开间依次输入"4800,4800,4800,7200,7200,7200,4800,4800,4800";本轴网上下开间在⑨~⑪轴不同,需要在上开间中也输入轴距。

④切换到"上开间"的输入界面,按照同样的方法,依次输入为"4800,4800,4800,7200,7200,7200,4800,4800,1900,2900"。

⑤输入完上、下开间之后,点击轴网显示界面上方的"轴号自动生成"命令,软件自动调整轴号与图纸一致。

⑥切换到"左进深"的输入界面,按照图纸从下到上的顺序,依次输入左进深的轴距为"7200,6000,2400,6900";因为左右进深轴距相同,所以右进深可以不输入。

⑦可以看到,右侧的轴网图显示区域,已经显示了定义的轴网,轴网定义完成,如图2.8所示。

2)轴网的绘制

(1)绘制轴网

①轴网定义完毕后,单击"绘图"按钮,切换到绘图界面。

②弹出"请输入角度"对话框,提示用户输入定义轴网需要旋转的角度。本工程轴网为水平竖直向的正交轴网,旋转角度按软件默认输入"0"即可,如图2.9所示。

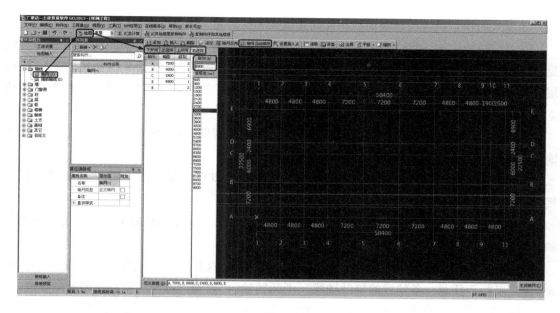

图 2.8

③单击"确定"按钮,绘图区显示轴网,即完成了对本工程轴网的定义和绘制。

（2）轴网的其他功能

①设置插入点:用于轴网拼接,可以任意设置插入点(不在轴线交点处或在整个轴网外都可以设置)。

②修改轴号和轴距:当检查已经绘制的轴网有错误时,可以直接修改。

图 2.9

③软件提供了辅轴线,用于构件辅轴定位。辅轴在任意图层都可以直接添加。辅轴主要有:两点、平行、点角、圆弧 4 种类型。

四、任务结果

完成轴网如图 2.8 所示。

五、总结拓展

①新建工程中,主要确定工程名称、计算规则以及做法模式。蓝色字体的参数值影响工程量计算,照图纸输入,其他信息只起标志作用。

②首层标记:在楼层列表中的首层列,可以选择某一层作为首层。勾选后,该层作为首层,相邻楼层的编码自动变化,基础层的编码不变。

③底标高是指各层的结构底标高;软件中只允许修改首层的底标高,其他层标高自动按层高反算。

④相同板厚是软件给的默认值,可以按工程图纸中最常用的板厚设置;在绘图输入新建板时,会自动默认取这里设置的数值。

⑤建筑面积是指各层建筑面积图元的建筑面积工程量。

⑥可以按照结构设计总说明对应构件选择标号和类型。对修改的标号和类型,软件会以反色显示。在首层输入相应的数值完毕后,可以使用右下角的"复制到其他楼层"命令,把首层的数值复制到参数相同的楼层。各个楼层的标号设置完成后,就完成了对工程楼层的建立,可以进入"绘图输入"进行建模计算。

⑦有关轴网的编辑、辅轴轴线的详细操作,请查阅"帮助"菜单中的"文字帮助"→"绘图输入"→"轴线"。

⑧建立轴网时,输入轴距的两种方法:常用的数值可以直接双击,常用值中没有的数据直接添加即可。

⑨当上下开间或者左右进深轴距不一样时(即错轴),可以使用"轴号自动生成"功能将轴号排序。

⑩比较常用的建立辅助轴线的功能:两点辅轴(直接选择两个点绘制辅助轴线)、平行辅轴(建立平行于任意一条轴线的辅助轴线)、圆弧辅轴(可以通过选择3个点绘制辅助轴线)。

⑪在任何界面下都可以添加辅轴。轴网绘制完成后,就进入"绘图输入"部分。"绘图输入"部分可以按照后面章节的流程进行。

⑫软件的页面介绍如图2.10所示。

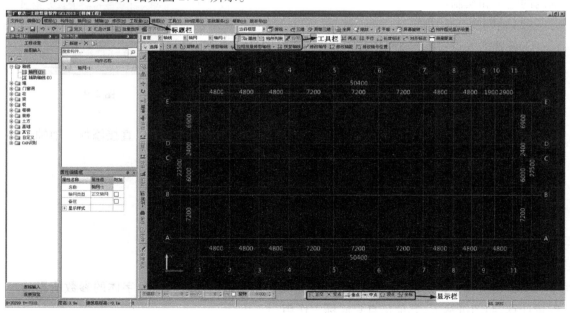

图2.10

2.2 首层工程量计算

通过本节学习,你将能够:

（1）定义柱、剪力墙、梁、板、门窗等构件；

（2）绘制柱、剪力墙、梁、板、门窗等图元；

（3）掌握暗梁、暗柱、连梁在 GCL2013 软件中的处理方法。

2.2.1 首层柱的工程量计算

通过本小节学习,你将能够:

（1）依据定额和清单确定柱的分类和工程量计算规则；

（2）定义矩形柱、圆形柱、参数化柱的属性并套用做法；

（3）绘制本层柱图元；

（4）统计本层柱的个数及工程量。

一、任务说明

①完成首层矩形柱、圆形柱及异形端柱的定义、做法套用、图元绘制。

②汇总计算,统计本层柱的工程量。

二、任务分析

①各种柱在计量时的主要尺寸是哪些？从什么图中什么位置找到？有多少种柱？

②工程量计算中柱都有哪些分类？都套用什么定额？

③软件如何定义各种柱？各种异形截面端柱如何处理？

④构件属性、做法、图元之间有什么关系？

⑤如何统计本层柱的清单工程量和定额工程量？

三、任务实施

1）分析图纸

①在框架剪力墙结构中,暗柱的工程量并入墙体计算。结施-4 中暗柱有两种形式:一种和墙体一样厚,如 GJZ1 的形式,作为剪力墙处理;另一种为端柱（如 GDZ1）,在软件中这种端柱可以定义为异形柱,在做法套用的时候套用矩形柱的清单和定额子目,柱肢按剪力墙处理。

②结施-5 的柱表中得到柱的截面信息,本层包括矩形框架柱、圆形框架柱及异形端柱,主要信息如表 2.1 所示。

表 2.1　柱表

序号	类型	名称	混凝土标号	截面尺寸/mm	标高/m	备注
1	矩形框架柱	KZ1	C30	600×600	−0.100 ~ +3.800	
		KZ6	C30	600×600	−0.100 ~ +3.800	
		KZ7	C30	600×600	−0.100 ~ +3.800	

续表

序号	类型	名称	混凝土标号	截面尺寸/mm	标高/m	备注
2	圆形框架柱	KZ2	C30	$D = 850$	$-0.100 \sim +3.800$	
		KZ4	C30	$D = 500$	$-0.100 \sim +3.800$	
		KZ5	C30	$D = 500$	$-0.100 \sim +3.800$	
3	异形端柱	GDZ1	C30	详见结施-6柱截面尺寸	$-0.100 \sim +3.800$	
		GDZ2	C30		$-0.100 \sim +3.800$	
		GDZ3	C30		$-0.100 \sim +3.800$	
		GDZ4	C30		$-0.100 \sim +3.800$	

2)现浇混凝土柱清单、定额计算规则学习

（1）清单计算规则学习

柱清单计算规则如表2.2所示。

表2.2　柱清单计算规则

编号	项目名称	单位	计算规则
010502001	矩形柱	m^3	按设计图示尺寸以体积计算 柱高： 1.有梁板的柱高,应自柱基上表面(或楼板上表面)至上一层楼板上表面之间的高度计算
010502003	异形柱	m^3	2.无梁板的柱高,应自柱基上表面(或楼板上表面)至柱帽下表面之间的高度计算 3.框架柱的柱高:应自柱基上表面至柱顶高度计算 4.构造柱按全高计算,嵌接墙体部分(马牙槎)并入柱身体积 5.依附柱上的牛腿和升板的柱帽,并入柱身体积计算
010504001	直形墙	m^3	按设计图示尺寸以体积计算,扣除门窗洞口及单个面积大于$0.3m^2$的孔洞所占体积,墙垛及突出墙面部分并入墙体体积计算
011702002	矩形柱	m^2	按模板与现浇混凝土构件的接触面积计算
011702004	异形柱	m^2	
011702011	直形墙	m^2	

（2）定额计算规则学习

柱定额计算规则如表2.3所示。

表2.3　柱定额计算规则

编码	项目名称			单位	计算规则
01050082	商品混凝土施工	矩形柱	断面周长1.2m以内	$10m^3$	按设计图示尺寸以体积计算
01050083	商品混凝土施工	矩形柱	断面周长1.8m以内	$10m^3$	
01050084	商品混凝土施工	矩形柱	断面周长1.8m以外	$10m^3$	
01050085	商品混凝土施工	圆形柱	直径0.5m以内	$10m^3$	
01050086	商品混凝土施工	圆形柱	直径0.5m以外	$10m^3$	

续表

编码	项目名称	单位	计算规则
01050101	商品混凝土施工 挡土墙 混凝土及钢筋混凝土	10m³	
01050102	商品混凝土施工 钢筋混凝土直(弧)形墙 墙厚100mm以内	10m³	
01050103	商品混凝土施工 钢筋混凝土直(弧)形墙 墙厚200mm以内	10m³	按设计图示尺寸以体积计算
01050104	商品混凝土施工 钢筋混凝土直(弧)形墙 墙厚500mm以内	10m³	
01050105	商品混凝土施工 钢筋混凝土直(弧)形墙 墙厚500mm以外	10m³	
01050106	商品混凝土施工 电梯井壁	10m³	
01150270	现浇混凝土模板 矩形柱 组合钢模板	100m²	同清单计算规则
01150272	现浇混凝土模板 圆形柱 木模板	100m²	
01150289	现浇混凝土模板 直形墙 组合钢模板	100m²	同清单计算规则
01150292	现浇混凝土模板 电梯井壁 组合钢模板	100m²	

3)柱的定义

（1）矩形框架柱 KZ-1

①在模块导航栏中单击"柱"使其前面的"＋"展开,单击"柱",单击"定义"按钮,进入柱的定义界面,单击构件列表中的"新建",选择"新建矩形柱",如图2.11所示。

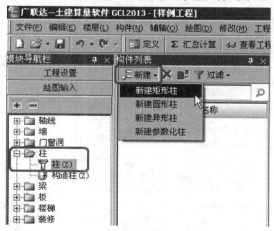

图2.11

②在属性编辑框中输入相应的属性值,框架柱的属性定义如图2.12所示。

（2）圆形框架柱 KZ-2

单击"新建"→"新建圆形柱",方法同矩形框架柱属性定义。圆形框架柱的属性定义如图2.13所示。

（3）参数化端柱 GDZ-1

①单击"新建"→"新建参数化柱"。

②在弹出的"选择参数化图形"对话框中选择"参数化截面类型"为"端柱",选择"DZ-a2",参数输入 $a=250,b=0,c=350,d=300,e=350,f=250$,如图2.14所示。

属性名称	属性值	附加
名称	KZ-1	
类别	框架柱	☐
材质	现浇混凝土	☐
砼标号	(C30)	☐
砼类型	(现浇砼)	☐
截面宽度(	600	☐
截面高度(	600	☐
截面面积(m	0.36	☐
截面周长(m	2.4	☐
顶标高(m)	层顶标高	☐
底标高(m)	层底标高	☐
是否支模	是	☐
是否为人防	否	☐
备注		☐
＋ 计算属性		
＋ 显示样式		

图 2.12

属性名称	属性值	附加
名称	KZ-2	
类别	框架柱	☐
材质	现浇混凝	☐
砼标号	(C30)	☐
砼类型	(现浇砼)	☐
半径(mm)	425	☐
截面面积(m	0.567	☐
截面周长(m	2.67	☐
顶标高(m)	层顶标高	☐
底标高(m)	层底标高	☐
是否支模	是	☐
是否为人防	否	☐
备注		☐
＋ 计算属性		
＋ 显示样式		

图 2.13

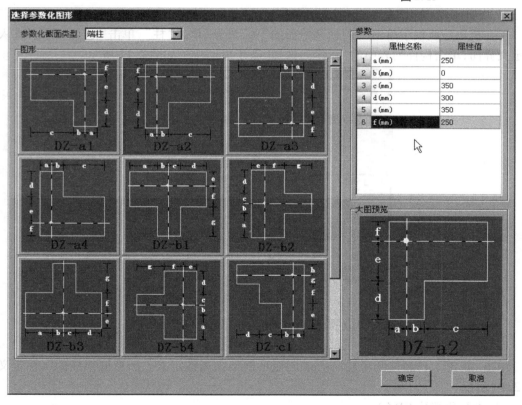

图 2.14

③参数化端柱属性,如图 2.15 所示。

属性名称	属性值	附加
名称	GDZ-1	
类别	端柱	☐
材质	现浇混凝	☐
砼标号	(C30)	☐
砼类型	(现浇砼)	☐
截面形状	异形	☐
截面宽度(	900	☐
截面高度(	600	☐
截面面积(m	0.435	☐
截面周长(m	3	☐
顶标高(m)	层顶标高	☐
底标高(m)	层底标高	☐
是否支模	是	☐
是否为人防	否	☐
备注		☐
⊞ 计算属性		
⊞ 显示样式		

图 2.15

4)做法套用

柱构件定义好后,需要进行套用做法操作。套用做法是指构件按照计算规则计算汇总出做法工程量,方便进行同类项汇总,同时与计价软件数据对接。构件套用做法,可以手动添加清单定额、查询清单定额库添加、查询匹配清单定额添加、查询匹配外部清单添加实现。

①KZ-1 的做法套用如图 2.16 所示。

	编码	类别	项目名称	项目特征	单位	工程量表达式	表达式说明	措施项目	专业
1	⊟ 010502001	项	矩形柱	1. 柱形状: 矩形柱 2. 混凝土种类: 商品混凝土 3. 混凝土强度等级: C30 4. 柱截面尺寸: 周长1.8m以外	m3	TJ	TJ〈体积〉	☐	房屋建筑与装饰
2	── 01050084	定	商品混凝土施工 矩形柱 断面周长 1.8m以外		m3	TJ	TJ〈体积〉	☐	土
3	⊟ 011702002	项	矩形柱	1. 模板类型: 组合钢模板 2. 部位: 矩形柱	m2	MBMJ	MBMJ〈模板面积〉	☑	房屋建筑与装饰
4	── 01150270	定	现浇混凝土模板 矩形柱 组合钢模板		m2	MBMJ	MBMJ〈模板面积〉	☑	饰

示意图 查询匹配清单 查询匹配定额 查询清单库 查询匹配外部清单 查询措施 查询定额库

图 2.16

②GDZ-1 的做法套用如图 2.17 所示。

	编码	类别	项目名称	项目特征	单位	工程量表达式	表达式说明	措施项目	专业
1	⊟ 010504001	项	直形墙	1. 墙类型: 混凝土墙 2. 混凝土种类: 商品混凝土 3. 混凝土强度等级: C30 4. 墙厚度: 250mm	m3	TJ	TJ〈体积〉	☐	房屋建筑与装饰
2	── 01050104	定	商品混凝土施工 钢筋混凝土直(弧)形墙 500mm以内		m3	TJ	TJ〈体积〉	☐	土
3	⊟ 011702011	项	直形墙	1. 模板类型: 组合钢模板 2. 部位: 直形墙	m2	MBMJ		☑	房屋建筑与装饰
4	── 01150289	定	现浇混凝土模板 直形墙 组合钢模板		m2	MBMJ	MBMJ〈模板面积〉	☑	饰

示意图 查询匹配清单 查询匹配定额 查询清单库 查询匹配外部清单 查询措施 查询定额库

图 2.17

5)柱的画法讲解

柱定义完毕后,单击"绘图"按钮,切换到绘图界面。

(1)点绘制

通过构件列表选择要绘制的构件 KZ-1,鼠标捕捉②轴与Ⓔ轴的交点,直接单击鼠标左键,就完成了柱 KZ-1 的绘制,如图 2.18 所示。

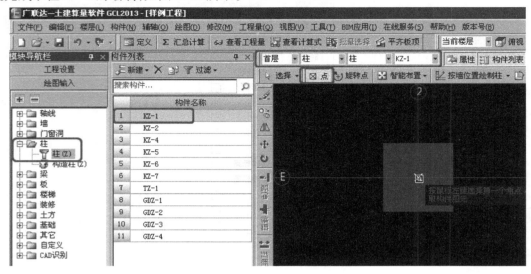

图 2.18

(2)偏移绘制

偏移绘制常用于绘制不在轴线交点处的柱,④轴上的 KZ-4 不能直接用鼠标选择点绘制,需要使用"shift 键 + 鼠标左键"相对于基准点偏移绘制。

①把鼠标放在Ⓑ轴和④轴的交点处,同时按下键盘上的"shift"键和鼠标左键,弹出"输入偏移量"对话框;由图纸可知,KZ-4 的中心相对于Ⓑ轴与④轴交点向下偏移 2250mm,在对话框中输入 X = "0",Y = " - 2250";表示水平向偏移量为 0,竖直方向向下偏移 2250mm,如图 2.19所示。

图 2.19

②单击"确定"按钮,KZ-4 就偏移到指定位置了,如图 2.20 所示。

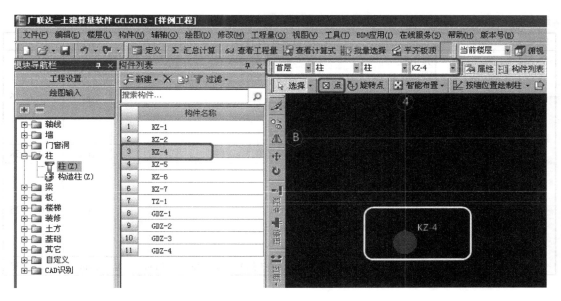

图 2.20

四、任务结果

单击模块导航栏的"报表预览"→"清单定额汇总表"→"设置报表范围",选择"框架柱",即可查看框架柱和端柱的实体工程量,如表 2.4 所示。

表 2.4　柱清单定额工程量

序号	编码	项目名称及特征	单位	工程量
1	010502001001	矩形柱 　1.柱形状:梯柱 　2.混凝土种类:商品混凝土 　3.混凝土强度等级:C30 　4.柱截面尺寸:周长 1.2m 以内	m³	32.292
	01050082	商品混凝土施工　矩形柱　断面周长 1.2m 以内	10m³	3.2292
2	010502001002	矩形柱 　1.柱形状:矩形柱 　2.混凝土种类:商品混凝土 　3.混凝土强度等级:C30 　4.柱截面尺寸:周长 1.8m 以外	m³	0.4875
	01050084	商品混凝土施工　矩形柱　断面周长 1.8m 以外	10m³	0.488
3	010502003001	异形柱 　1.柱形状:圆柱 　2.混凝土种类:商品混凝土 　3.混凝土强度等级:C30 　4.柱截面尺寸:直径 0.5m 以内	m³	4.4261
	01050085	商品混凝土施工　圆形柱　直径 0.5m 以内	10m³	0.4426

续表

序号	编码	项目名称及特征	单位	工程量
4	010502003002	异形柱 1.柱形状:圆柱 2.混凝土种类:商品混凝土 3.混凝土强度等级:C30 4.柱截面尺寸:直径0.5m以外	m³	7.6576
	01050086	商品混凝土施工　圆形柱　直径0.5m以外	10m³	0.7658
5	010504001001	直形墙 1.墙类型:混凝土墙 2.混凝土种类:商品混凝土 3.混凝土强度等级:C30 4.墙厚度:250mm	m³	26.0325
	01050104	商品混凝土施工　钢筋混凝土直(弧)形墙　墙厚500mm以内	10m³	2.6033

五、总结拓展

镜像

通过图纸分析可知,①～⑤轴的柱与⑥～⑪轴的柱是对称的,因此在绘图时可以使用一种简单的方法:先绘制①～⑤轴的柱,然后使用"镜像"功能绘制⑥～⑪的轴。

选中①～⑤轴的柱,单击右键,选择"镜像",把显示栏的"中点"选中,补捉⑤～⑥轴的中点,可以看到屏幕上有个黄色的三角形(图2.21),选中第二点(图2.22),单击右键确定即可。

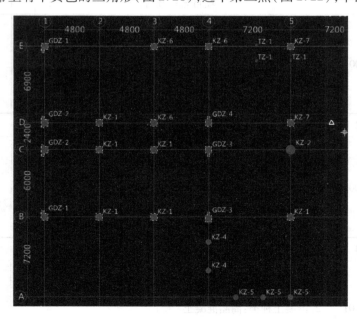

图2.21

如图2.22所示,显示栏会提示需要进行的下一步操作。

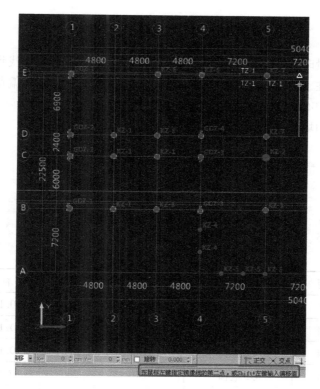

图 2.22

思考与练习

（1）在绘图界面怎样调出柱属性编辑框对图元属性进行修改？

（2）在参数化柱模型里找不到的异形柱如何定义？

（3）在柱定额子目里找不到所需的子目，如何定义该柱构件做法？

2.2.2 首层剪力墙的工程量计算

通过本小节学习，你将能够：

（1）掌握连梁在软件中的处理方法；

（2）定义墙的属性；

（3）绘制墙图元；

（4）统计本层墙的阶段性工程量。

一、任务说明

①完成首层剪力墙的定义、做法套用、图元绘制。

②汇总计算，统计本层剪力墙的工程量。

二、任务分析

①剪力墙在计量时的主要尺寸有哪些？可以从什么图中什么位置找到？

②剪力墙的暗柱、端柱分别是如何套用清单定额的？如何用直线、偏移来绘制剪力墙？

③当剪力墙墙中心线与轴线不重合时如何处理？

④电梯井壁剪力墙的施工措施有什么不同？

三、任务实施

1）分析图纸

（1）分析剪力墙

分析图纸结施-5、结施-1，可得出剪力墙信息，如表2.5所示。

表2.5　剪力墙表

序号	类型	名称	混凝土标号	墙厚/mm	标高/m	备注
1	外墙	Q-1	C30	250	−0.1 ~ +3.8	
2	内墙	Q1	C30	250	−0.1 ~ +3.8	
3	内墙	Q1 电梯	C30	250	−0.1 ~ +3.8	
4	内墙	Q2 电梯	C30	200	−0.1 ~ +3.8	
5	内墙	Q2 电梯内	C30	200	−0.1 ~ +3.8	

（2）分析连梁

连梁是剪力墙的一部分。

①结施-5 中①轴和⑩轴的剪力墙上有 LL4，尺寸为 250mm × 1200mm，梁顶相对标高差 +0.6m；建施-3 中 LL4 下方是 LC3，尺寸为 1500mm × 2700mm；建施-12 中 LC3 离地高度 600mm。可以得知剪力墙 Q-1 在Ⓒ轴和Ⓓ轴之间只有 LC3。所以，可以直接绘制 Q-1，然后绘制 LC3，不用绘制 LL4。

②结施-5 中④轴和⑦轴的剪力墙上有 LL1，建施-3 中 LL1 下方没有门窗洞。可以在 LL1 处把剪力墙断开，然后绘制 LL1。

③结施-5 中④轴电梯洞口处 LL2，建施-3 中 LL3 下方没有门窗洞，如果按段绘制剪力墙不易找交点，所以剪力墙 Q1 通画，然后绘制洞口，不绘制 LL2。

做工程时遇到剪力墙上是连梁下是洞口的情况，可以比较②与③哪个更方便使用一些。本工程采用③的方法对连梁进行处理，绘制洞口在绘制门窗时介绍，Q1 通长绘制暂不作处理。

（3）分析暗梁、暗柱

暗梁、暗柱是剪力墙的一部分。类似 YJZ1 这样和墙厚一样的暗柱，此位置的剪力墙通长绘制，YJZ1 不再进行绘制。类似 GDZ1 这样的暗柱，我们把其定义为异形柱并进行绘制，在做法套用的时候按照剪力墙的做法套用清单、定额。

2）清单、定额计算规则学习

（1）现浇混凝土墙清单计算规则学习

现浇混凝土墙清单计算规则如表2.6所示。

表2.6　墙清单计算规则

编号	项目名称	单位	计算规则
010504001	直形墙	m^3	按设计图示尺寸以体积计算扣除门窗洞口及单个面积 >0.3m^2 的孔洞所占体积,墙垛及突出墙面部分并入墙体体积内计算
011702011	直形墙	m^2	按模板与现浇混凝土构件的接触面积计算

（2）现浇混凝土墙定额计算规则学习

现浇混凝土墙定额计算规则如表2.7所示。

表2.7　墙定额计算规则

编码	项目名称	单位	计算规则
01050101	商品混凝土施工　挡土墙　混凝土及钢筋混凝土	$10m^3$	按设计图示尺寸以体积计算
01050102	商品混凝土施工　钢筋混凝土直(弧)形墙墙厚100mm以内	$10m^3$	
01050103	商品混凝土施工　钢筋混凝土直(弧)形墙墙厚200mm以内	$10m^3$	
01050104	商品混凝土施工　钢筋混凝土直(弧)形墙墙厚500mm以内	$10m^3$	
01050105	商品混凝土施工　钢筋混凝土直(弧)形墙墙厚500mm以外	$10m^3$	
01050106	商品混凝土施工　电梯井壁	$10m^3$	
01150289	现浇混凝土模板　直形墙　组合钢模板	$100m^2$	同清单计算规则
01150292	现浇混凝土模板　电梯井壁　组合钢模板	$100m^2$	

3）墙的定义

（1）新建外墙

在模块导航栏中选择"墙"→"墙",单击"定义"按钮,进入墙的定义界面,在构件列表中选择"新建"→"新建外墙",如图2.23所示。在属性编辑框中对图元属性进行编辑,如图2.24所示。

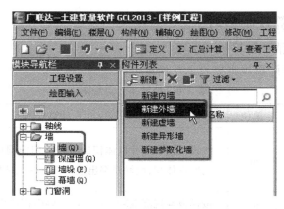

图 2.23

（2）通过复制建立新构件

通过对图纸进行分析，可知 Q-1 和 Q1 的材质、高度是一样的，区别在于墙体的名称和厚度不同，选中构件 Q-1，单击右键选择"复制"，软件自动建立名为 Q2 的构件，然后对 Q2 进行属性编辑，改名为 Q1，如图 2.25 所示。

属性名称	属性值	附加
名称	Q-1	
类别	混凝土墙	☑
材质	现浇混凝	☐
砼标号	(C30)	☐
砼类型	(现浇砼)	☐
厚度(mm)	250	☐
内/外墙标	外墙	☑
图元形状	直形	☐
是否支模	是	☐
判断短肢剪	程序自动	☐
轴线距左墙	(125)	☐
起点顶标高	层顶标高	☐
起点底标高	层底标高	☐
终点顶标高	层顶标高	☐
终点底标高	层底标高	☐
是否为人防	否	☐
备注		☐
⊞ 计算属性		
⊞ 显示样式		

图 2.24

图 2.25

4）做法套用

①Q-1 的做法套用，如图 2.26 所示。

	编码	类别	项目名称	项目特征	单位	工程量表达式	表达式说明	措施项目	专业
1	⊟ 010504001	项	直形墙	1. 墙类型：混凝土墙 2. 混凝土种类：商品混凝土 3. 混凝土强度等级：C30 4. 墙厚度：250mm	m3	TJ	TJ〈体积〉	☐	房屋建筑与装饰
2	—— 01050104	定	商品混凝土施工 钢筋混凝土直(弧)形墙 墙厚 500mm以内		m3	TJ	TJ〈体积〉	☐	土
3	⊟ 011702011	项	直形墙	1. 模板类型：组合钢模板 2. 部位：直形墙	m2	JLQMBMJJQD+KKJDMBMJ		☑	房屋建筑与装饰
4	—— 01150289	定	现浇混凝土模板 直形墙 组合钢模板		m2	JLQMBMJJQD+KKJDMBMJ	JLQMBMJJQD〈剪力墙模板面积(清单)〉+KKJDMBMJ〈扣后浇带模板面积〉	☑	饰

图 2.26

②Q1 电梯的做法套用,如图 2.27 所示。

编码	类别	项目名称	项目特征	单位	工程量表达式	表达式说明	措施项目	专业
1	— 010504001	项	直形墙	1. 墙类型: 电梯井壁 2. 混凝土种类: 商品混凝土 3. 混凝土强度等级: C30 4. 墙厚度: 200mm	m3	TJ	TJ<体积>	☐	房屋建筑与装饰
2	— 01050106	定	商品混凝土施工 电梯井壁		m3	TJ	TJ<体积>	☐	土
3	— 011702013	项	短肢剪力墙、电梯井壁	1. 模板类型: 组合钢模板 2. 部位: 墙、电梯井壁	m2	JLQMBMJQD+KHJDMBMJ		☑	房屋建筑与装饰
4	— 01150292	定	现浇混凝土模板 电梯井壁 组合钢模板		m2	JLQMBMJQD+KHJDMBMJ	JLQMBMJQD<剪力墙模板面积(清单)>+KHJDMBMJ<扣后绕带模板面积>	☑	饰

图 2.27

5)画法讲解

剪力墙定义完毕后,单击"绘图"按钮,切换到绘图界面。

(1)直线绘制

通过构件列表选择要绘制的构件 Q-1,鼠标左键单击 Q-1 的起点①轴与⑧轴的交点,鼠标左键单击 Q-1 的终点①轴与⑤轴的交点即可。

(2)偏移

①轴的 Q-1 绘制完成后与图纸进行对比,发现图纸上位于①轴线上的 Q-1 并非居中于轴线,选中 Q-1,单击"偏移",输入 175,如图 2.28 所示。弹出的"是否要删除原来图元"对话框,选择"是"即可。

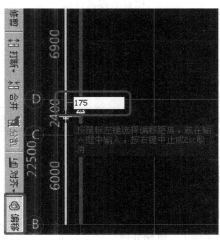

图 2.28

(3)借助辅助轴线绘制墙体

从图纸上可以看出 Q2 电梯的墙体并非位于轴线上,此时需要针对 Q2 电梯的位置建立辅助轴线。参见建施-3、建施-15,确定 Q2 电梯的位置,单击"辅助轴线""平行",然后单击④轴,在弹出的对话框"偏移距离 mm"中输入" - 2425",然后确定,再选中⑤轴,在弹出的对话框"偏移距离 mm"中输入" - 950",再选中①轴,在弹出的对话框"偏移距离 mm"中输入"1050"。辅助轴线建立完毕,在"构件列表"选择 Q2 电梯,在黑色绘图界面进行 Q2 电梯的绘制,绘制完成后单击"保存"按钮即可。

四、任务结果

绘制完成后,进行汇总计算,按 F9 查看报表,单击"设置报表范围",只选择墙的报表范围,单击"确定"即可,如图2.29所示。

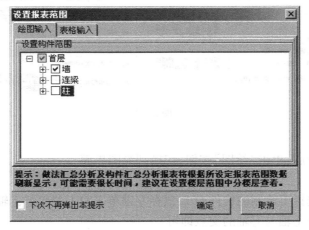

图 2.29

首层剪力墙清单定额,如表2.8所示。

表2.8 首层剪力墙清单定额表

序号	编码	项目名称及特征	单位	工程量
1	010504001001	直形墙 1.墙类型:混凝土墙 2.混凝土种类:商品混凝土 3.混凝土强度等级:C30 4.墙厚度:250mm	m³	47.4225
	01050104	商品混凝土施工 钢筋混凝土直(弧)形墙 墙厚500mm以内	10m³	4.7423
2	010504001002	直形墙 1.墙类型:电梯井壁 2.混凝土种类:商品混凝土 3.混凝土强度等级:C30 4.墙厚度:200mm	m³	9.1845
	01050106	商品混凝土施工 电梯井壁	10m³	0.9185
3	010504001003	直形墙 1.墙类型:电梯井壁 2.混凝土种类:商品混凝土 3.混凝土强度等级:C30 4.墙厚度:250mm	m³	0.78
	01050106	商品混凝土施工 电梯井壁	10m³	0.078

五、总结拓展

①虚墙只起分割封闭作用,不计算工程量,也不影响工程量的计算。

②在对构件进行属性编辑时,属性编辑框中有两种颜色的字体:蓝色字体和灰色字体。

蓝色字体显示的是构件的公有属性,灰色字体显示的是构件的私有属性,对公有属性部分进行操作,所做的改动对所有同名称构件起作用。

③对属性编辑框中"附加"进行勾选,方便用户对所定义的构件进行查看和区分。

④软件对内外墙定义的规定:软件为方便外墙布置,建筑面积、平整场地等部分智能布置功能,需要人为区分内外墙。

思考与练习

(1)Q1 为什么要区别内、外墙定义?

(2)电梯井壁墙的内侧模板是否存在超高?

(3)电梯井壁墙的内侧模板和外侧模板是否套用同一定额?

2.2.3　首层梁的工程量计算

通过本小节学习,你将能够:

(1)依据定额和清单分析梁的工程量计算规则;

(2)定义梁的属性定义;

(3)绘制梁图元;

(4)统计梁工程量。

一、任务说明

①完成首层梁的定义、做法套用、图元绘制。

②汇总计算,统计本层柱的工程量。

二、任务分析

①梁在计量时的主要尺寸是哪些? 从什么图中什么位置能够找到? 有多少种梁?

②梁是如何套用清单定额的? 软件中如何处理变截面梁?

③梁的标高如何调整? 起点顶标高、终点顶标高不同会有什么结果?

④绘制梁时如何使用"Shift 键 + 左键"实现精确定位?

⑤各种不同名称梁如何能快速套用做法?

三、任务实施

1)图纸分析

①分析结施-5,从左至右、从上至下,本层有框架梁、屋面框架梁、非框架梁、悬梁 4 种。

②框架梁 KL1 ~ KL8,屋面框架梁 WKL1 ~ WKL3,非框架梁 L1 ~ L12,悬梁 XL1,主要信息如表 2.9 所示。

表 2.9　梁表

序号	类型	名称	混凝土标号	截面尺寸/mm	顶标高	备注
1	框架梁	KL1	C30	250×500　250×650	层顶标高	变截面
		KL2	C30	250×500　250×650	层顶标高	
		KL3	C30	250×500	层顶标高	
		KL4	C30	250×500　250×650	层顶标高	
		KL5	C30	250×500	层顶标高	
		KL6	C30	250×500	层顶标高	
		KL7	C30	250×600	层顶标高	
		KL8	C30	250×500	层顶标高	
2	屋面框架梁	WKL1	C30	250×600	层顶标高	
		WKL2	C30	250×600	层顶标高	
		WKL3	C30	250×500	层顶标高	
3	非框架梁	L1	C30	250×500	层顶标高	
		L2	C30	250×500	层顶标高	
		L3	C30	250×500	层顶标高	
		L4	C30	200×400	层顶标高	
		L5	C30	250×600	层顶标高	
		L6	C30	250×400	层顶标高	
		L7	C30	250×600	层顶标高	
		L8	C30	200×400	层顶标高	
		L9	C30	250×600	层顶标高	
		L10	C30	200×400	层顶标高	
		L11	C30	250×600	层顶标高	
		L12	C30	250×500	层顶标高	
4	悬挑梁	XL1	C30	250×500	层顶标高	

2)现浇混凝土梁清单、定额规则学习

(1)清单规则学习

梁清单计算规则如表 2.10 所示。

表 2.10　梁清单规则

编号	项目名称	单位	计算规则
010503002	矩形梁	m³	按设计图示尺寸以体积计算。伸入墙内的梁头、梁垫并入梁体积内 梁长： 1. 梁与柱连接时，梁长算至柱侧面 2. 主梁与次梁连接时，次梁长算至主梁侧面
011702006	矩形梁	m²	按模板与现浇混凝土构件的接触面积计算
010505001	有梁板	m³	按设计图示尺寸以体积计算，有梁板（包括主、次梁与板）按梁、板体积之和计算
011702014	有梁板	m²	按模板与现浇混凝土构件的接触面积计算

（2）定额计算规则学习

梁定额计算规则如表 2.11 所示。

表 2.11　梁定额计算规则

编码	项目名称	单位	计算规则
01050094	商品混凝土施工　单梁连续梁	10m³	按设计图示尺寸以体积计算
01050095	商品混凝土施工　异形梁	10m²	
01150279	现浇混凝土模板　单梁连续梁　组合钢模板	100m²	同清单计算规则
01150281	现浇混凝土模板　异形梁　木模板	100m²	
01050109	商品混凝土施工　有梁板	10m³	按设计图示尺寸以体积计算
01150294	现浇混凝土模板　有梁板　组合钢模板	100m²	同清单计算规则

3）梁的属性定义

（1）框架梁的属性定义

在模块导航栏中选择"梁"→"梁"，单击"定义"按钮，进入梁的定义界面，在构件列表中选择"新建"→"新建矩形梁"，新建矩形梁 KL-1，根据 KL-1（9）在图纸中的集中标注，在属性编辑框中输入相应的属性值，如图 2.30 所示。

（2）屋框梁的属性定义

屋框梁的属性定义和框架梁的相同，如图 2.31 所示。

4）梁做法套用

梁构件定义好后，需要进行套用做法操作，如图 2.32 所示。

属性名称	属性值	附加
名称	KL-1	
类别1	框架梁	☐
类别2	有梁板	☐
材质	现浇混凝	☐
砼标号	(C30)	☐
砼类型	(现浇砼)	☐
截面宽度(	250	☐
截面高度(	500	☐
截面面积(m	0.125	☐
截面周长(m	1.5	☐
起点顶标高	层顶标高	☐
终点顶标高	层顶标高	☐
轴线距梁左	(125)	☐
砖胎膜厚度	0	☐
是否计算单	否	☐
图元形状	矩形	☐
是否支模	是	☐
是否为人防	否	☐
备注		☐
⊞ 计算属性		
⊞ 显示样式		

图 2.30

属性名称	属性值	附加
名称	WKL-1	
类别1	框架梁	☐
类别2	有梁板	☐
材质	现浇混凝	☐
砼标号	(C30)	☐
砼类型	(现浇砼)	☐
截面宽度(	250	☐
截面高度(	600	☐
截面面积(m	0.15	☐
截面周长(m	1.7	☐
起点顶标高	层顶标高	☐
终点顶标高	层顶标高	☐
轴线距梁左	(125)	☐
砖胎膜厚度	0	☐
是否计算单	否	☐
图元形状	矩形	☐
是否支模	是	☐
是否为人防	否	☐
备注		☐
⊞ 计算属性		
⊞ 显示样式		

图 2.31

	编码	类别	项目名称	项目特征	单位	工程量表达式	表达式说明	措施项目	专业
1	⊟ 010505001	项	有梁板	1. 混凝土种类:商品混凝土 2. 混凝土强度等级:C30	m3	TJ	TJ<体积>	☐	房屋建筑与装饰
2	└ 01050109	定	商品混凝土施工 有梁板		m3	TJ	TJ<体积>	☐	土
3	⊟ 011702014	项	有梁板	1. 模板类型:组合钢模板 2. 部位:有梁板	m2	MBMJ+KHJDMBMJ		☑	房屋建筑与装饰
4	└ 01150294	定	现浇混凝土模板 有梁板 组合钢模板		m2	MBMJ+KHJDMBMJ	MBMJ<模板面积>+KHJDMBMJ<扣后浇带模板面积>	☑	饰

图 2.32

5)梁画方法讲解

（1）直线绘制

在绘图界面单击"直线"，再单击梁的起点①轴与Ⓓ轴的交点，单击梁的终点④轴与Ⓓ轴的交点即可，如图 2.33 所示。

（2）镜像绘制梁图元

①～④轴间Ⓓ轴上的 KL1 与⑦～⑪轴间Ⓓ轴上的 KL1 是对称的，因此可以采用"镜像"绘制此图元。点选镜像图元，单击右键选择"镜像"，单击对称轴一点，再单击另一点，单击右键确认。

四、任务结果

①参照 KL1、WKL1 属性的定义方法，将 KL2～KL8、WKL2、WKL3、L1～L12、XTL1 按图纸要求定义。

②用直线、对齐、镜像等方法将 KL2～KL8、WKL2、WKL3、L1～L12、XTL1 按图纸要求绘制，绘制完后如图 2.34 所示。

③汇总计算，统计本层梁的工程量，如表 2.12 所示。

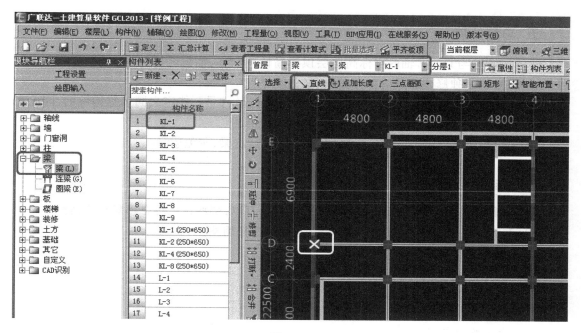

图 2.33

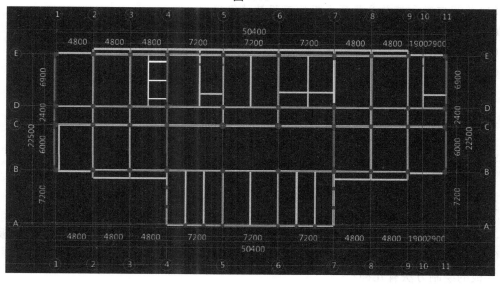

图 2.34

表 2.12 梁清单定额工程量

序号	编码	项目名称及特征	单位	工程量
1	010505001001	矩形梁 1.混凝土种类:商品混凝土 2.混凝土强度等级:C30	m³	59.4495
	01050109	商品混凝土施工 有梁板	10m³	5.945

五、总结拓展

①⑥~⑦轴与①~⑥轴的梁标高比层顶标高低 0.05m,汇总之后选择图元,右键单击属性编辑框,可以单独修改该梁的私有属性,改变标高。

②KL1、KL2、KL4、KL8 在图纸上有两种截面尺寸,软件是不能定义同名称构件的,因此在定义时需重新加下脚标定义。

③绘制梁构件时,一般先横向后竖向,先框架梁后次梁,避免遗漏。

思考与练习

(1)梁属于线性构件,可否使用矩形绘制? 如果可以,哪些情况适合用矩形绘制?

(2)智能布置梁后,若位置与图纸位置不一样,怎样调整?

2.2.4 首层板工程量计算

通过本小节学习,你将能够:

(1)依据定额和清单分析现浇板的工程量计算规则;

(2)定义板的属性;

(3)绘制板;

(4)统计板工程量。

一、任务说明

①完成首层板的定义、做法套用、图元绘制。

②汇总计算,统计本层板的工程量。

二、任务分析

①首层板在计量时的主要尺寸有哪些? 从什么图中什么位置能够找到? 有多少种板?

②板是如何套用清单定额的?

③板的绘制方法有几种?

④各种不同名称板如何能快速套用做法?

三、任务实施

1)分析图纸

分析结施-12,可以从中得到板的截面信息,包括屋面板与普通楼板,主要信息如表 2.13 所示。

表2.13 板表

序号	类型	名称	混凝土标号	板厚 h/mm	板顶标高	备注
1	屋面板	WB1	C30	120	层顶标高	
2	普通楼板	LB2	C30	120	层顶标高	
		LB3	C30	100	层顶标高	
		LB4	C30	120	层顶标高	
		LB5	C30	100	层顶标高	
		LB6	C30	100	层顶标高 $-0.050m$	
3	未注明板	Ⓔ轴向外	C30	100	层顶标高	

2)板定额、清单计算规则学习

（1）清单计算规则学习

板清单计算规则如表2.14所示。

表2.14 板清单计算规则

编号	项目名称	单位	计算规则
010505001	有梁板	m^3	按设计图示尺寸以体积计算,有梁板(包括主、次梁与板)按梁、板体积之和计算
011702014	有梁板	m^2	按模板与现浇混凝土构件的接触面积计算

（2）定额计算规则学习

板定额计算规则如表2.15所示。

表2.15 板定额计算规则

编码	项目名称	单位	计算规则
01050109	商品混凝土施工 有梁板	$10m^3$	按设计图示尺寸以体积计算
01050110	商品混凝土施工 无梁板	$10m^3$	
01150294	现浇混凝土模板 有梁板 组合钢模板	$100m^2$	同清单计算规则
01150296	现浇混凝土模板 无梁板 组合钢模板	$100m^2$	

3)板的属性定义

（1）楼板属性定义

在模块导航栏中选择"板"→"板",单击"定义"按钮,进入板的定义界面;在构件列表中选择"新建"→"新建现浇板",新建现浇板LB2。根据LB2图纸中的尺寸标注,在属性编辑器中输入相应的属性值,如图2.35所示。

（2）屋面板定义

屋面板的属性定义与楼板的属性定义相似,如图2.36所示。

属性名称	属性值	附加
名称	LB2	☐
类别	有梁板	☐
材质	现浇混凝	☐
砼标号	(C30)	☐
砼类型	(现浇砼)	☐
厚度(mm)	120	☐
顶标高(m)	层顶标高	☐
是否是楼板	是	☐
是否空心	否	☐
是否支模	是	☐
备注		☐
⊞ 计算属性		
⊞ 显示样式		

图 2.35

属性名称	属性值	附加
名称	WB1	☐
类别	有梁板	☐
材质	现浇混凝	☐
砼标号	(C30)	☐
砼类型	(现浇砼)	☐
厚度(mm)	100	☐
顶标高(m)	层顶标高	☐
是否是楼板	是	☐
是否空心	否	☐
是否支模	是	☐
备注		☐
⊞ 计算属性		
⊞ 显示样式		

图 2.36

4)做法套用

板构件定义好后,需要进行套做法套用,如图 2.37 所示。

	编码	类别	项目名称	项目特征	单位	工程量表达式	表达式说明	措施项目	专业
1	⊟ 010505001	项	有梁板	1. 混凝土种类: 商品混凝土 2. 混凝土强度等级: C30	m3	TJ	TJ〈体积〉	☐	房屋建筑与装饰
2	01050109	定	商品混凝土施工 有梁板		m3	TJ	TJ〈体积〉	☐	土
3	⊟ 011702014	项	有梁板	1. 模板类型: 组合钢模板 2. 部位: 有梁板	m2	MBMJ+KHDMBMJ+CMBMJ	MBMJ+KHDMBMJ+CMBMJ	☑	房屋建筑与装饰
4	01150294	定	现浇混凝土模板 有梁板 组合钢模板		m2	MBMJ+KHDMBMJ+CMBMJ	MBMJ〈底面模板面积〉+KHDMBMJ〈孔后悬带模板面积〉+CMBMJ〈侧面模板面积〉	☑	饰

图 2.37

5)板画法讲解

(1)点画绘制板

以 WB1 为例,定义好屋面板后,单击"点",在 WB1 区域单击左键即可布置 WB1,如图 2.38所示。

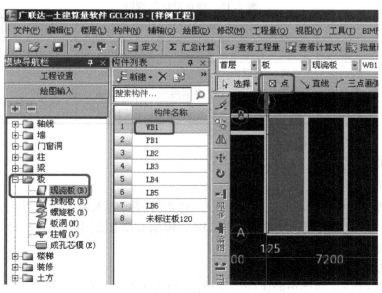

图 2.38

（2）直线绘制板

仍以 WB1 为例，定义好屋面板后，单击"直线"，左键单击 WB1 边界区域的交点，围成一个封闭区域，即可布置 WB1，如图 2.39 所示。

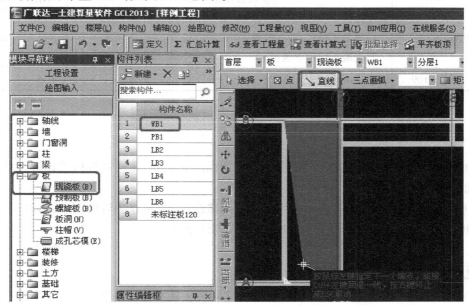

图 2.39

四、任务结果

①根据上述屋面板、普通楼板的定义方法，将本层剩下的 LB3、LB4、LB5、LB6 定义好。

②用点画、直线、矩形等法将①～⑪轴的板绘制好，绘制完后如图 2.40 所示。

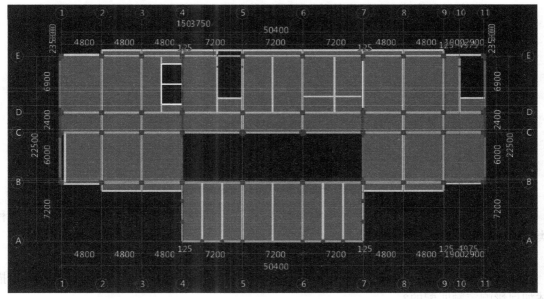

图 2.40

③汇总计算,统计本层板的工程量如表 2.16 所示。

表 2.16　板清单定额工程量

序号	编码	项目名称及特征	单位	工程量
1	010505001001	有梁板 1.混凝土种类:商品混凝土 2.混凝土强度等级:C30	m³	81.1542
	01050109	商品混凝土施工　有梁板	10m³	8.115

五、总结拓展

①⑥~⑦轴与Ⓓ~Ⓔ轴的板顶标高低于层顶标高 0.05m,在绘制板后可以通过单独调整这块板的属性来调整标高。

②Ⓑ轴与Ⓒ轴间左边与右边的板可以通过镜像绘制,绘制方法与柱镜像绘制方法相同。

③板属于面式构件,绘制的方法和其他面式构件相似。

思考与练习

(1)用点画法绘制板需要注意哪些事项? 对绘制区域有什么要求?

(2)有梁板时,板与梁相交时的扣减原则是什么?

2.2.5　首层填充墙的工程量计算

通过本小节学习,你将能够:

(1)依据定额和清单分析填充墙的工程量计算规则;

(2)运用点加长度绘制墙图元;

(3)统计本层墙的阶段性工程量。

一、任务说明

①完成首层填充墙的定义、做法套用、图元绘制。

②汇总计算,统计本层填充墙的工程量。

二、任务分析

①首层填充墙在计量时的主要尺寸是哪些? 从什么图中什么位置能够找到? 有多少种类的墙?

②填充墙不在轴线上如何使用点加长度绘制?

③填充墙中清单计算的厚度与定额计算厚度不一致时如何处理? 墙的清单项目特征描述如何影响定额匹配的?

④虚墙的作用是什么? 如何绘制?

⑤钢丝网片的作用是什么？如何计算工程量？

三、任务实施

1）分析图纸

分析建施-0、建施-3、建施-10、建施-11、建施-12、结施-8，可以得到砌块墙的信息，如表2.17所示。

表2.17　砌块墙表

序号	类型	砌筑砂浆	材质	墙厚/mm	标高/m	备注
1	砌块外墙	M5的混合砂浆	轻质加气混凝土砌块	250	−0.1 ~ +3.8	梁下墙
2	砌块内墙	M5的混合砂浆	轻质加气混凝土砌块	200	−0.1 ~ +3.8	梁下墙
3	砌块内墙	M5的混合砂浆	轻质加气混凝土砌块	120	−0.1 ~ +3.8	梁下墙

2）砌块墙清单、定额计算规则学习

（1）清单计算规则学习

砌块墙清单计算规则如表2.18所示。

表2.18　砌块墙清单计算规则

编号	项目名称	单位	计算规则
010402001	砌块墙	m³	按设计图示尺寸以体积计算
010607005	砌块墙钢丝网加固	m³	按设计图示尺寸以面积计算

（2）定额计算规则学习

砌块墙定额计算规则如表2.19所示。

表2.19　砌块墙定额计算规则

编码	项目名称	单位	计算规则
01040027	加气混凝土砌块墙　厚120mm	m³	按设计图示尺寸以体积计算
01040028	加气混凝土砌块墙　厚200mm	m³	
01040029	加气混凝土砌块墙　厚250mm	m³	
01040081	结构结合部分防裂　构造（钢丝网片）	m³	按设计图示尺寸以面积计算

3）砌块墙属性的定义

新建砌块墙的方法参见新建剪力墙的方法，这里只是简单介绍一下新建砌块墙需要注意的地方，如图2.41所示。

内/外墙标志:外墙和内墙要区别定义，除了对自身工程量有影响外，还影响其他构件的智能布置。同时可以根据工程实际需要对标高进行定义，如图2.42所示。本工程是按照软件默认高度进行设置，软件会根据定额的计算规则对砌块墙和混凝土相交的地方进行自动处理。

属性名称	属性值	附加
名称	QTQ-1	
类别	砖墙	☑
材质	砖	☐
砂浆标号	(M5.0)	☐
砂浆类型	(混合砂浆	☐
厚度(mm)	250	☐
内/外墙标	内墙	☐
工艺	清水	
轴线距左墙	(125)	
起点顶标高	层顶标高	
起点底标高	层底标高	
终点顶标高	层顶标高	
终点底标高	层底标高	
是否为人防	否	
备注		☐
⊞ 计算属性		
⊞ 显示样式		

图 2.41

图 2.42

4）做法套用

砌块墙做法套用，如图 2.43 所示。

	编码	类别	项目名称	项目特征	单位	工程量表达式	表达式说明	措施项目	专业
1	⊟ 010402001	项	砌块墙	1. 砌块品种、规格、强度等级：轻质加气混凝土砌块 强度大于5MP 2. 墙体类型：直形外墙和内隔墙 3. 砂浆强度等级：M5 混合砂浆 4. 墙体类型：直形外墙和内隔墙 5. 墙体厚度：200mm	m3	TJ	TJ〈体积〉	☐	房屋建筑与装饰
2	— 01040028	定	加气混凝土砌块墙 厚200		m3	TJ	TJ〈体积〉	☐	土
3	⊟ 010607005	项	砌块墙钢丝网加固	1. 部位：不同材质连接处 2. 尺寸：300mm宽0.8厚9*25小网钢丝网片	m2	(WQWCGSWPZCD〈外墙外侧钢丝网片总长度〉+WQNCGSWPZCD〈外墙内侧钢丝网片总长度〉+NQLCGSWPZCD〈内墙两侧钢丝网片总长度〉)*0.3	(WQWCGSWPZCD〈外墙外侧钢丝网片总长度〉+WQNCGSWPZCD〈外墙内侧钢丝网片总长度〉+NQLCGSWPZCD〈内墙两侧钢丝网片总长度〉)*0.3	☐	房屋建筑与装饰
4	— 01040081	定	结构结合部分防裂 构造(钢丝网片)		m2	(WQWCGSWPZCD+WQNCGSWPZCD+NQLCGSWPZCD)*0.3	(WQWCGSWPZCD〈外墙外侧钢丝网片总长度〉+WQNCGSWPZCD〈外墙内侧钢丝网片总长度〉+NQLCGSWPZCD〈内墙两侧钢丝网片总长度〉)*0.3	☐	土

图 2.43

5）画法讲解——点加长度

建施-3 中在②轴、⑧轴向下有一段墙体 850mm（中心线距离），单击"点加长度"，再单击起点⑧轴与②轴相交点，然后向上找到ⓒ轴与②轴相交点单击，弹出"点加长度设置"对话框，在"反向延伸长度处（mm）"输入"850"，然后单击"确定"按钮，如图 2.44 所示。

四、任务结果

①按照"点加长度"的画法，把②轴、Ⓔ轴向上，⑨轴、Ⓔ轴向上等相似位置的砌体墙绘制好。

②绘制完后如图 2.45 所示。

③汇总计算，统计本层填充墙的工程量，如表 2.20 所示。

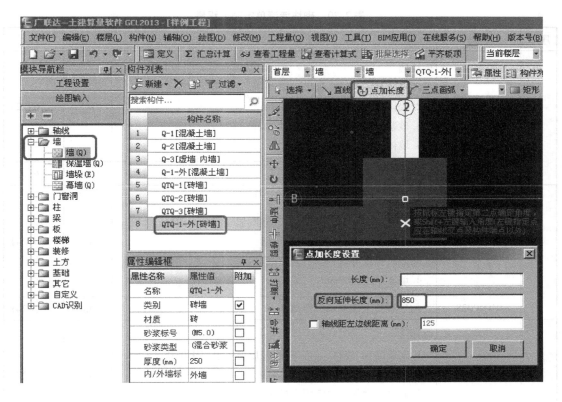

图 2.44

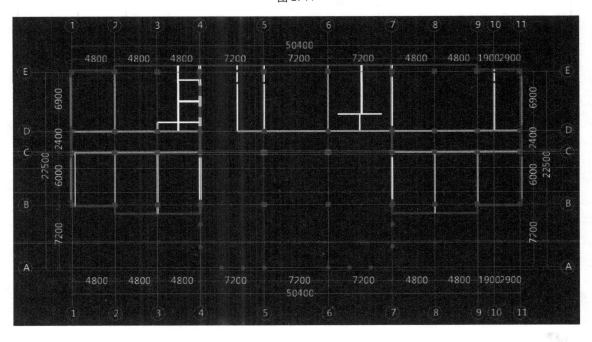

图 2.45

表 2.20　砌块墙清单定额工程量

序号	编码	项目名称及特征	单位	工程量
1	010402001001	砌块墙 1.砌块品种、规格、强度等级:轻质加气混凝土砌块 2.墙体类型:直形外墙和内隔墙 3.砂浆强度等级:M5 混合砂浆 4.墙体厚度:250mm	m^3	69.29
	01040029	轻集料砌块墙　厚度 240mm	$10m^3$	6.929
2	010402001002	砌块墙 1.砌块品种、规格、强度等级:轻质加气混凝土砌块 2.墙体类型:直形外墙和内隔墙 3.砂浆强度等级:M5 混合砂浆 4.墙体厚度:200mm	m^3	94.241
	01040028	加气混凝土砌块墙　厚 200mm	$10m^3$	9.4241
3	010402001003	砌块墙 1.砌块品种、规格、强度等级:轻质加气混凝土砌块 2.墙体类型:直形外墙和内隔墙 3.砂浆强度等级:M5 混合砂浆 4.墙体厚度:120mm	m^3	2.3277
	01040027	加气混凝土砌块墙　厚 120mm	$10m^3$	0.2328
4	010607005001	砌块墙钢丝网加固 1.部位:不同材质连接处 2.尺寸:300mm 宽 0.8mm 厚9×25 小网钢丝网片	m^2	283.7139
	01040081	结构结合部分防裂　构造(钢丝网片)	m^2	283.7139

五、总结拓展

①按住"Shift＋左键"绘制偏移位置的墙体。在直线绘制墙体的状态下,按住"Shift"键的同时单击⑤轴和Ⓓ轴的相交点,弹出"输入偏移量"的对话框,在"X＝"的地方输入"－3000",单击"确定"按钮,然后向着垂直Ⓔ轴的方向绘制墙体。

②做实际工程时,要依据图纸对各个构件进行分析,确定构件需要计算的内容和方法,对软件所计算的工程量进行分析核对。本小节介绍了"点加长度"和"Shift＋左键"的方法绘制墙体,在应用时可以依据图纸分析找出能帮助我们快速绘制图元的功能。

思考与练习

(1)思考"Shift 键＋左键"的方法还可以应用在哪些构件的绘制中?

(2)框架间墙的长度怎样计算？

(3)在定义墙构件属性时为什么要区分内、外墙的标志？

2.2.6 首层门窗、洞口、壁龛的工程量计算

通过本小节学习,你将能够:

(1)定义门窗洞口;

(2)绘制门窗图元;

(3)统计本层门窗的工程量。

一、任务说明

①完成首层门窗、洞口的定义、做法套用、图元绘制。

②使用精确和智能布置绘制门窗。

③汇总计算,统计本层门窗的工程量。

二、任务分析

①首层门窗的尺寸种类有多少? 影响门窗位置的离地高度如何设置? 门窗在墙中是如何定位的?

②门窗的清单与定额如何匹配的?

③不精确布置门窗会有可能影响哪些项目的工程量?

三、任务实施

1)分析图纸

分析图纸建施-3、结施-5,可以得到门窗的信息,如表2.21所示。

表2.21 门窗表

序号	名称	数量/个	宽/mm	高/mm	离地高度/mm	备注
1	M1	10	1000	2100	0	
2	YFM1	2	1200	2100	0	
3	M2	1	1500	2100	0	
4	TLM1	1	3000	2100	0	
5	JXM2	1	1200	2000	0	
6	LC3	2	1500	2700	700	
7	LC2	24	1200	2700	700	
8	LC1	10	900	2700	700	
9	MQ1	1	21000	3900	0	

续表

序号	名称	数量/个	宽/mm	高/mm	离地高度/mm	备注
10	MQ2	4	4975	16500	0	
11	电梯门洞	2	1200	2600	0	LL2 下
12	走廊洞口	2	1800	2700	0	LL1 下
13	LM1	1	2100	3000	0	
14	消火栓箱	1	750	1650	150	

2)门窗清单、定额规则学习

（1）清单计算规则学习

门窗清单计算规则学习如表 2.22 所示。

表 2.22　门窗清单规则

编号	项目名称	单位	计算规则
010801001	木质门	m^2	
010802001	金属（塑钢）门	m^2	
010802003	钢质防火门	m^2	
010801004	木质防火门	m^2	1. 以樘计量，按设计图示数量计算
010805005	全玻自由门	m^2	2. 以 m^2 计量，按设计图示洞口尺寸以面积计算
010807001	金属（塑钢、断桥）窗	m^2	
011209002	全玻（无框玻璃）幕墙	m^2	

（2）定额计算规则学习

门窗定额计算规则学习如表 2.23 所示。

表 2.23　门窗定额规则

编号	项目名称	单位	计算规则
01070012	木门安装　成品木门（带门套）	$100m^2$	
01070071	铝合金门（成品）安装　平开门	$100m^2$	
01070073	铝合金窗（成品）安装　平开窗	$100m^2$	
01070087	无框全玻门制作安装	$100m^2$	按设计图示洞口尺寸以面积计算
01070089	塑钢门窗（成品）安装　塑钢门	$100m^2$	
01100286	玻璃幕墙（玻璃规格 1.6×0.9）　明框	$100m^2$	

3)构件的属性定义

（1）门的属性定义

在模块导航栏中选择"门窗洞"→"门"，单击"定义"按钮，进入门的定义界面，在构件列表中选择"新建"→"新建矩形门",新建"矩形门 M-1",在属性编辑框中输入相应的属性值,如图 2.46 所示。

①洞口宽度,洞口高度:从门窗表中可以直接得到属性值。

②框厚:输入门实际的框厚尺寸,对墙面块料面积的计算有影响,本工程按默认值。

③立樘距离:门框中心线与墙中心间的距离,默认为"0"。如果门框中心线在墙中心线左边,该值为负,否则为正。

④框左右扣尺寸、框上下扣尺寸:如果计算规则要求门窗按框外围计算,输入框扣尺寸。

（2）窗的属性定义

在模块导航栏中选择"门窗洞"→"窗",单击"定义"按钮,进入窗的定义界面,在构件列表中选择"新建"→"新建矩形窗",新建"矩形窗 LC-2",在属性编辑框中输入相应的属性值,如图 2.47 所示。

（3）幕墙的属性定义

在模块导航栏中点击"墙"→"幕墙",单击"定义"按钮,进入幕墙的定义界面,在构件列表中点击"新建"→"新建幕墙",幕墙不必依附墙体存在。以 MQ-2 为例,其属性定义如图 2.48所示。

属性名称	属性值	附加
名称	M-1	
洞口宽度(	1000	
洞口高度(	2100	
框厚(mm)	60	
立樘距离(	0	
洞口面积(m	2.1	
离地高度(	0	
是否随墙变	否	
是否为人防	否	
备注		
⊞ 计算属性		
⊞ 显示样式		

图 2.46

属性名称	属性值	附加
名称	LC-2	
类别	普通窗	
洞口宽度(	1200	
洞口高度(	2700	
框厚(mm)	60	
立樘距离(	0	
洞口面积(m	3.24	
离地高度(	700	
是否随墙变	是	
备注		
⊞ 计算属性		
⊞ 显示样式		

图 2.47

属性名称	属性值	附加
名称	MQ-2	
材质	玻璃	
厚度(mm)	100	
轴线距左墙	(50)	
内/外墙标	外墙	
起点顶标高	16.5	
终点顶标高	16.5	
起点底标高	-0.45	
终点底标高	-0.45	
结构类型	全玻幕墙	
备注		
⊞ 计算属性		
⊞ 显示样式		

图 2.48

（4）电梯洞口的属性定义

在模块导航栏中选择"门窗洞"→"电梯洞口",单击"定义"按钮,进入电梯洞口的定义界面,在构件列表中选择"新建"→"新建电梯洞口",其属性定义,如图 2.49 所示。

属性名称	属性值	附加
名称	电梯门洞	
洞口宽度(	1200	
洞口高度(	2600	
洞口面积(m	3.12	
离地高度(	0	
是否随墙变	是	
备注		
⊞ 计算属性		
⊞ 显示样式		

图 2.49

属性名称	属性值	附加
名称	消火栓箱	
洞口宽度(	750	
洞口高度(	750	
壁龛深度(	100	
离地高度(	150	
是否为人防	否	
备注		
⊞ 计算属性		
⊞ 显示样式		

图 2.50

（5）壁龛的属性定义（消火栓箱）

在模块导航栏中选择"门窗洞"→"壁龛"，单击"定义"按钮，进入壁龛的定义界面，在构件列表中选择"新建"→"新建消火栓箱"，壁龛（消火栓箱）的属性定义，如图 2.50 所示。

4）做法套用

门、窗的材质较多，在这里仅列举几个。

①M-1 的做法套用，如图 2.51 所示。

	编码	类别	项目名称	项目特征	单位	工程量表达式	表达式说明	措施项目	专业
1	─ 010801001	项	木质夹板门	1. 门类型：成品木质夹板门 2. 框截面尺寸、单扇面积：综合考虑	m2	DKMJ	DKMJ<洞口面积>	☐	房屋建筑与装饰
2	01070012	定	木门安装 成品木门(带门套)		m2	DKMJ	DKMJ<洞口面积>	☐	土

图 2.51

②YFM-1 的做法套用，如图 2.52 所示。

	编码	类别	项目名称	项目特征	单位	工程量表达式	表达式说明	措施项目	专业
1	─ 010802003	项	钢质乙级防火门	1. 门类型：成品钢质乙级防火门 2. 框材质、外围尺寸：综合考虑	m2	DKMJ	DKMJ<洞口面积>	☐	房屋建筑与装饰
2	01070089	定	塑钢门窗(成品)安装 塑钢门		m2	DKMJ	DKMJ<洞口面积>	☐	土

图 2.52

5）门窗洞口的画法讲解

门窗洞构件属于墙的附属构件，也就是说门窗洞构件必须绘制在墙上。

（1）点画法

门窗最常用的是"点"绘制。对于计算来说，一段墙扣减门窗洞口面积，只要门窗绘制在墙上即可，一般对于位置要求不用很精确，所以直接采用点绘制即可。在点绘制时，软件默认开启动态输入的数值框，可以直接输入一边距墙端头的距离，或通过"Tab"键切换输入框，如图 2.53 所示。

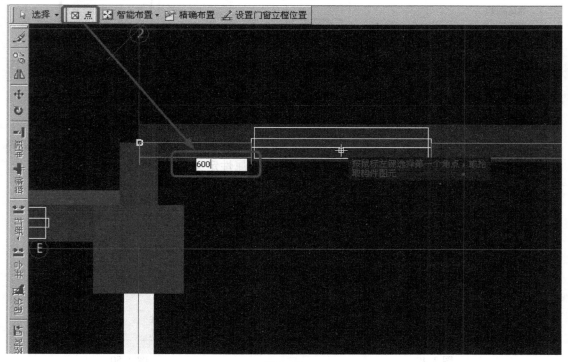

图 2.53

（2）精确布置

当门窗紧邻柱等构件布置时，考虑其上过梁与旁边的柱、墙扣减关系，需要对这些门窗精确定位。如一层平面图中的 M-1，都是贴着柱边布置的。

以绘制Ⓒ轴与②轴交点处的 M-1 为例：先选择"精确布置"功能，再选择Ⓒ轴的墙，然后指定插入点，在"请输入偏移值"中输入" −300"，单击"确定"按钮即可，如图 2.54 所示。

图 2.54

（3）打断

由建施-3 的 MQ2 的位置可以看出，起点和终点均位于外墙外边线的地方，绘制的时候这两个点不好捕捉。所以绘制好 MQ2 后，单击左侧工具栏"单打断"，捕捉到 MQ2 和外墙外边线的交点，绘图界面出现黄色的小叉，单击右键，然后在弹出的确认对话框中选择"是"按钮。选取不需要的 MQ2，单击右键"删除"即可，如图 2.55 所示。

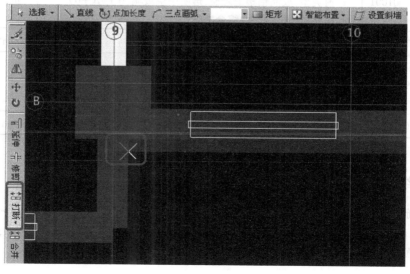

图 2.55

四、任务结果

汇总计算,统计本层门窗的工程量,如表2.24所示。

表2.24　门窗清单定额量

序号	编码	项目名称及特征	单位	工程量
1	010801001001	木质夹板门 1.门类型:成品木质夹板门 2.框截面尺寸、单扇面积:综合考虑	m²	24.15
	01070012	木门安装　成品木门(带门套)	100m²	0.2415
2	010801004001	木质丙级防火检修门 1.门类型:成品木质丙级防火检修门 2.框截面尺寸、单扇面积:综合考虑	m²	3.5
	01070012	木门安装　成品木门(带门套)	100m²	0.035
3	010802001001	铝塑平开门 1.门类型:成品铝塑平开门,透明中空玻璃(6+9A+6) 2.框材质、外围尺寸:综合考虑	m²	6.3
	01070071	铝合金门(成品)安装　平开门	100m²	0.063
4	010805005001	玻璃推拉门 1.门类型:成品玻璃推拉门,透明中空玻璃(6+9A+6) 2.框材质、外围尺寸:综合考虑	m²	6.3
	01070087	无框全玻门制作安装	100m²	0.063
5	010802003001	钢质乙级防火门 1.门类型:成品钢质乙级防火门 2.框材质、外围尺寸:综合考虑	m²	5.04
	01070089	塑钢门窗(成品)安装　塑钢门	100m²	0.0504
6	010807001001	铝塑上悬窗 1.窗类型:成品铝塑上悬窗,透明中空玻璃(6+9A+6) 2.框材质、外围尺寸:综合考虑	m²	110.16
	01070073	铝合金窗(成品)安装　平开窗	100m²	1.1016
7	011209002001	全玻(无框玻璃)幕墙 1.幕墙类型:透明中空玻璃(6+9A+6) 2.框材质、外围尺寸:综合考虑	m²	401.8
	01100286	玻璃幕墙(玻璃规格1.6×0.9)　明框	100m²	4.018

五、总结拓展

分析建施-3,位于Ⓔ轴向上②~④轴位置的LC2和Ⓑ轴向下②~④轴的LC-2是一样的,应用"复制"命令可以快速地绘制LC2。单击绘图界面的"复制"按钮,选中LC-2,找到墙端头的基点,再单击Ⓑ轴向下1025mm与②轴的相交点,完成复制,如图2.56所示。

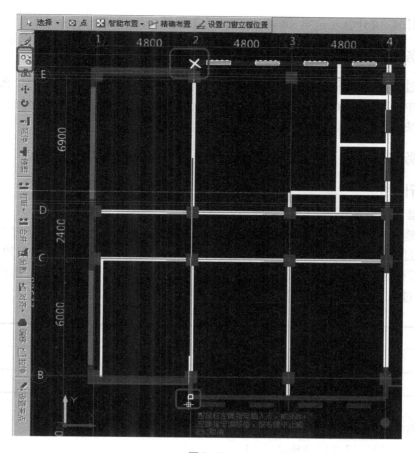

图 2.56

思考与练习

什么情况下需要对门、窗进行精确定位？

2.2.7 过梁、圈梁、构造柱的工程量的计算

通过本小节学习,你将能够:
(1)依据定额和清单分析过梁、圈梁、构造柱的工程量计算规则;
(2)定义过梁、圈梁、构造柱;
(3)绘制过梁、圈梁、构造柱;
(3)统计本层圈梁、构造柱的工程量。

一、任务说明

①完成首层过梁、圈梁、构造柱的定义、做法套用、图元绘制。

②汇总计算,统计首层过梁、圈梁、构造柱的工程量。

二、任务分析

①首层过梁、圈梁、构造柱的尺寸种类分别有多少? 分别能够从什么图的什么位置找到?
②过梁中入墙长度如何计算?
③如何快速使用智能布置和自动生成构过梁构造柱?

三、任务实施

1)分析图纸

(1)过梁、圈梁

分析结施-2,建施-3、结施-2 中(7)可知,内墙圈梁在门洞上设一道,兼作过梁,门洞上方部分应套用过梁清单;外墙窗台处设置一道圈梁,窗顶刚好顶到框架梁,所以窗顶的圈梁不再设置,外墙所有的窗上不再布置过梁,MQ1、MQ2 的顶标高直接到混凝土梁,不再设置过梁;LM1 上设置过梁一道,尺寸为 250mm × 300mm。圈梁信息如表 2.25 所示。

表 2.25 圈梁表

序号	名称	位置	宽/mm	高/mm	备注
1	QL-1	内墙上	200	120	
2	QL-2	外墙上	250	180	

(2)构造柱

构造柱的设置位置参见结施-2 中(4)。

2)过梁、圈梁清单、定额计算规则学习

(1)清单计算规则学习

圈(过)梁、构造柱的清单计算规则如表 4.26 所示。

表 2.26 圈(过)梁、构造柱清单计算规则

编码	项目名称	单位	计算规则
010503005	过梁	m^3	按设计图示尺寸以体积计算,伸入墙内的梁头、梁垫并入梁体积内
011702009	过梁	m^2	按模板与现浇混凝土构件的接触面积计算
010503004	圈梁	m^3	按设计图示尺寸以体积计算,伸入墙内的梁头、梁垫并入梁体积内
011702008	圈梁	m^2	按模板与现浇混凝土构件的接触面积计算
010502002	构造柱	m^3	按设计图示尺寸以体积计算 柱高:构造柱按全高计算,嵌接墙体部分(马牙槎)并入柱身体积
011702003	构造柱	m^2	按模板与现浇混凝土构件的接触面积计算

（2）定额计算规则学习

圈（过）梁、构造柱的定额计算规则如表4.27所示。

表2.27 圈（过）梁、构造柱定额计算规则

编码	项目名称	单位	计算规则
01050097	商品混凝土施工 过梁	$10m^3$	按设计图示尺寸以体积计算
01150287	现浇混凝土模板 过梁 组合钢模板	$100m^2$	同清单计算规则
01050096	商品混凝土施工 圈梁	$10m^3$	按设计图示尺寸以体积计算，伸入墙内的梁头、梁垫并入梁体积内
01150284	现浇混凝土模板 圈梁 直形 组合钢模板	$100m^2$	同清单计算规则
01050088	商品混凝土施工 构造柱	$10m^3$	按设计图示尺寸以体积计算 柱高：构造柱按全高计算，嵌接墙体部分（马牙槎）并入柱身体积
01150275	现浇混凝土模板 构造柱 组合钢模板	$100m^2$	同清单计算规则

3）属性的定义

（1）内墙圈梁的属性定义

在模块导航栏中选择"梁"→"圈梁"，在构件列表中选择"新建"→"新建圈梁"，在属性编辑框中输入相应的属性值，如图2.57所示。内墙上门的高度不一样，绘制完内墙圈梁后，需要手动修改圈梁标高。

（2）构造柱的属性定义

在模块导航栏中选择"柱"→"构造柱"，在构件列表中选择"新建"→"新建构造柱"，在属性编辑框中输入相应的属性值，如图2.58所示。

属性名称	属性值	附加
名称	QL-2	
材质	现浇混凝土	□
砼标号	(C25)	□
砼类型	(现浇砼)	□
截面宽度（	200	□
截面高度（	120	□
截面面积	0.024	□
截面周长	0.64	□
起点顶标高	层底标高+2.2	
终点顶标高	层底标高+2.2	
轴线距梁左	(100)	□
砖胎膜厚度	0	□
是否支模	是	
备注		□
⊞ 计算属性		
⊞ 显示样式		

图2.57

属性名称	属性值	附加
名称	GZ-1	
类别	带马牙槎	□
材质	现浇混凝	□
砼标号	(C25)	□
砼类型	(现浇砼)	□
截面宽度（	250	□
截面高度（	200	□
截面面积	0.05	□
截面周长	0.9	□
马牙槎宽度	60	
顶标高（m）	层顶标高	
底标高（m）	层底标高	
是否支模	是	
备注		□
⊞ 计算属性		
⊞ 显示样式		

图2.58

（3）过梁的属性定义

在模块导航栏中选择"门窗洞"→"过梁"，在构件列表中选择"新建"→"新建过梁"，在属性编辑框中输入相应的属性值，如图 2.59 所示。

属性名称	属性值	附加
名称	GL-1	☐
材质	现浇混凝	☐
砼标号	(C25)	☐
砼类型	(现浇砼)	☐
长度(mm)	(500)	☐
截面宽度(		☐
截面高度(	180	☐
起点伸入墙	250	☐
终点伸入墙	250	☐
截面周长(m	0.36	☐
截面面积(m	0	☐
位置	洞口上方	☐
顶标高(m)	洞口顶标	☐
中心线距左	(0)	☐
是否支模	是	☐
备注		☐
⊞ 计算属性		
⊞ 显示样式		

图 2.59

4）做法套用

①圈梁的做法套用，如图 2.60 所示。

	编码	类别	项目名称	项目特征	单位	工程量表达式	表达式说明	措施项目	专业
1	⊟ 010503004	项	圈梁	1. 混凝土种类：商品混凝土 2. 混凝土强度等级：C25	m3	TJ	TJ<体积>	☐	房屋建筑与装饰
2	— 01050096	定	商品混凝土施工 圈梁		m3	TJ	TJ<体积>	☐	土
3	⊟ 011702008	项	圈梁	1. 模板类型：组合钢模板 2. 部位：圈梁	m2	MBMJ+ICHJDMBMJ	MBMJ<模板面积>+ICHJDMBMJ<扣后浇带模板面积>	☑	房屋建筑与装饰
4	— 01150284	定	现浇混凝土模板 圈梁 直形 组合钢模板		m2	MBMJ+ICHJDMBMJ		☑	饰

图 2.60

②构造柱的做法套用，如图 2.61 所示。

	编码	类别	项目名称	项目特征	单位	工程量表达式	表达式说明	措施项目	专业
1	⊟ 010502002	项	构造柱	1. 混凝土种类：商品混凝土 2. 混凝土强度等级：C25	m3	TJ	TJ<体积>	☐	房屋建筑与装饰
2	— 01050088	定	商品混凝土施工 构造柱		m3	TJ	TJ<体积>	☐	土
3	⊟ 011702003	项	构造柱	1. 模板类型：组合钢模板 2. 部位：构造柱	m2	MBMJ	MBMJ<模板面积>	☑	房屋建筑与装饰
4	— 01150275	定	现浇混凝土模板 构造柱 组合钢模板		m2	MBMJ	MBMJ<模板面积>	☑	饰

图 2.61

③过梁的做法套用，如图 2.62 所示。

	编码	类别	项目名称	项目特征	单位	工程量表达式	表达式说明	措施项目	专业
1	⊟ 010503005	项	过梁	1. 混凝土种类：商品混凝土 2. 混凝土强度等级：C25	m3	TJ	TJ<体积>	☐	房屋建筑与装饰
2	— 01050097	定	商品混凝土施工 过梁		m3	TJ	TJ<体积>	☐	土
3	⊟ 011702009	项	过梁	1. 模板类型：组合钢模板 2. 部位：过梁	m2	MBMJ	MBMJ<模板面积>	☑	房屋建筑与装饰
4	— 01150287	定	现浇混凝土模板 过梁 组合钢模板		m2	MBMJ	MBMJ<模板面积>	☑	饰

图 2.62

5）画法讲解

（1）圈梁的画法

圈梁可以采用"直线"画法，方法同墙的画法，这里不再重复介绍。选择"智能布置"→

"墙中心线",如图 2.63 所示;然后选中要布置的砌块内墙,单击右键确定即可。

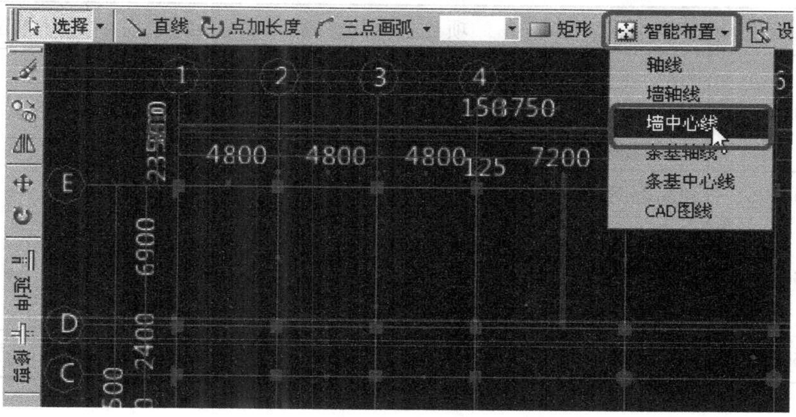

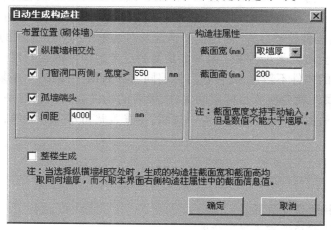

图 2.63

(2)构造柱的画法

①点画。构造柱可以按照点画布置,同框架柱的画法,这里不再重复叙述。

②自动生成构造柱。单击"自动生成构造柱",弹出如图 2.64 所示对话框。在对话框中输入相应信息,单击"确定"按钮,然后选中墙体,单击右键确定即可。

图 2.64

四、任务结果

汇总计算,统计本层过梁、圈梁、构造柱的工程量,如表 2.28 所示。

表 2.28

序号	编码	项目名称及特征	单位	工程量
1	010502002001	构造柱 1.混凝土种类:商品混凝土 2.混凝土强度等级:C25	m³	12.1371
	01050088	商品混凝土施工　构造柱	m³	1.2137

续表

序号	编码	项目名称及特征	单位	工程量
2	010503004001	圈梁 1. 混凝土种类:商品混凝土 2. 混凝土强度等级:C25	m³	5.0349
	01050096	商品混凝土施工　圈梁	m³	0.5035
3	010503005001	过梁 1. 混凝土种类:商品混凝土 2. 混凝土强度等级:C25	m³	0.2322
	01050097	商品混凝土施工　过梁	m³	0.0232

五、总结拓展

(1)修改构件图元名称

①选中要修改的构件→单击右键→修改构件图元名称→选择要修改的构件。

②选中要修改的构件→单击"属性"→在属性编辑框的名称里直接选择要修改的构件名称。

(2)出现"同名构件处理方式"对话框的情况及对话框中的三个选项的含义

在复制楼层时会出现此对话框。第一个是复制过来的构件都会新建一个,并且名称 + n;第二个是复制过来的构件不新建,要覆盖目标层同名称的构件;第三个是复制过来的构件,目标层里有的,构件属性就会换成目标层的属性,没有的构件会自动新建一个构件。(注意:当前楼层如果有画好的图,要覆盖就用第二个选项,不覆盖就用第三个选项,第一个选项一般用得不多)

思考与练习

(1)简述构造柱的设置位置。

(2)为什么外墙窗顶没有设置圈梁?

(3)自动生成构造柱符合实际要求吗? 不符合的话需要作哪些调整?

2.2.8　首层后浇带、雨篷工程量计算

通过本小节学习,你将能够:

(1)依据定额和清单分析首层后浇带、雨篷的工程量计算规则;

(2)定义首层后浇带、雨篷;

(3)绘制首层后浇带、雨篷;

(4)统计首层后浇带、雨篷的工程量。

一、任务说明

①完成首层后浇带、雨篷的定义、做法套用、图元绘制。
②汇总计算,统计首层后浇带、雨篷的工程量。

二、任务分析

①首层后浇带涉及哪些构件? 这些构件的做法都一样吗? 工程时表达如何选用?
②首层雨篷是一个室外构件,为什么要一次性将清单及定额做完? 做法套用分别都是些什么? 工程时表达如何选用?

三、任务实施

1)分析图纸

分析结施-12,可以从板平面图得到后浇带的截面信息、本层只有一条后浇带,后浇带宽度为800mm,分布在⑤轴与⑥轴之间,距离⑤轴的距离为1000mm。

2)清单、定额计算规则学习

（1）清单计算规则学习

后浇带、雨篷清单计算规则如表 2.29 所示。

表 2.29　清单计算规则

编码	项目名称	单位	计算规则
010508001	后浇带	m^3	按设计图示尺寸以体积计算
011702030	后浇带	m^2	按模板与后浇带的接触面积计算
010505008	雨篷、悬挑板、阳台板	m^3	按设计图示尺寸以墙外部分体积计算,包括伸出墙外的牛腿和雨篷反挑檐的体积
011702023	雨篷、悬挑板、阳台板	m^2	按图示外挑部分尺寸的水平投影面积计算,挑出墙外的悬臂梁及板边不另计算
010902002	屋面涂膜防水　雨篷	m^2	按设计图示尺寸以面积计算 1.斜屋顶(不包括平屋顶找坡)按斜面积计算,平屋顶按水平投影面积计算 2.不扣除屋上烟囱、风帽底座、风道、屋面小气窗和斜沟所占面积 3.屋面的女儿墙、伸缩缝和天窗等处的弯起部分,并入屋面工程量内
011301001	天棚抹灰　雨篷	m^2	按设计图示尺寸以水平投影面积计算

（2）部分定额计算规则

后浇带、雨篷定额计算规则如表 2.30 所示。

表 2.30　部分定额计算规则

编码	项目名称	单位	计算规则
01050098	商品混凝土施工　梁后浇带	10m³	按设计图示尺寸以体积计算
01050114	商品混凝土施工　板后浇带	10m³	
01050124	商品混凝土施工　雨篷(板式)	10m³	按设计图示尺寸以体积计算
01150309	现浇混凝土模板　雨篷(板式)　组合钢模板	100m²	同清单计算规则

3)后浇带、雨篷的定义

(1)后浇带属性的定义

在模块导航栏中选择"其他"→"后浇带",在构件列表中选择"新建"→"新建后浇带",新建后浇带 HJD-1,根据 HJD-1 图纸中的尺寸标注,在属性编辑器中输入相应的属性值,如图 2.65所示。

(2)雨篷属性定义

在模块导航栏中选择"其他"→"雨篷",构件列表中选择"新建"→"新建雨篷",在属性编辑器中输入相应的属性值,如图 2.66 所示。

属性名称	属性值	附加
名称	HJD-1	
宽度(mm)	800	
轴线距后浇	(400)	
筏板(桩承	矩形后浇	
基础梁后浇	矩形后浇	
外墙后浇带	矩形后浇	
内墙后浇带	矩形后浇	
梁后浇带类	矩形后浇	
现浇板后浇	矩形后浇	
备注		
⊞ 计算属性		
⊞ 显示样式		

图 2.65

属性名称	属性值	附加
名称	YP-1	
材质	现浇混凝土	
砼标号	(C25)	
砼类型	(现浇砼)	
板厚(mm)	150	
顶标高(m)	层顶标高-0.35	
建筑面积计	不计算	
是否支模	是	
备注		
⊞ 计算属性		
⊞ 显示样式		

图 2.66

4)套用做法

①后浇带定义好以后,套用做法。后浇带的做法套用与现浇板有所不同,如图 2.67 所示。

	编码	类别	项目名称	项目特征	单位	工程量表达式	表达式说明	措施项目	专业
1	⊟ 010508001	项	后浇带	1.混凝土强度等级:C35,掺水泥用量的8%HEA型膨胀剂 2.混凝土种类:商品混凝土 3.部位:2层以下有梁板	m3	XJBHJDTJ+LHJDTJ	XJBHJDTJ<现浇板后浇带体积>+LHJDTJ<梁后浇带体积>	☐	房屋建筑与装饰
2	01050098	定	商品混凝土施工 梁后浇带		m3	LHJDTJ	LHJDTJ<梁后浇带体积>	☐	土
3	01050114	定	商品混凝土施工 板后浇带		m3	XJBHJDTJ	XJBHJDTJ<现浇板后浇带体积>	☐	土

图 2.67

②雨篷的做法套用,如图 2.68 所示。

	编码	类别	项目名称	项目特征	单位	工程量表达式	表达式说明	措施项目	专业
1	⊟ 010505008	项	雨篷、悬挑板、阳台板	1.混凝土种类:商品混凝土 2.混凝土强度等级:C30	m3	TJ	TJ〈体积〉	☐	房屋建筑与装饰
2	01050124 H8021 0879 80210091	换	商品混凝土施工 雨篷(板式)换为【(商)混凝土 C30】	m2	MJ	MJ〈面积〉	☐	土
3	⊟ 011702023	项	雨篷、悬挑板、阳台板	1.模板类型:组合钢模板 2.部位:雨篷	m2	MBMJ	MBMJ〈模板面积〉	☑	房屋建筑与装饰
4	01150309	定	现浇混凝土模板 雨篷(板式)组合钢模板		m2	MBMJ	MBMJ〈模板面积〉	☑	饰

图 2.68

5)后浇带、雨篷绘制

（1）直线绘制后浇带

首先根据图纸尺寸作好辅助轴线,单击"直线",鼠标左键单击后浇带的起点与终点即可绘制后浇带,如图 2.69 所示。

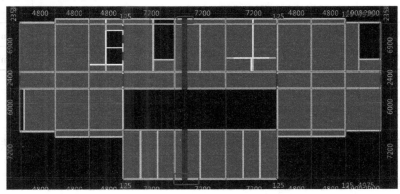

图 2.69

（2）直线绘制雨篷

首先根据图纸尺寸作好辅助轴线,单击直线,鼠标左键单击后浇带的起点与终点即可绘制雨篷,如图 2.70 所示。

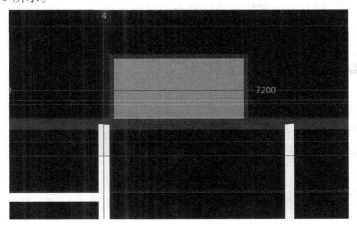

图 2.70

四、任务结果

汇总计算,统计本层后浇带、雨篷的工程量如表 2.31 所示。

表 2.31

序号	编码	项目名称及特征	单位	工程量
1	010505008001	雨篷、悬挑板、阳台板 1. 混凝土种类:商品混凝土 2. 混凝土强度等级:C30	m^3	0.7088
	01050124	商品混凝土施工　雨篷(板式)	$10m^2$	0.4725
3	010508001001	后浇带 1. 混凝土强度等级:C35,掺水泥用量的 8% HEA 型膨胀剂 2. 混凝土种类:商品混凝土 3. 部位:2 层以下有梁板	m^2	2.1865
	01050098	商品混凝土施工　梁后浇带	$10m^3$	0.074
	01050114	商品混凝土施工　板后浇带	$10m^3$	0.1446

五、知识拓展

①后浇带既属于线性构件也属于面式构件,所以后浇带直线绘制的方法与线性构件一样。

②上述雨篷翻沿是用栏板定义绘制的,如果不用栏板,用梁定义绘制也可以。

思考与练习

(1)后浇带直线绘制法与现浇板直线绘制法有什么区别?

(2)若不使用辅助轴线,怎样能快速绘制上述后浇带?

2.2.9　台阶、散水工程量计算

通过本小节学习,你将能够:

(1)依据定额和清单分析首层台阶、散水的工程量计算规则;

(2)定义台阶、散水的属性;

(3)绘制台阶、散水;

(4)统计台阶、散水工程量。

一、任务说明

①完成首层台阶、散水的定义、做法套用、图元绘制。

②汇总计算,统计首层台阶、散水的工程量。

二、任务分析

①首层台阶的尺寸能够从什么图中什么位置找到？台阶构件做法说明中,88BJ1-T 台 1B 是什么构造？都有些什么工作内容？如何套用清单定额？

②首层散水的尺寸能够从什么图中什么位置找到？散水构件做法说明中,88BJ1-1 散 7 是什么构造？都有些什么工作内容？如何套用清单定额？

三、任务实施

1)图纸分析

结合建施-3,可以从平面图得到台阶、散水的信息,本层台阶和散水的界面尺寸如下:

①台阶的踏步宽度为 300mm,踏步个数为 2,顶标高为首层层底标高。

②散水的宽度为 900mm,沿建筑物周围布置。

2)清单、定额计算规则学习

（1）清单计算规则学习

台阶、散水清单计算规则如表 2.32 所示。

表 2.32　台阶、定额清单规则

编号	项目名称	单位	计算规则
011107004	水泥砂浆台阶面	m^2	按设计图示尺寸以面积计算
010401012	零星砌砖　台阶	m^2	按设计图示尺寸以面积计算
010507001	散水、坡道	m^2	按设计图示尺寸以水平投影面积计算
011702029	散水	m^2	按模板与散水的接触面积计算
010904004	散水变形缝	m	按设计图示尺寸以长度计算

（2）定额计算规则学习

台阶、散水定额计算规则如表 2.33 所示。

表 2.33　台阶、散水定额计算规则

编号	项目名称	单位	计算规则
01010122	人工原土打夯	$100m^2$	按设计图示尺寸以面积计算
01090013	地面垫层　混凝土地坪商品混凝土	$10m^3$	按设计图示尺寸以体积计算
01040084	砖砌台阶	$100m^2$	按设计图示尺寸以面积计算
01090028	水泥砂浆　台阶 20mm 厚	$100m^2$	按设计图示尺寸以面积计算
01090041	散水面层（商品混凝土）　混凝土厚 60mm	$100m^2$	按设计图示尺寸以面积计算
01090003	地面垫层　土夹石	$10m^3$	按设计图示尺寸以体积计算
01080214	填缝　沥青砂浆	100m	按设计图示尺寸以面积计算

3）台阶、散水属性定义

（1）台阶的属性定义

在模块导航栏中选择"其他"→"台阶"，在构件列表中选择"新建"→"新建台阶"，新建台阶1。根据台阶图纸中的尺寸标注，在属性编辑器中输入相应的属性值，如图 2.71 所示。

（2）散水的属性定义

在模块导航栏中选择"其他"→"散水"，在构件列表中选择"新建"→"新建散水"，新建散水1。根据散水1图纸中的尺寸标注，在属性编辑器中输入相应的属性值，如图 2.72 所示。

属性名称	属性值	附加
名称	TAIJ-1	☐
材质	现浇混凝	☐
砼标号	(C25)	☐
台阶高度(	450	☐
顶标高(m)	层底标高	☐
砼类型	(现浇砼)	☐
踏步个数	3	☐
踏步高度	150	☐
是否支模	是	☐
备注		☐
⊞ 计算属性		
⊞ 显示样式		

图 2.71

属性名称	属性值	附加
名称	SS-1	☐
材质	现浇混凝	☐
砼标号	(C25)	☐
厚度(mm)	100	☐
砼类型	(现浇砼)	☐
备注		☐
⊞ 计算属性		
⊞ 显示样式		

图 2.72

4）做法套用

台阶、散水定的套用做法与其他构件有所不同。

①台阶都套用装修子目，如图 2.73 所示。

	编码	类别	项目名称	项目特征	单位	工程量表	表达式说明	措施项目	专业
1	─ 011107004	项	水泥砂浆台阶面	1. 面层：1:2水泥砂浆粉20厚	m2	MJ	MJ〈台阶水平投影面积〉	☐	房屋建筑与装饰
2	── 01090028	定	水泥砂浆 台阶20mm厚		m2	MJ	MJ〈台阶整体水平投影面积〉	☐	饰
3	─ 010401012	项	零星砌砖 台阶	1. 面层：1:2水泥砂浆粉20厚（单列项） 2. 台阶材料、种类：M5水泥砂浆砌砖 3. 垫层材料种类、厚度：100厚C15混凝土 4. 地基处理：素土夯实 5. 做法：详见西南11J812-1a/7	m2	MJ	MJ〈台阶整体水平投影面积〉	☐	房屋建筑与装饰
4	── 01010122	定	人工原土打夯		m2	MJ	MJ〈台阶整体水平投影面积〉	☐	土
5	── 01090013	定	地面垫层 混凝土地坪 商品混凝土		m3	MJ*0.1	MJ〈台阶整体水平投影面积〉*0.1	☐	饰
6	── 01040084	定	砖砌台阶		m2	MJ	MJ〈台阶整体水平投影面积〉	☐	土

图 2.73

②散水清单项套用建筑工程清单子目，定额项套用装修子目，如图 2.74 所示。

	编码	类别	项目名称	项目特征	单位	工程量表	表达式说明	措施项目	专业
1	─ 010507001	项	散水、坡道	1. 混凝土种类：商品混凝土 2. 面层：60厚C15混凝土提浆抹面 3. 填塞材料种类、种类：散水与外墙接缝处做15宽1:1沥青砂浆或油膏嵌缝；当散水长度超过20m时设置水伸缩缝，内填1:1沥青砂浆或油膏嵌缝（单列项） 4. 垫层材料种类、厚度：100厚碎砖（石、卵石）粘土夯实垫层 5. 地基处理：素土夯实	m2	MJ	MJ〈面积〉	☐	房屋建筑与装饰
2	── 01010122	定	人工原土打夯		m2	MJ	MJ〈面积〉	☐	土
3	── 01090041	定	散水面层(商品混凝土) 混凝土厚60mm		m2	MJ	MJ〈面积〉	☐	饰
4	── 01090003	定	地面垫层 土夹石		m3	MJ*0.1	MJ〈面积〉*0.1	☐	饰
5	─ 010904004	项	散水变形缝	1. 材料品种、规格：散水与外墙接缝处做15宽1:1沥青砂浆或油膏嵌缝；当散水长度超过20m时设散水伸缩缝，内填1:1沥青砂浆或油膏嵌缝	m	1.273*18+TQCD	1.273*18+TQCD〈贴墙长度〉	☐	房屋建筑与装饰
6	── 01080214	定	填缝 沥青砂浆		m	1.273*18+TQCD	1.273*18+TQCD〈贴墙长度〉	☐	土

图 2.74

5)台阶、散水画法讲解

(1)直线绘制台阶

台阶属于面式构件,因此可以直线绘制也可以点绘制,这里用直线绘制法。首先,作好辅助轴线,选择"直线",单击交点形成闭合区域即可绘制台阶;然后,单击"设置台阶踏步边"即可生成踏步,如图2.75所示。

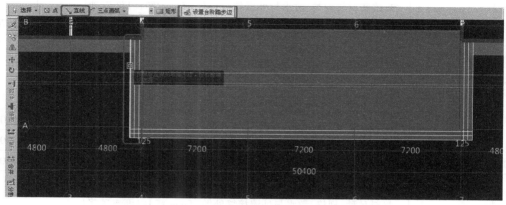

图2.75

(2)智能布置散水

散水同样属于面式构件,因此可以用直线绘制也可以用点绘制,这里用智能布置法比较简单。先在④轴与⑦轴间绘制一道虚墙,与外墙平齐形成封闭区域,单击"智能布置"后选择"外墙外边线",在弹出对话框中输入"900",单击"确定"即可,如图2.76所示。

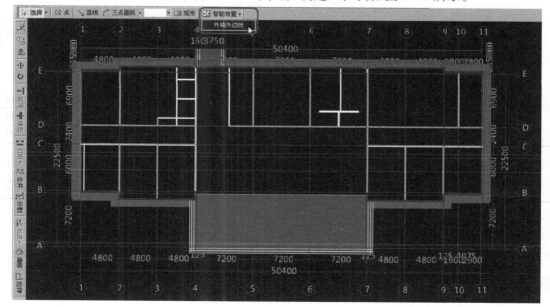

图2.76

四、任务结果

汇总计算,统计本层台阶、散水的工程量,如表2.34所示。

表 2.34　台阶、散水工程量表

序号	编码	项目名称及特征	单位	工程量
1	010507001001	散水、坡道 　1. 混凝土种类:商品混凝土 　2. 面层:60mm 厚 C15 混凝土提浆抹面 　3. 填塞材料种类:散水与外墙接缝处做 15mm 宽 1∶1 沥青砂浆或油膏嵌缝;当散水长度超过 20m 时设散水伸缩缝,内填 1∶1 沥青砂浆或油膏嵌缝(单列项) 　4. 垫层材料种类、厚度:100mm 厚碎砖(石、卵石)黏土夯实垫层 　5. 地基处理:素土夯实	m²	101.7682
	01010122	人工原土打夯	100m²	1.0177
	01090041	散水面层(商品混凝土)　混凝土厚 60mm	100m²	1.0177
	01090003	地面垫层　土夹石	10m²	1.0177
2	010904004001	散水变形缝 　材料品种、规格:散水与外墙接缝处做 15mm 宽 1∶1 沥青砂浆或油膏嵌缝;当散水长度超过 20m 时设散水伸缩缝,内填 1∶1 沥青砂浆或油膏嵌缝	m	133.8873
	01080214	填缝　沥青砂浆	100m	1.3389
3	010401012001	零星砌砖　台阶 　1. 面层:1∶2 水泥砂浆粉 20mm 厚(单列项) 　2. 台阶材料、种类:M5 水泥砂浆砌砖 　3. 垫层材料种类、厚度:100mm 厚 C15 混凝土 　4. 地基处理:素土夯实 　5. 做法:详见西南 11J812-1a/7	m²	193.99
	01010122	人工原土打夯	100m²	1.9399
	01090013	地面垫层　混凝土地坪　商品混凝土	10m³	1.9399
	01040084	砖砌台阶	100m²	1.9399
4	011107004001	水泥砂浆台阶面 面层:1∶2 水泥砂浆粉 20mm 厚	m²	193.99
	01090028	水泥砂浆　台阶 20mm 厚	100m²	1.9399

五、总结拓展

①台阶绘制后,还要根据实际图纸设置台阶起始边。

②台阶属性定义只给出台阶的顶标高。

③如果在封闭区域,台阶也可以使用点式绘制。

思考与练习

(1)智能布置散水的前提条件是什么?

（2）表 2.34 中散水的工程量是最终工程量吗？

（3）散水与台阶相交时，软件会自动扣减吗？若扣减，谁的级别大？

（4）台阶、散水在套用清单与定额时，与主体构件有哪些区别？

2.2.10　平整场地、建筑面积工程量计算

通过本小节学习，你将能够：

（1）依据定额和清单分析平整场地、建筑面积的工程量计算规则；

（2）场地平整、建筑面积的属性及做法定义；

（3）场地平整、建筑面积的画法；

（4）统计场地平整、建筑面积工程量。

一、任务说明

①完成平整场地、建筑面积的定义、做法套用、图元绘制。

②汇总计算，统计首层平整场地、与建筑面积的工程量。

二、任务分析

①平整场地的工作量计算如何定义？此项目中，应选用地下一层还是首层的建筑面积？

②首层建筑面积中，门厅外台阶的建筑面积应如何计算？工程量表达式中如何修改？

③与建筑面积相关的综合脚手架和工程水电费应如何套用清单定额？

三、任务实施

1）分析图纸

分析首层平面图可知，本层建筑面积分为楼层建筑面积和雨篷建筑面积两部分。建筑面积与措施项目费用有关，在计价软件中处理，此处不套用清单。

2）清单、定额计算规则学习

（1）清单工程量计算规则

平整场地清单工程量计算规则，如表 2.35 所示。

表 2.35　平整场地清单工程量计算规则

编号	项目名称	单位	计算规则
010101001	平整场地	m^2	按设计图示尺寸以建筑物首层建筑面积计算
011703001	垂直运输	m^2	按建筑面积计算

（2）定额工程量计算规则

平整场地定额计算规则，如表 2.36 所示。

表 2.36 平整场地定额工程量计算规则

编号	项目名称	单位	计算规则
01010126	场地平整 30cm 以内 推土机	1000m²	按设计图示尺寸以建筑物首层建筑面积计算
01150465	建筑物垂直运输 设计室外地坪以上,20m(6层)以内 现浇框架 塔式起重机	100m²	按建筑面积计算
01150463	建筑物垂直运输 设计室外地坪以上,20m(6层)以内 砖混结构 塔式起重机	100m²	按建筑面积计算

3)属性定义

(1)平整场地的属性定义

在模块导航栏中选择"其他"→"平整场地",在构件列表中选择"新建"→"新建平整场地",在属性编辑框中输入相应的属性值,如图 2.77 所示。

(2)建筑面积的属性定义

在模块导航栏中选择"其他"→"建筑面积",在构件列表中选择"新建"→"新建建筑面积",在属性编辑框中输入相应的属性值。在"建筑面积计算"中根据实际情况选择计算全部或一半,如图 2.78 所示。

属性名称	属性值	附加
名称	PZCD-1	
场平方式		☐
备注		☐
+ 计算属性		
+ 显示样式		

图 2.77

属性名称	属性值	附加
名称	JZMJ-1	
底标高(m)	层底标高	☐
建筑面积计	计算全部	☐
备注		☐
+ 计算属性		
+ 显示样式		

图 2.78

4)做法套用

①平整场地的做法在建筑面积里面套用,如图 2.79 所示。

	编码	类别	项目名称	项目特征	单位	工程量表达式	表达式说明	措施项目	专业
1	⊟ 010101001	项	平整场地	1. 土壤类别:综合 2. 弃土运距:1KM以内场内调配 3. 取土运距:1KM以内场内调配	m2	MJ	MJ〈面积〉	☐	房屋建筑与装饰
2	01010126	定	场地平整30cm以内 推土机		m2	MJ	MJ〈面积〉	☐	土

图 2.79

②建筑面积套用做法,如图 2.80 所示。

	编码	类别	项目名称	项目特征	单位	工程量表达式	表达式说明	措施项目	专业
1	⊟ 011703001	项	垂直运输	1. 建筑物建筑类型及结构形式:现浇框架及砖混结构 2. 建筑物檐口高度、层数: 16.9m	m2	MJ	MJ〈面积〉	☑	房屋建筑与装饰
2	01150465	定	建筑物垂直运输 设计室外地坪以上,20m (6层)以内 现浇框架 塔式起重机		m2	MJ	MJ〈面积〉	☑	饰
3	01150463	定	建筑物垂直运输 设计室外地坪以上,20m (6层)以内 砖混结构 塔式起重机		m2	MJ	MJ〈面积〉	☑	饰

图 2.80

5)画法讲解

（1）平整场地绘制

平整场地属于面式构件，可以用点绘制，也可以用直线绘制。下面就以点画为例，将所绘制区域用外虚墙封闭，在绘制区域内单击右键即可，如图2.81所示。

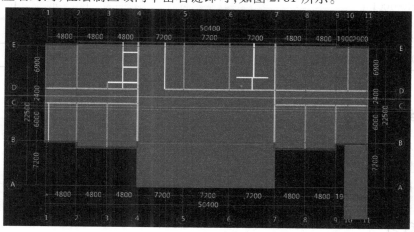

图2.81

（2）建筑面积绘制

建筑面积绘制同平整场地，特别注意雨篷的建筑面积要计算一半，如图2.82所示。

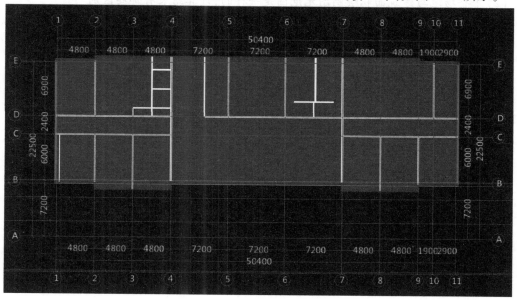

图2.82

四、任务结果

汇总计算，统计本层场地平整、建筑面积的工程量，如表2.37所示。

表 2.37　场地平整、建筑面积工程量表

序号	编码	项目名称及特征	单位	工程量
1	010101001001	平整场地 　　1.土壤类别:综合 　　2.弃土运距:1km 以内场内调配 　　3.取土运距:1km 以内场内调配	m²	1028.5607
	01010126	场地平整 30cm 以内　　推土机	1000m²	1.0286

五、总结拓展

①平整场地习惯上是计算首层建筑面积区域,但是地下室建筑面积大于首层建筑面积时,平整场地以地下室为准。

②当一层建筑面积计算规则不一样时,有几个区域就要建立几个建筑面积属性。

思考与练习

(1)平整场地与建筑面积属于面式图元,与用直线绘制其他面式图元有什么区别? 需要注意哪些问题?

(2)平整场地与建筑面积绘制图元范围是一样的,计算结果有哪些区别?

2.3　二层工程量计算

通过本节的学习,你将能够:
(1)掌握层间复制图元的两种方法;
(2)绘制弧形线性图元;
(3)定义参数化飘窗。

2.3.1　二层柱、墙体的工程量计算

通过本小节学习,你将能够:
(1)掌握图元层间复制的两种方法;
(2)统计本层柱、墙体的工程量。

一、任务说明

①使用两种层间复制方法完成二层柱、墙体的做法套用、图元绘制。

②查找首层与二层的不同部分,将不同部分修正。

③汇总计算,统计二层柱、墙的工程量。

二、任务分析

①二层与首层的柱、墙都有哪些不同? 分别从名称、尺寸、位置、做法 4 个方面进行对比。
②从其他楼层复制构件图元与复制选定图元到其他楼层有什么不同?

三、任务实施

1)分析图纸

(1)分析框架柱

分析结施-5,二层框架柱和首层框架柱相比,截面尺寸、混凝土标号没有差别,不同的是二层没有 KZ4 和 KZ5。

(2)分析剪力墙

分析结施-5,二层的剪力墙和一层的相比截面尺寸、混凝土标号没有差别,唯一的不同是标高发生了变化。二层的暗梁、连梁、暗柱和首层相比没有差别,暗梁、连梁、暗柱为剪力墙的一部分。

(3)分析砌块墙

分析建施-3、建施-4,二层砌体与一层的基本相同。屋面的位置有 150mm 厚的女儿墙。女儿墙将在后续章节中详细讲解,这里不作介绍。

2)画法讲解

(1)复制选定图元到其他楼层

在首层,选择"楼层"→"复制选定图元到其他楼层",框选需要复制的墙体,右键弹出"复制选定图元到其他楼层"的对话框,勾选"第 2 层",单击"确定"按钮,弹出"图元复制成功"提示框,如图 2.83 至图 2.85 所示。

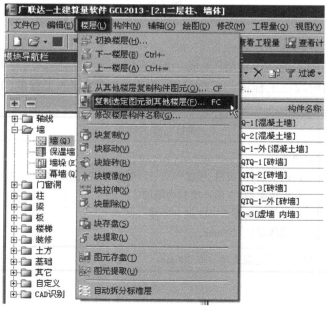

图 2.83

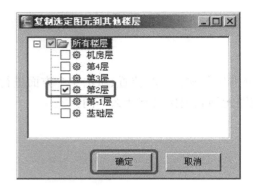

图 2.84 图 2.85

（2）删除多余墙体

选择"第 2 层"，选中②轴/⑪~⑫轴的框架间墙，单击右键选择"删除"即可，如图 2.86 所示。

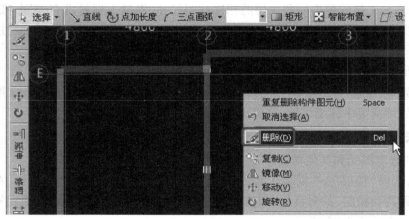

图 2.86

四、任务结果

应用"复制选定图元到其他楼层"完成二层、三层图元的绘制。保存并汇总计算，统计本层柱的工程量、墙的阶段性工程量。汇总计算，统计本层柱、墙的工程量，如表 2.38 所示。

表 2.38 柱、墙工程量表

序号	编码	项目名称及特征	单位	工程量
1	010402001001	砌块墙 1.砌块品种、规格、强度等级:轻质加气混凝土砌块 2.墙体类型:直形外墙和内隔墙 3.砂浆强度等级:M5 混合砂浆 4.墙体厚度:200mm	m³	104.1495
	01040028	加气混凝土砌块墙　厚 200mm	10m³	10.415

序号	编码	项目名称及特征	单位	工程量
2	010402001002	砌块墙 　1. 砌块品种、规格、强度等级:轻质加气混凝土砌块 　2. 墙体类型:直形外墙和内隔墙 　3. 砂浆强度等级:M5 混合砂浆 　4. 墙体厚度:120mm	m³	2.6686
	01040027	加气混凝土砌块墙　厚 120mm	10m³	0.2669
3	10402001003	砌块墙 　1. 砌块品种、规格、强度等级:轻质加气混凝土砌块 　2. 墙体类型:直形外墙和内隔墙 　3. 砂浆强度等级:M5 混合砂浆 　4. 墙体厚度:250mm	m³	79.1212
	01040029	加气混凝土砌块墙　厚 250mm	10m³	7.9121
4	010502001001	矩形柱 　1. 柱形状:梯柱 　2. 混凝土种类:商品混凝土 　3. 混凝土强度等级:C30 　4. 柱截面尺寸:周长 1.8m 以外	m³	32.292
	01050084	商品混凝土施工　矩形柱　断面周长 1.8m 以外	10m³	3.2292
5	010502001002	矩形柱 　1. 柱形状:梯柱 　2. 混凝土种类:商品混凝土 　3. 混凝土强度等级:C30 　4. 柱截面尺寸:周长 1.2m 以内	m³	0.4875
	01050082	商品混凝土施工　矩形柱　断面周长 1.2m 以内	10m³	0.0488
6	010502003001	异形柱 　1. 形状:圆柱 　2. 凝土种类:商品混凝土 　3. 凝土强度等级:C30 　4. 截面尺寸:直径 0.5m 以外	m³	4.4261
	01050086	商品混凝土施工　圆形柱　　直径 0.5m 以外	10m³	0.4426
7	010504001001	直形墙 　1. 墙类型:混凝土墙 　2. 凝土种类:商品混凝土 　3. 凝土强度等级:C30 　4. 厚度:250mm	m³	73.455
	01050104	商品混凝土施工　钢筋混凝土直(弧)形墙　墙厚 500mm 以内	10m³	7.3455

续表

序号	编码	项目名称及特征	单位	工程量
8	010504001002	直形墙 1.墙类型:电梯井壁 2.凝土种类:商品混凝土 3.凝土强度等级:C30	m³	9.9645
	01050106	商品混凝土施工　电梯井壁	10m³	0.9965
9	010607005001	砌块墙钢丝网加固 1.部位:不同材质连接处 2.尺寸:300mm 宽 0.8mm 厚9mm×25mm 小网钢丝网片	m²	164.97
	01040081	结构结合部分防裂　构造(钢丝网片)	m²	164.97

五、总结拓展

(1)从其他楼层复制构件图元

应用"复制选定图元到其他楼层"的功能进行墙体复制时,可以看到"复制选定图元到其他楼层"的上面有"从其他楼层复制构件图元"的功能,同样可以应用此功能对构件进行层间复制,如图2.87所示。

图 2.87

(2)选择"第2层"

在"源楼层选择"中选择首层,选择"楼层"→"从其他楼层复制构件图元",弹出如图2.87所示的对话框;在"源楼层选择"中选择"首层",然后在"图元选择"中选择所有的墙体构件,"目标楼层选择"中勾选"第2层",然后单击"确定"按钮,弹出如图2.88所示的"同位置图元/同名构件处理方式"对话框。因为已经通过"复制选定图元到其他楼层"复制了墙体,在二层已经存在墙图元,所以按照图2.88所示选择即可。单击"确定"按钮后,弹出"图元复制完成"的对话框。

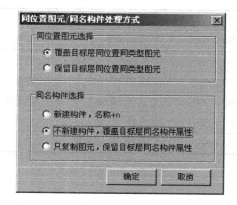

图2.88

 **考与练习**

两种层间复制方法的区别有哪些?

2.3.2　二层梁、板、后浇带工程量计算

通过本小节学习,你将能够:

(1)掌握"修改构件图元名称"修改图元的方法;

(2)掌握三点画弧绘制弧形图元;

(3)统计本层梁、板工程量。

一、任务说明

①查找首层与二层的不同部分。

②使用修改构件图元名称修改二层梁、板。

③使用三点画弧完成弧形图元的绘制。

④汇总计算,统计二层梁、板的工程量。

二、任务分析

①二层与首层的梁、板都有哪些不同? 分别从名称、尺寸、位置、做法4个方面进行对比。

②构件名称、构件属性、做法、图元之间有什么关系?

三、任务实施

1)分析图纸

(1)分析梁

分析结施-8、结施-9,可以得出二层梁与首层梁的差别,如表2.39所示。

表 2.39　二层梁情况表

序号	名称	截面尺寸:宽×高/mm	位置	备注
1	L-1	250×500	Ⓑ轴向下	弧形梁
2	L-3	250×500	Ⓔ轴向上725mm	名称改变,250×500
3	L-4	250×400	电梯处	截面变化,原来200×400
4	KL-5	250×500	③轴、⑧轴上	名称改变,250×500
5	KL-6	250×500	⑤轴、⑥轴上	名称、截面改变,250×600
6	KL-7	250×500	Ⓔ轴/⑨~⑩轴	名称改变,250×500

（2）分析板

分析结施-12 与结施-13,通过对比首层和二层的板厚、位置等,可以知道二层在Ⓑ~Ⓒ轴/④~⑦轴区域内与首层不一样,Ⓑ轴向下为弧形板。

（3）分析后浇带

二层后浇带的长度发生了变化。

2）做法套用

做法同首层。

3）画法讲解

（1）复制首层梁到二层

运用"复制选定图元到其他楼层"复制梁图元,复制方法同第一节复制墙的方法,这里不再细述。在选中图元的时候用左框选,右键单击"确定"即可。注意:位于Ⓑ轴向下区域的梁不进行框选,二层这个区域的梁和首层完全不一样,如图 2.89 所示。

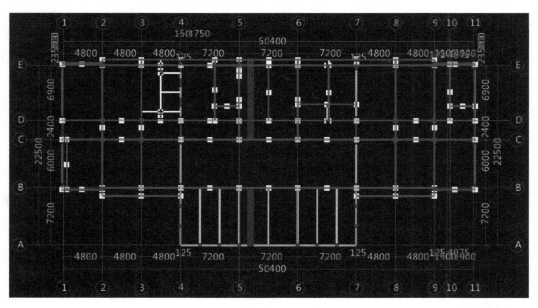

图 2.89

（2）修改二层的梁图元

①修改 L-12 为 L-3：选中要修改的图元，单击右键选择"修改构件图元名称"（见图2.90），弹出"修改构件图元名称"对话框，在"目标构件"中选择"L-3"，如图 2.91 所示。

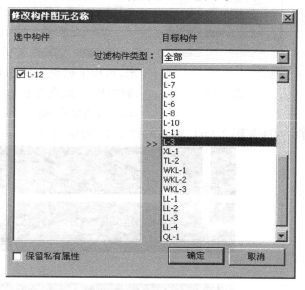

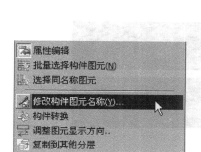

图 2.90

图 2.91

②修改 L-4 的截面尺寸：在绘图界面选中 L-4 的图元，在属性编辑框中修改宽度为"250"，按"Enter"键即可。

③选中Ⓔ轴/④~⑦轴的 XL-1，单击右键选择"复制"，选中基准点，复制到Ⓑ轴/④~⑦轴，复制后的结果如图 2.92 所示；然后把这两段 XL-1 延伸到Ⓑ轴上，如图 2.93 所示。

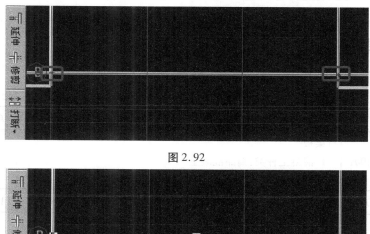

图 2.92

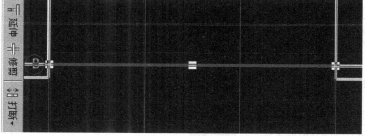

图 2.93

图2.94

（3）绘制弧形梁

①绘制辅助轴线。前面已经讲过在轴网界面建立辅助轴线，下面介绍一种更简便的建立辅助轴线的方法：在本层，单击绘图工具栏"平行"按钮，也可以绘制辅助轴线。

②三点画弧。点开"逆小弧"旁的三角（见图2.94），选择"三点画弧"，在英文状态下按下键盘上的"Z"把柱图元显示出来，再按下捕捉工具栏的"中点"，捕捉位于Ⓑ轴与⑤轴相交的柱端的中点，此点为起始点（见图2.95），点中第二点（如图2.96所示的两条辅助轴线的交点），选择终点Ⓑ轴与⑦轴的相交处柱端的终点（见图2.96），单击右键结束，再单击"保存"按钮。

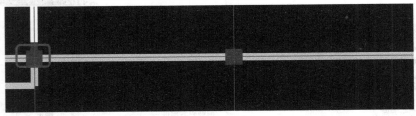

图2.95

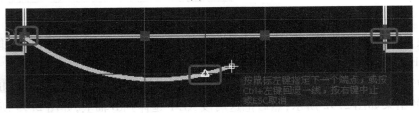

图2.96

四、任务结果

汇总计算，统计本层梁、板、后浇带的工程量，如表2.40所示。

表2.40　二层梁、板、后浇带工程量表

序号	编码	项目名称及特征	单位	工程量
1	010505001001	有梁板 1.混凝土种类:商品混凝土 2.混凝土强度等级:C30	m³	137.864
	01050109	商品混凝土施工　有梁板	10m³	13.7864
2	010508001001	后浇带 1.混凝土强度等级:C35,掺水泥用量的8%HEA型膨胀剂 2.混凝土种类:商品混凝土 3.部位:2层以下有梁板	m³	2.3617
	01050098	商品混凝土施工　梁后浇带	10m³	0.072
	01050114	商品混凝土施工　板后浇带	10m³	0.1641

五、总结拓展

①左框选,完全位于框中的图元才能被选中。

②右框选,只要在框中的图元都被选中。

③练习:

a. 应用"修改构件图元名称"把③轴和⑧轴的"KL-6"修改为"KL-5"。

b. 应用"修改构件图元名称"把⑤轴和⑥轴的"KL-7"修改为"KL-6",使用"延伸"将其延伸到图纸所示位置。

c. 利用层间复制的方法复制板图元到二层。

d. 利用直线和三点画弧重新绘制 LB-1。

思 考与练习

(1)如何把位于Ⓔ轴/⑨~⑩轴的 KL-8 修改为 KL-7?

(2)绘制位于Ⓑ~Ⓒ轴/④~⑦轴的 3 道 L-12(要求运用到"偏移"和"shift 键 + 左键")。

2.3.3 二层门窗工程量计算

通过本小节学习,你将能够:

(1)定义参数化飘窗;

(2)掌握移动功能;

(3)统计本层门窗工程量。

一、任务说明

①查找首层与二层的不同部分并修正。

②使用参数化飘窗功能,完成飘窗定义与做法套用。

③汇总计算,统计二层门窗的工程量。

二、任务分析

①对比二层与首层的门窗都有哪些不同? 分别从名称、尺寸、位置、做法 4 个方面进行对比。

②飘窗由多少个构件组成? 每一构件都对应有哪些工作内容? 做法如何套用?

三、任务实施

1)分析图纸

分析建施-3、建施-4,首层的 LM-1 的位置对应二层的两扇 LC-1,首层 TLM-1 的位置对应二层的 M-2，首层 MQ-1 的位置二层是 MQ-3，首层①轴/①～③的位置在二层是 M-2，首层LC-3 的位置在二层是 TLC-1。

2）属性定义

①新建参数画飘窗 TLC-1 的属性定义，如图 2.97 所示。

属性名称	属性值	附加
名称	TLC-1	
砼标号	(C25)	☐
砼类型	(现浇砼)	☐
截面形状	矩形飘窗	☐
离地高度	700	☐
备注		☐
⊞ 计算属性		

图 2.97

②弹出对话框选择"矩形飘窗"，如图 2.98 所示。

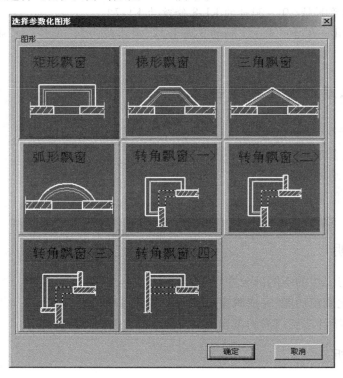

图 2.98

③单击"确定"按钮，弹出"编辑图形参数"对话框，编辑相应尺寸后"保存退出"，如图 2.99所示。

3）做法套用

分析 TLC-1、结施-9 的节点 1、结施-12、结施-13、建施-4 可知，TLC-1 是由底板、顶板、带形窗组成，其做法套用，如图 2.100 所示。

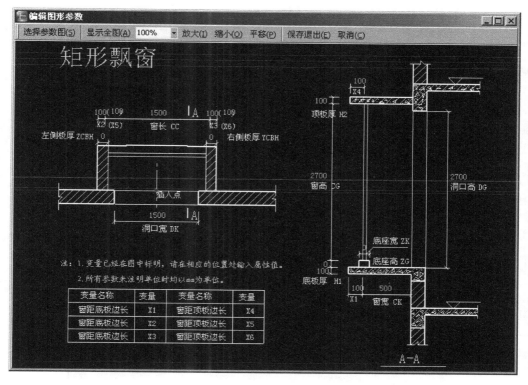

图 2.99

	编码	类别	项目名称	项目特征	单位	工程量表达式	表达式说明	措施项目	专业
1	010505003	项	平板	1. 混凝土种类：商品混凝土 2. 混凝土强度等级：C30	m3	TTJ	TTJ<砼体积>	☐	房屋建筑与装饰
2	01050111	定	商品混凝土施工 平板		m3	TTJ	TTJ<砼体积>	☐	土
3	011702016	项	平板	1. 模板类型：组合钢模板 2. 部位：平板	m2	DDBCMMJ+DDBDMMJ+DGBCMMJ+CWDGBDMZHXMJ+CNDGBDMZHXMJ	DDBCMMJ<底板侧面面积>+DDBDMMJ<底板底面面积>+DGBCMMJ<顶板侧面面积>+CWDGBDMZHXMJ<窗外顶板底面装修面积>+CNDGBDMZHXMJ<窗内顶板底面装修面积>	☑	房屋建筑与装饰
4	01150298	定	现浇混凝土模板 平板 组合钢模板		m2	DDBCMMJ+DDBDMMJ+DGBCMMJ+CWDGBDMZHXMJ+CNDGBDMZHXMJ	DDBCMMJ<底板侧面面积>+DDBDMMJ<底板底面面积>+DGBCMMJ<顶板侧面面积>+CWDGBDMZHXMJ<窗外顶板底面装修面积>+CNDGBDMZHXMJ<窗内顶板底面装修面积>	☑	饰
5	010902003	项	屋面刚性层	1. 混凝土种类：40厚细石混凝土加5%防水剂 2. 混凝土强度等级：C20 3. 部位：不上人屋面	m2	DDBCMMJ+CWDDBDMZHXMJ+DGBDMMJ+DGBCMMJ+CWDGBDMZHXMJ	DDBCMMJ<底板侧面面积>+CWDDBDMZHXMJ<窗外底板顶面装修面积>+DGBDMMJ<顶板顶面面积>+DGBCMMJ<顶板侧面面积>+CWDGBDMZHXMJ<窗外顶板底面装修面积>	☐	房屋建筑与装饰
6	01080039	定	屋面刚性防水 细石混凝土 商品混凝土 40mm		m2	DDBCMMJ+CWDDBDMZHXMJ+DGBDMMJ+DGBCMMJ+CWDGBDMZHXMJ	DDBCMMJ<底板侧面面积>+CWDDBDMZHXMJ<窗外底板顶面装修面积>+DGBDMMJ<顶板顶面面积>+DGBCMMJ<顶板侧面面积>+CWDGBDMZHXMJ<窗外顶板底面装修面积>	☐	土
7	011101003	项	细石混凝土不上人屋面	1. 类型：不上人屋面 2. 面层：40厚C20细石混凝土加5%防水剂，提浆压光（单列项） 3. 隔离层：刷沥青玛蹄脂一道 4. 找平层：20厚1:3水泥砂浆找平层 5. 结构层：现浇混凝土屋面板 6. 做法：详见西南11J201-2103	m2	CWDDBDMZHXMJ+CNDDBDMZHXMJ+DGBDMMJ	CWDDBDMZHXMJ<窗外底板顶面装修面积>+CNDDBDMZHXMJ<窗内底板顶面装修面积>+DGBDMMJ<顶板顶面面积>	☐	房屋建筑与装饰
8	01090019	定	找平层 水泥砂浆 硬基层上 20mm		m2	CWDDBDMZHXMJ+CNDDBDMZHXMJ+DGBDMMJ	CWDDBDMZHXMJ<窗外底板顶面装修面积>+CNDDBDMZHXMJ<窗内底板顶面装修面积>+DGBDMMJ<顶板顶面面积>	☐	饰
9	01080175	定	石油沥青玛蹄脂 一遍 平面		m2	CWDDBDMZHXMJ+CNDDBDMZHXMJ+DGBDMMJ	CWDDBDMZHXMJ<窗外底板顶面装修面积>+CNDDBDMZHXMJ<窗内底板顶面装修面积>+DGBDMMJ<顶板顶面面积>	☐	土
10	010807007	项	铝塑平开飘窗	1. 窗类型：成品铝塑平开飘窗，透明中空玻璃（6+9A+6） 2. 框材质、外围尺寸：综合考虑	m2	CMJ	CMJ<窗面积>	☐	房屋建筑与装饰
11	01070073	定	铝合金窗（成品）安装 平开窗		m2	CMJ	CMJ<窗面积>	☐	土
12	011407002	项	天棚喷刷涂料	1. 刮腻子要求：满刮腻子找平磨光 2. 涂料品种、喷刷遍数：刷乳胶漆	m2	DDBDMMJ+CWDGBDMZHXMJ+CNDGBDMZHXMJ	DDBDMMJ<底板底面面积>+CWDGBDMZHXMJ<窗外顶板底面装修面积>+CNDGBDMZHXMJ<窗内顶板底面装修面积>	☐	房屋建筑与装饰
13	01120271	定	双飞粉面刷乳胶漆二遍 天棚抹灰面		m2	DDBDMMJ+CWDGBDMZHXMJ+CNDGBDMZHXMJ	DDBDMMJ<底板底面面积>+CWDGBDMZHXMJ<窗外顶板底面装修面积>+CNDGBDMZHXMJ<窗内顶板底面装修面积>	☐	饰
14	01110003	定	天棚抹灰 混凝土面腻子 现浇		m2	DDBDMMJ+CWDGBDMZHXMJ+CNDGBDMZHXMJ	DDBDMMJ<底板底面面积>+CWDGBDMZHXMJ<窗外顶板底面装修面积>+CNDGBDMZHXMJ<窗内顶板底面装修面积>	☐	饰
15	011301001	项	天棚抹灰	1. 基层：基层处理 2. 基础处理：刷水泥浆一道（加建筑胶适量） 3. 找平层：10~15厚1:1:4水泥石灰砂浆打底找平（现浇基层10厚，预制基层15厚）两次成活 4. 找平层：4厚1:0.3:3水泥石灰砂浆找平层 5. 刮腻子要求：满刮腻子找平磨光[单列项] 6. 涂料品种、喷刷遍数：刷乳胶漆[单列项] 7. 做法：详见西南11J515-P08	m2	DDBDMMJ+CWDGBDMZHXMJ+CNDGBDMZHXMJ	DDBDMMJ<底板底面面积>+CWDGBDMZHXMJ<窗外顶板底面装修面积>+CNDGBDMZHXMJ<窗内顶板底面装修面积>	☐	房屋建筑与装饰
16	01110005	定	天棚抹灰 混凝土面 混合砂浆 现浇		m2	DDBDMMJ+CWDGBDMZHXMJ+CNDGBDMZHXMJ	DDBDMMJ<底板底面面积>+CWDGBDMZHXMJ<窗外顶板底面装修面积>+CNDGBDMZHXMJ<窗内顶板底面装修面积>	☐	饰

图 2.100

4）画法讲解

（1）复制首层门窗到二层

运用“从其他楼层复制构件图元”复制门、窗、墙洞、带形窗、壁龛到二层，如图 2.101 所示。

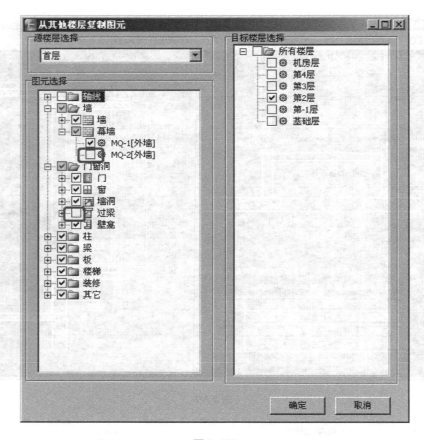

图 2.101

（2）修改二层的门、窗图元

删除①轴上 M-1；利用"修改构件图元名称"把"M-1"修改成"M-2"，如图 2.102 所示。

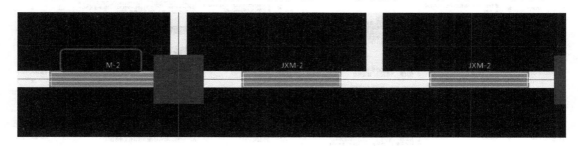

图 2.102

（3）精确布置 TLC-1

删除 LC-3，利用点画方式，输入与轴线的距离绘制 TLC-1 图元，绘制好的 TLC-1 如图 2.103所示。

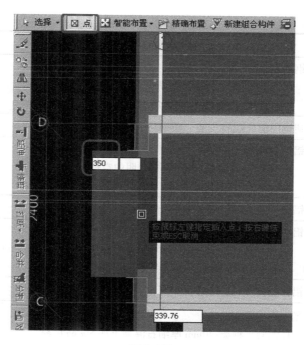

图 2.103

四、任务结果

①应用"修改构件图元名称"把"MQ-1"修改为"MQ-3";

②删除 LM-1,利用精确布置绘制 LC-1,汇总计算,统计本层门窗的工程量,如表 2.41 所示。

表 2.41　二层门窗清单定额量

序号	编码	项目名称及特征	单位	工程量
1	010505003001	平板 1.混凝土种类:商品混凝土 2.混凝土强度等级:C30	m³	0.408
	01050111	商品混凝土施工　平板	10m³	0.0408
2	010801001001	木质夹板门 1.门类型:成品木质夹板门 2.框截面尺寸、单扇面积:综合考虑	m²	26.25
	01070012	木门安装　成品木门(带门套)	100m²	0.2625
3	010801004001	木质丙级防火检修门 1.门类型:成品木质丙级防火检修门 2.框截面尺寸、单扇面积:综合考虑	m²	5.9
	01070012	木门安装　成品木门(带门套)	100m²	0.059

续表

序号	编码	项目名称及特征	单位	工程量
4	010802003001	钢质乙级防火门 1. 门类型:成品钢质乙级防火门 2. 框材质、外围尺寸:综合考虑	m²	5.04
	01070089	塑钢门窗(成品)安装　塑钢门	m²	0.0504
5	010807001001	铝塑上悬窗 1. 窗类型:成品铝塑上悬窗,透明中空玻璃(6+9A+6) 2. 框材质、外围尺寸:综合考虑	m²	106.92
	01070073	铝合金窗(成品)安装　平开窗	100m²	1.0692
6	010807007001	铝塑平开飘窗 1. 窗类型:成品铝塑平开飘窗,透明中空玻璃(6+9A+6) 2. 框材质、外围尺寸:综合考虑	m²	13.5
	01070073	铝合金窗(成品)安装　平开窗	100m²	0.135
7	010902003001	屋面刚性层 1. 混凝土种类:40mm 厚细石混凝土加5%防水剂 2. 混凝土强度等级:C20 3. 部位:不上人屋面	m²	4.28
	01080039	面刚性防水　细石混凝土　商品混凝土40mm	100m²	0.0428
8	011101003001	细石混凝土不上人屋面 1. 类型:不上人屋面 2. 面层:40mm 厚 C20 细石混凝土加5%防水剂,提浆压光(单列项) 3. 隔离层:刷沥青玛蹄酯1道 4. 找平层:20mm 厚1:3水泥砂浆找平层 5. 结构层:现浇混凝土屋面板 6. 做法:详见西南11J201-2103	m²	4.08
	1090019	找平层　水泥砂浆　硬基层上20mm	100m²	0.0408
	1080175	石油沥青玛蹄酯　1遍　平面	100m²	0.0408
9	011209002001	全玻(无框玻璃)幕墙 1. 窗代号:TC 2. 框、扇材质:铝塑平开悬窗	m²	74.8194
	01100286	玻璃幕墙(玻璃规格1.6×0.9)　明框	100m²	0.7482

续表

序号	编码	项目名称及特征	单位	工程量
10	011301001001	天棚抹灰 　1. 基层:基层处理 　2. 基础处理:刷水泥浆 1 道(加建筑胶适量) 　3. 找平层:10~15mm 厚 1:1:4 水泥石灰砂浆打底找平(现浇基层 10mm 厚,预制基层 15mm 厚)两次成活 　4. 找平层:4mm 厚 1:0.3:3 水泥石灰砂浆找平层 　5. 刮腻子要求:满刮腻子找平磨光[单列项] 　6. 涂料品种、喷刷遍数:刷乳胶漆[单列项] 　7. 做法:详见西南 11J515-P08	m²	4.08
	01110005	天棚抹灰　混凝土面　混合砂浆　现浇	100m²	0.0408
11	011407002001	天棚喷刷涂料 　1. 刮腻子要求:满刮腻子找平磨光 　2. 涂料品种、喷刷遍数:刷乳胶漆	m²	4.08
	01120271	双飞粉面刷乳胶漆 2 遍　天棚抹灰面	100m²	0.0408
	01110003	天棚抹灰　混凝土面腻子　现浇	100m²	0.0408

五、总结拓展

组合构件

灵活利用软件中的构件去组合图纸上复杂的构件。以组合飘窗为例,讲解组合构件的操作步骤。飘窗由底板、顶板、带形窗、墙洞组成。

（1）飘窗底板

①新建飘窗底板,如图 2.104 所示。

②通过复制建立飘窗顶板,如图 2.105 所示。

属性名称	属性值	附加
名称	飘窗底板	☐
类别	平板	☐
材质	现浇混凝	☐
砼标号	(C30)	☐
砼类型	(现浇砼)	☐
厚度(mm)	100	☐
顶标高(m)	4.6	☐
是否是楼板	是	☐
是否是空心	否	☐
是否支模	是	☐
备注		☐
⊞ 计算属性		
⊞ 显示样式		

图 2.104

属性名称	属性值	附加
名称	飘窗顶板	☐
类别	平板	☐
材质	现浇混凝	☐
砼标号	(C30)	☐
砼类型	(现浇砼)	☐
厚度(mm)	100	☐
顶标高(m)	7.4	☐
是否是楼板	是	☐
是否是空心	否	☐
是否支模	是	☐
备注		☐
⊞ 计算属性		
⊞ 显示样式		

图 2.105

（2）新建飘窗、墙洞

①新建带形窗，如图 2.106 所示。

②新建飘窗墙洞，如图 2.107 所示。

属性名称	属性值	附加
名称	飘窗	
框厚（mm）	60	☐
起点顶标高	7.3	☐
起点底标高	4.6	☐
终点顶标高	7.3	☐
终点底标高	4.6	☐
轴线距左边	(30)	☐
是否随墙变	是	☐
备注		☐
⊞ 计算属性		
⊞ 显示样式		

图 2.106

属性名称	属性值	附加
名称	飘窗墙洞	
洞口宽度（	1500	☐
洞口高度（	2700	☐
洞口面积（m	4.05	☐
离地高度（	700	☐
是否随墙变	是	☐
备注		☐
⊞ 计算属性		
⊞ 显示样式		

图 2.107

（3）绘制底板、顶板、带形窗、墙洞

绘制完飘窗底板，在同一位置绘制飘窗顶板，图元标高不相同，可以在同一位置进行绘制，也可以分层画出。使用精确布置绘制飘窗墙洞。绘制带形窗，设置辅助轴线能更方便地绘制图形，如图 2.108 所示。

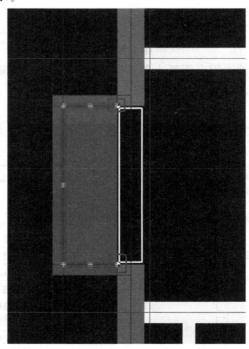

图 2.108

（4）组合构件

选择飘窗构件，在工具栏中单击"新建组合构件"，鼠标框选对应构件，设置插入点（见图 2.109），弹出新建组合构件对话框，查看是否有多余或缺少的构件，右键单击"确定"按钮，组合构件完成,如图 2.110 所示。

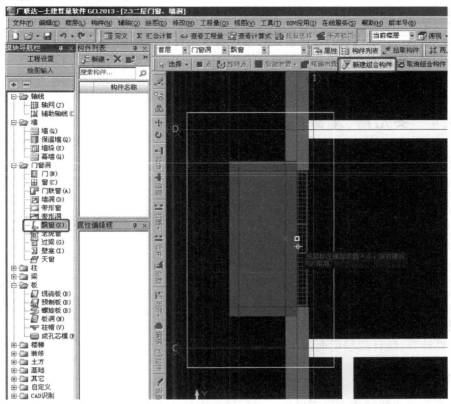

图 2.109

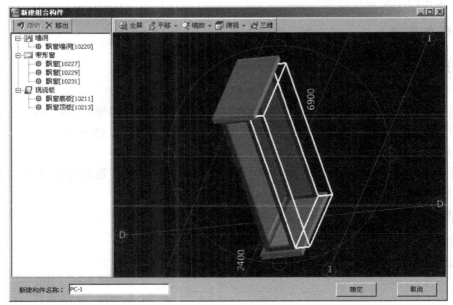

图 2.110

思考与练习

（1）Ⓔ轴/④～⑤轴 LC-1 为什么要利用精确布置进行绘制？

（2）定额中飘窗是否计算建筑面积？

2.3.4　女儿墙、屋面的工程量计算

通过本小节学习，你将能够：

（1）确定女儿墙高度、厚度，确定屋面防水的上卷高度；

（2）矩形绘制屋面图元；

（3）图元的拉伸；

（4）统计本层女儿墙、女儿墙压顶、屋面的工程量。

一、任务说明

①完成二层屋面的女儿墙、屋面的工程量计算。

②汇总计算，统计二层层面的工程量。

二、任务分析

①从哪张图中能够找到屋面做法？二层的屋面是什么做法？都与哪些清单、定额相关？

②从哪张图中能够找到女儿墙的尺寸？

三、任务实施

1）分析图纸

（1）分析女儿墙及压顶

分析建施-4，建施-8，女儿墙的构造参见建施-8 节点 1，女儿墙墙厚 240mm（以建施-4 平面图为准）。女儿墙墙身为砖墙，压顶材质为混凝土，宽 340mm，高 150mm。

（2）分析屋面

分析建施-0，建施-1，可知本层的屋面做法为屋面 3，防水的上卷高度由建施-8 大样可以得到，高度为 250mm。

2）清单、定额计算规则学习

（1）清单计算规则学习

女儿墙、屋面清单计算规则如表 2.42 所示。

表 2.42　女儿墙、屋面清单计算规则

编号	项目名称	单位	计算规则
010402001	砌块墙	m³	按设计图示尺寸以体积计算
010607005	砌块墙钢丝网加固	m²	按设计图示尺寸以面积计算
010507005	扶手、压顶	m	1. 以 m 计量,按设计图示的中心线延长米计算 2. 以 m² 计量,按设计图示尺寸以体积计算
011702025	其他现浇构件　压顶	m²	按模板与现浇混凝土构件的接触面积计算
010902001	屋面卷材防水	m²	按设计图示尺寸以面积计算
011102003	铺地面砖上人屋面	m²	1. 斜屋顶(不包括平屋顶找坡)按斜面积计算,平屋顶按水平投影面积计算 2. 不扣除房上烟囱、风帽底座、风道、屋面小气窗和斜沟所占面积
011001001	保温隔热屋面	m²	3. 屋面的女儿墙、伸缩缝和天窗等处的弯起部分,并入屋面工程量内

(2)定额计算规则学习

女儿墙、屋面定额计算规则如表 2.43 所示。

表 2.43　女儿墙、屋面定额计算规则

编号	项目名称	单位	计算规则
01040029	加气混凝土砌块墙　厚250mm	10m³	同清单计算规则
01040081	结构结合部分防裂　构造(钢丝网片)	m²	同清单计算规则
01050129	商品混凝土施工　压顶	10m³	同清单计算规则
01150315	现浇混凝土模板　压顶	m²	同清单计算规则
01090018	找平层　水泥砂浆　填充料上　20mm	100m²	按设计图示尺寸以面积计算
01090106	陶瓷地砖　楼地面　周长在1600mm 以内	100m²	按设计图示尺寸以面积计算
01080046	高聚物改性沥青防水卷材　满铺	100m²	按设计图示尺寸以面积计算
01090019	找平层　水泥砂浆　硬基层上　20mm	m²	按设计图示尺寸以面积计算
01080074	合成高分子防水卷材　聚氯乙烯卷材防水　灰(绿)色 PVC	100m²	按设计图示尺寸以面积计算
01080046	高聚物改性沥青防水卷材　满铺	100m²	按设计图示尺寸以面积计算
01080202	防水、抗裂保护层　聚乙烯泡沫塑料板　50mm	100m²	按设计图示尺寸以面积计算

3)属性定义

(1)女儿墙的属性定义

女儿墙的属性定义同墙,只是在新建墙体时,把名称改为"女儿墙",其属性定义如图

2.111所示。

（2）屋面的属性定义

在模块导航栏中选择"其他"→"屋面"，在构件列表中选择"新建"→"新建屋面"，在属性编辑框中输入相应的属性值，如图2.112所示。

属性名称	属性值	附加
名称	女儿墙	
类别	砖墙	☑
材质	砖	☐
砂浆标号	(M7.5)	☐
砂浆类型	(水泥砂浆(细	☐
厚度(mm)	240	☐
内/外墙标	外墙	☐
工艺	清水	☐
轴线距左墙	(120)	☐
起点顶标高	层底标高+0.9	☐
起点底标高	层底标高	☐
终点顶标高	层底标高+0.9	☐
终点底标高	层底标高	☐
是否为人防	否	☐
备注		☐
⊞ 计算属性		
⊞ 显示样式		

图2.111

属性名称	属性值	附加
名称	WM-1	
顶标高(m)	层底标高	☐
备注		☐
⊞ 计算属性		
⊞ 显示样式		

图2.112

（3）女儿墙压顶的属性定义

在模块导航栏中选择"其他"→"压顶"，在构件列表中选择"新建"→"新建压顶"，把名称改为"女儿墙压顶"，其属性定义如图2.113所示。

属性名称	属性值	附加
名称	女儿墙压顶	
材质	现浇混凝土	☐
砼标号	(C25)	☐
砼类型	(现浇砼)	☐
截面宽度(	340	☐
截面高度(	150	☐
截面面积(m	0.051	☐
起点顶标高	层底标高+0.9	☐
终点顶标高	层底标高+0.9	☐
轴线距左边	(170)	☐
是否支模	是	☐
备注		☐
⊞ 计算属性		
⊞ 显示样式		

图2.113

4）做法套用

女儿墙的做法套用，如图2.114所示。

屋面的做法套用，如图2.115所示。屋面水泥珍珠岩找坡计算是先按找坡方向计算出最厚处，再加上最薄处求平均值。

	编码	类别	项目名称	项目特征	单位	工程量表达式	表达式说明	措施项目	专业
1	010402001	项	砌块墙	1. 砌块品种、规格、强度等级:轻质加气混凝土砌块 强度大于5MP 2. 墙体类型:女儿墙 3. 砂浆强度等级:M5 混合砂浆 4. 墙体厚度:250mm	m3	TJ	TJ<体积>	□	房屋建筑与装饰
2	01040029	定	加气混凝土砌块墙 厚250		m3	TJ	TJ<体积>	□	土
3	010607005	项	砌块墙钢丝网加固	1. 部位:不同材质连接处 2. 尺寸:300mm宽0.8厚9*25小网钢丝网片	m2	(WQWCGSWPZCD+WQMCGSWPZCD+NQLCGSWPZCD)*0.3	(WQWCGSWPZCD<外墙外侧钢丝网片总长度>+WQMCGSWPZCD<外墙内侧钢丝网片总长度>+NQLCGSWPZCD<内墙两侧钢丝网片总长度>)*0.3	□	房屋建筑与装饰
4	01040081	定	结构结合部分防裂 构造(钢丝网片)		m2	(WQWCGSWPZCD+WQMCGSWPZCD+NQLCGSWPZCD)*0.3	(WQWCGSWPZCD<外墙外侧钢丝网片总长度>+WQMCGSWPZCD<外墙内侧钢丝网片总长度>+NQLCGSWPZCD<内墙两侧钢丝网片总长度>)*0.3	□	土

图 2.114

	编码	类别	项目名称	项目特征	单位	工程量表达式	表达式说明	措施项目	专业
1	011102003	项	铺地面砖上人屋面		m2	MJ	MJ<面积>	□	房屋建筑与装饰
2	01090018	定	找平层 水泥砂浆 填充料上 20mm		m2	MJ	MJ<面积>	□	饰
3	01090018	定	找平层 水泥砂浆 填充料上 20mm		m2	MJ	MJ<面积>	□	饰
4	01090106	定	陶瓷地砖 楼地面 周长在 1600mm以内		m2	MJ	MJ<面积>	□	饰
5	01080046	定	高聚物改性沥青防水卷材 满铺		m2	MJ	MJ<面积>	□	土
6	01090019	定	找平层 水泥砂浆 硬基层上 20mm		m2	MJ	MJ<面积>	□	饰
7	010902001	项	屋面卷材防水	1. 卷材品种、规格、厚度:高分子卷材一道,同体材性胶粘剂二道 2. 部位:上人屋面 3. 20厚1:3水泥砂浆 4. 改性沥青卷材一道,胶粘剂二道,刷底胶漆一道,材性同防水材料	m2	FSMJ	FSMJ<防水面积>	□	房屋建筑与装饰
8	01080074	定	合成高分子防水卷材 聚氯乙烯卷材防水 灰(绿)色,PVC		m2	FSMJ	FSMJ<防水面积>	□	土
9	01080046	定	高聚物改性沥青防水卷材 满铺		m2	FSMJ	FSMJ<防水面积>	□	土
10	01090018	定	找平层 水泥砂浆 填充料上 20mm		m2	FSMJ	FSMJ<防水面积>	□	饰
11	011001001	项	保温隔热屋面	1. 保温隔热材料品种、规格、厚度:60mm厚挤塑聚苯板 2. 部位:上人屋面	m2	MJ	MJ<面积>	□	房屋建筑与装饰
12	01080202	定	防水、抗裂保护层 聚乙烯泡沫塑料板 50mm		m2	MJ	MJ<面积>	□	土

图 2.115

女儿墙的压顶做法套用,如图 2.116 所示。

	编码	类别	项目名称	项目特征	单位	工程量表达式	表达式说明	措施项目	专业
1	010507005	项	扶手、压顶	1. 混凝土种类:商品混凝土 2. 混凝土强度等级:C25	m3	TJ	TJ<体积>	□	房屋建筑与装饰
2	01050129	定	商品混凝土施工 压顶		m3	TJ	TJ<体积>	□	土
3	011702025	项	其他现浇构件	1. 模板类型:木钢模板 2. 部位:压顶	m2	MBMJ	MBMJ<模板面积>	☑	房屋建筑与装饰
4	01150315	定	现浇混凝土模板 压顶		m3	MBMJ	MBMJ<模板面积>	☑	饰

图 2.116

5)画法讲解

(1)直线绘制女儿墙

采用直线绘制女儿墙,绘制好的图元如图 2.117 所示。

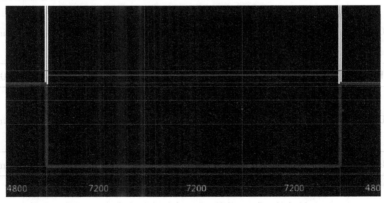

图 2.117

(2)点画绘制屋面

直接点画绘制即可,如图 2.118 所示。

四、任务结果

汇总计算,统计本层女儿墙、压顶及屋面的工程量,如表 2.44 所示。

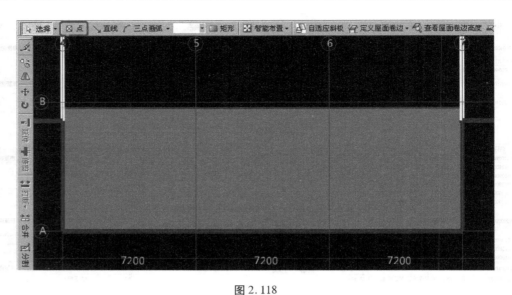

图 2.118

表 2.44　二层女儿墙、压顶、屋面清单定额量

序号	编码	项目名称及特征	单位	工程量
1	010402001004	砌块墙 1.砌块品种、规格、强度等级:轻质加气混凝土砌块 2.墙体类型:女儿墙 3.砂浆强度等级:M5 混合砂浆 4.墙体厚度:250mm	m³	6.0696
	01040029	加气混凝土砌块墙　厚 250mm	10m³	0.607
2	010507005001	扶手、压顶 1.混凝土种类:商品混凝土 2.混凝土强度等级:C25	m³	1.7315
	01050129	商品混凝土施工　压顶	10m³	0.1731
3	010607005001	砌块墙钢丝网加固 1.部位:不同材质连接处 2.尺寸:300mm 宽 0.8mm 厚 9mm×25mm 小网钢丝网片	m²	20.2319
	01040081	结构结合部分防裂　构造(钢丝网片)	m²	20.2319
4	010902001001	屋面卷材防水 1.卷材品种、规格、厚度:高分子卷材 1 道,同材性胶粘剂 2 道 2.部位:上人屋面 3.20mm 厚 1:3 水泥砂浆 4.改性沥青卷材 1 道,胶粘剂 2 道,刷底胶漆 1 道,材性同防水材料	m²	142.8435

续表

序号	编码	项目名称及特征	单位	工程量
4	01080074	合成高分子防水卷材　聚氯乙烯卷材防水　灰(绿)色PVC	100m²	1.4284
	01080046	高聚物改性沥青防水卷材　满铺	100m²	1.4284
	01090018	找平层　水泥砂浆　填充料上20mm	100m²	1.4284
5	011001001001	保温隔热屋面 1. 保温隔热材料品种、规格、厚度:60mm厚挤塑聚苯板 2. 部位:上人屋面	m²	142.8435
	01080202	防水、抗裂保护层　聚乙烯泡沫塑料板50mm	100m²	1.4284
6	011102003001	铺地面砖上人屋面 1. 面层:35mm厚590mm×590mm钢筋混凝土预制板或铺地面砖 2. 结合层:10mm厚1:2.5水泥砂浆结合层 3. 保护层:20mm厚1:3水泥砂浆保护层 4. 防水层:高分子卷材1道,同材性胶粘剂2道(单列项) 5. 结合层:20mm厚1:3水泥砂浆(单列项) 6. 防水层:改性沥青卷材1道,胶粘剂2道,刷底胶漆1道,材性同防水材料(单列项) 7. 找平层:20mm厚1:3水泥砂浆找平层 8. 保温层:60mm厚挤塑聚苯板(单列项) 9. 结合层:20mm厚1:3水泥砂浆 10. 隔离层:改性沥青卷材1道 11. 找平层:20mm厚1:3水泥砂浆找平层 12. 结构层:现浇混凝土屋面板 13. 做法:详见西南11J201-2206(a)	m²	142.8435
	01090018	找平层　水泥砂浆　填充料上　20mm	100m²	1.4284
	01090018	找平层　水泥砂浆　填充料上　20mm	100m²	1.4284
	01090106	陶瓷地砖　楼地面　周长在1600mm以内	100m²	1.4284
	01080046	高聚物改性沥青防水卷材　满铺	100m²	1.4284
	01090019	找平层　水泥砂浆　硬基层上20mm	100m²	1.4284

2.3.5　过梁、圈梁、构造柱的工程量计算

通过本小节学习,你将能够:
统计本层的圈梁、过梁、构造柱工程量。

一、任务说明

完成二层的过梁、圈梁、构造柱的工程量计算。

二、任务分析

①对比分析二层与首层的过梁、圈梁、构造柱,它们都有哪些不同?

②构造柱为什么不建议用复制功能?

三、任务实施

1)分析图纸

(1)分析过梁、圈梁

分析结施-2、结施-9、建施-4、建施-10、建施-11 可知,二层层高 3.9m,外墙上窗的高度 2.7m,窗距地高度 0.7m,外墙上梁高 0.5m,所以外墙窗顶不设置过梁、圈梁,窗底设置圈梁。内墙门顶设置圈梁代替过梁。

(2)分析构造柱

构造柱的布置位置详见结施-2 的第 8 条中的(4)。

2)画法讲解

(1)从首层复制圈梁图元到二层

利用从其他楼层复制构件图元的方法复制圈梁图元到二层,对复制过来的图元,利用"三维"显示查看是否正确,比如查看门窗图元是否和梁相撞。

(2)自动生成构造柱

对于构造柱图元,不推荐采用层间复制。如果楼层不是标准层,通过复制过来的构造柱图元容易出现位置错误的问题。

单击"自动生成构造柱",然后对构造柱图元进行查看,比如看是否在一段墙中重复布置了构造柱图元。查看的目的是保证本层的构造柱图元的位置及属性都是正确的。

四、任务结果

汇总计算,统计本层构造柱、圈梁、过梁的工程量,如表 2.45 所示。

表 2.45　构造柱、圈梁、过梁清单定额量

序号	编码	项目名称及特征	单位	工程量
1	010502002001	构造柱 1.混凝土种类:商品混凝土 2.混凝土强度等级:C25	m^3	12.2951
	01050088	商品混凝土施工　构造柱	$10m^3$	1.2295
2	010503004001	圈梁 1.混凝土种类:商品混凝土 2.混凝土强度等级:C25	m^3	5.0742
	01050096	商品混凝土施工　圈梁	$10m^3$	0.5074

五、总结拓展

变量标高

对于构件属性中的标高处理一般有两种方式:第一种为直接输入标高的数字,比如在组合飘窗的图 2.106 中就采用了这种方式;另一种为变量标高,如 QL-1 的顶标高为"层底标高 +0.7",其好处在于进行层间复制时标高不容易出错,省去手动调整标高的麻烦。推荐读者使用变量标高。

2.4 三、四层工程量计算

通过本节学习,你将能够:
(1)掌握块存盘、块提取功能;
(2)掌握批量选择构件图元的方法;
(3)掌握批量删除的方法;
(4)统计三、四层各构件图元的工程量。

一、任务说明

完成三、四层的工程量计算。

二、任务分析

①对比三、四层与二层的图纸,分析它们都有哪些不同?
②如何快速对图元进行批量选定、删除工作?
③做法套用有快速方法吗?

三、任务实施

1)分析三层图纸

①分析结施-5,三层Ⓒ轴位置的矩形 KZ-3 在二层为圆形 KZ-2,其他柱和二层柱一样。
②由结施-5、结施-9、结施-13 可知,三层剪力墙、梁、板、后浇带与二层完全相同。
③对比建施-4 与建施-5 后发现,三层和二层砌体墙基本相同,三层有一段弧形墙体。
④二层天井的地方,三层为办公室,因此增加几道墙体。

2)绘制三层图元

运用"从其他楼层复制构件图元"的方法复制图元到三层。建议构造柱不要进行复制,用"自动生成构造柱"的方法绘制三层构造柱图元。运用学到的软件功能对三层图元进行修改,保存并汇总计算。

3)三层工程量汇总

汇总计算、统计本层工程量,如表 2.46 所示。

表 2.46　三层清单定额量

序号	编码	项目名称及特征	单位	工程量
1	010402001001	砌块墙 1.砌块品种、规格、强度等级:轻质加气混凝土砌块 2.墙体类型:直形外墙和内隔墙 3.砂浆强度等级:M5 混合砂浆 4.墙体厚度:200mm	m³	72.6146
	01040028	加气混凝土砌块墙　厚 200mm	10m³	7.2615
2	010402001002	砌块墙 1.砌块品种、规格、强度等级:轻质加气混凝土砌块 2.墙体类型:直形外墙和内隔墙 3.砂浆强度等级:M5 混合砂浆 4.墙体厚度:120mm	m³	2.3014
	01040027	加气混凝土砌块墙　厚 120mm	10m³	0.2301
3	10402001003	砌块墙 1.砌块品种、规格、强度等级:轻质加气混凝土砌块 2.墙体类型:直形外墙和内隔墙 3.砂浆强度等级:M5 混合砂浆 4.墙体厚度:250mm	m³	40.8716
	1040029	加气混凝土砌块墙　厚 250mm	10m³	4.0872
4	010502001002	矩形柱 1.柱形状:矩形柱 2.混凝土种类:商品混凝土 3.混凝土强度等级:C25 4.柱截面尺寸:周长 1.8m 以外	m³	35.1
	01050084	商品混凝土施工　矩形柱　断面周长 1.8m 以外	10m³	3.51
5	010502001004	矩形柱 1.柱形状:梯柱 2.混凝土种类:商品混凝土 3.混凝土强度等级:C25 4.柱截面尺寸:周长 1.2m 以内	m³	0.4875
	01050082	商品混凝土施工　矩形柱　断面周长 1.2m 以内	10m³	0.0488
6	010502002001	构造柱 1.混凝土种类:商品混凝土 2.混凝土强度等级:C25	m³	12.5199
	01050088	商品混凝土施工　构造柱	10m³	1.252

序号	编码	项目名称及特征	单位	工程量
7	010503004001	圈梁 1.混凝土种类:商品混凝土 2.混凝土强度等级:C25	m³	5.9588
	01050096	商品混凝土施工　圈梁	10m³	0.5959
8	010504001001	直形墙 1.墙类型:混凝土墙 2.混凝土种类:商品混凝土 3.混凝土强度等级:C25 4.墙厚度:250mm	m³	67.39
	01050104	商品混凝土施工　钢筋混凝土直(弧)形墙　墙厚500mm以内	10m³	6.739
9	010504001007	直形墙 1.墙类型:电梯井壁 2.混凝土种类:商品混凝土 3.混凝土强度等级:C25	m³	9.9605
	01050106	商品混凝土施工　电梯井壁	10m³	0.9961
10	010505001001	有梁板 1.混凝土种类:商品混凝土 2.混凝土强度等级:C25	m³	138.0219
	01050109	商品混凝土施工　有梁板	10m³	13.8022
11	010505003001	平板 1.混凝土种类:商品混凝土 2.混凝土强度等级:C25	m³	0.408
	01050111	商品混凝土施工　平板	10m³	0.0408
12	010508001004	后浇带 1.混凝土强度等级:C30,掺水泥用量的8% HEA 型膨胀剂 2.混凝土种类:商品混凝土 3.部位:3 层以上有梁板	m³	2.3617
	01050098	商品混凝土施工　梁后浇带	10m³	0.072
	01050114	商品混凝土施工　板后浇带	10m³	0.1641
13	010607005001	砌块墙钢丝网加固 1.部位:不同材质连接处 2.尺寸:300mm 宽 0.8mm 厚 9mm×25mm 小网钢丝网片	m²	618.8789
	01040081	结构结合部分防裂　构造(钢丝网片)	m²	618.8789
14	010801001001	木质夹板门 1.门类型:成品木质夹板门 2.框截面尺寸、单扇面积:综合考虑	m²	35.7
	01070012	木门安装　成品木门(带门套)	100m²	0.357

续表

序号	编码	项目名称及特征	单位	工程量
15	010801004001	木质丙级防火检修门 　　1.门类型:成品木质丙级防火检修门 　　2.框截面尺寸、单扇面积:综合考虑	m²	3.5
	01070012	木门安装　成品木门(带门套)	100m²	0.035
16	010802003001	钢质乙级防火门 　　1.门类型:成品钢质乙级防火门 　　2.框材质、外围尺寸:综合考虑	m²	5.04
	01070089	塑钢门窗(成品)安装　塑钢门	100m²	0.0504
17	010807001001	铝塑上悬窗 　　1.窗类型:成品铝塑上悬窗,透明中空玻璃(6+9A+6) 　　2.框材质、外围尺寸:综合考虑	m²	136.08
	01070073	铝合金窗(成品)安装　平开窗	100m²	1.3608
18	010807007001	铝塑平开飘窗 　　1.窗类型:成品铝塑平开飘窗,透明中空玻璃(6+9A+6) 　　2.框材质、外围尺寸:综合考虑	m²	13.5
	01070073	铝合金窗(成品)安装　平开窗	100m²	0.135
19	010902003001	屋面刚性层 　　1.混凝土种类:40mm厚细石混凝土加5%防水剂 　　2.混凝土强度等级:C20 　　3.部位:不上人屋面	m²	4.28
	01080039	屋面刚性防水　细石混凝土　商品混凝土　40mm	100m²	0.0428
20	011101003002	细石混凝土不上人屋面 　　1.类型:不上人屋面 　　2.面层:40mm厚C20细石混凝土加5%防水剂,提浆压光 　　　(单列项) 　　3.隔离层:刷沥青玛蹄酯1道 　　4.找平层:20mm厚1:3水泥砂浆找平层 　　5.结构层:现浇混凝土屋面板 　　6.做法:详见西南11J201-2103	m²	4.08
	01090019	找平层　水泥砂浆　硬基层上　20mm	100m²	0.0408
	01080175	刷石油沥青玛蹄酯1遍　平面	100m²	0.0408
21	011301001002	天棚抹灰 　　1.基层:基层处理 　　2.基础处理:刷水泥浆1道(加建筑胶适量) 　　3.找平层:10~15mm厚1:1:4水泥石灰砂浆打底找平(现浇 　　　基层10mm厚,预制基层15mm厚)两次成活 　　4.找平层:4mm厚1:0.3:3水泥石灰砂浆找平层	m²	4.08

续表

序号	编码	项目名称及特征	单位	工程量
21	011301001002	5.刮腻子要求:满刮腻子找平磨光[单列项] 6.涂料品种、喷刷遍数:刷乳胶漆[单列项] 7.做法:详见西南 11J515-P08	m²	4.08
	01110005	天棚抹灰 混凝土面 混合砂浆 现浇	100m²	0.0408
22	011407002001	天棚喷刷涂料 1.刮腻子要求:满刮腻子找平磨光 2.涂料品种、喷刷遍数:刷乳胶漆	m²	4.08
	01120271	双飞粉面刷乳胶漆 2 遍 天棚抹灰面	100m²	0.0408
	01110003	天棚抹灰 混凝土面腻子 现浇	100m²	0.0408

4)分析四层图纸

（1）结构图纸分析

分析结施-5、结施-9、结施-10、结施-13、结施-14 可知,四层框架柱和端柱同三层的图元是相同的;大部分梁的截面尺寸和三层的相同,只是名称发生了变化;板的名称和截面都发生了变化;四层的连梁高度发生了变化,LL1 下的洞口高度为(3.9 − 1.3)m = 2.6m,LL2 下的洞口高度不变,仍为 2.6m;剪力墙的截面没发生变化。

（2）建筑图纸分析

由建施-5、建施-6 可知,四层和三层的房间数发生了变化。

结合以上分析,建立四层构件图元的方法可以采用前面介绍过的两种层间复制图元的方法。本节介绍另一种快速建立整层图元的方法:块存盘、块提取。

5)一次性建立整层构件图元

（1）块存盘

单击"楼层"菜单,在下拉菜单中可以看到"块存盘""块提取",如图 2.119 所示。单击"块存盘",框选本层,然后单击基准点①轴与Ⓐ轴的交点,如图 2.120 所示。弹出"另存为"对话框,可以对文件保存的位置进行更改,这里选择保存在桌面上,如图 2.121 所示。

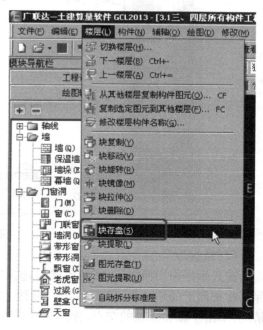

图 2.119

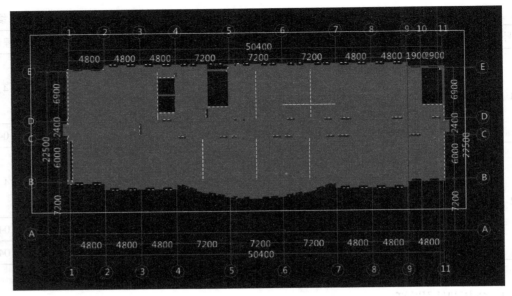

图 2.120

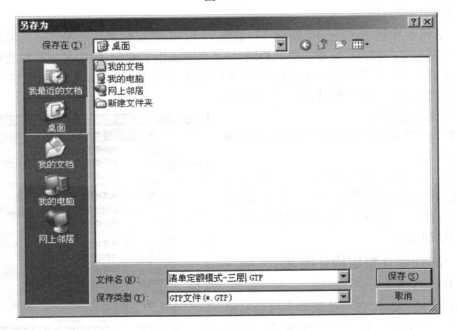

图 2.121

（2）块提取

在显示栏中切换楼层到"第4层"，选择"楼层"→"块提取"，弹出"打开"对话框，选择已保存在桌面上的块文件，单击"打开"按钮，如图2.122所示。屏幕上出现如图2.123所示的情况，单击①轴和Ⓐ轴的交点，弹出提示对话框"块提取成功"。

图 2.122

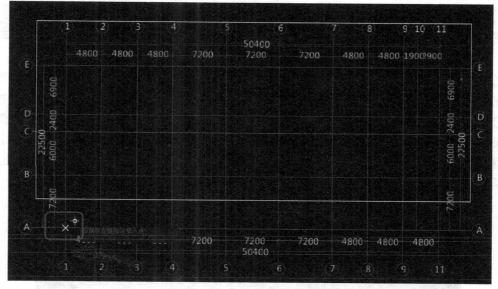

图 2.123

6)四层构件及图元的核对修改

（1）柱、剪力墙构件及图元的核对修改

对柱、剪力墙图元的位置、截面尺寸、混凝土标号进行核对修改。

（2）梁、板的核对修改

①利用修改构件名称建立梁构件。选中Ｅ轴 KL3，在属性编辑框中"名称"一栏修改"KL3"为"WKL-3"，如图 2.124 所示。

属性名称	属性值
名称	WKL-3
类别1	框架梁
类别2	有梁板
材质	现浇混凝土
砼标号	(C25)
砼类型	(现浇砼)
截面宽度(m	250
截面高度(m	500
截面面积(m	0.125
截面周长(m	1.5
起点顶标高	层顶标高(15.5)
终点顶标高	层顶标高(15.5)
轴线距梁左	(125)
砖胎膜厚度	0
是否计算单	否
图元形状	矩形
是否支模	是
是否为人防	否
备注	
+ 计算属性	
+ 显示样式	

图 2.124

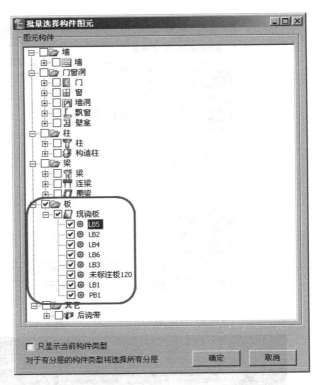

图 2.125

②批量选择构件图元(F3 键)。单击模块导航栏中的"板",切换到板构件,按下 F3 键,弹出如图 2.125 所示的"批量选择构件图元"的对话框;选择所有的板,然后单击"确定"按钮,能看到绘图界面的板图元都被选中(见图 2.126),按下 Delete 键,弹出"是否删除选中图元"的确认对话框,单击"是"按钮。删除板的构件图元以后,单击"构件列表",单击"构件名称"可以看到所有的板构件都被选中(见图 2.127);单击右键"删除",在弹出的确认对话框中点击"是"按钮,即可看到构件列表为空。

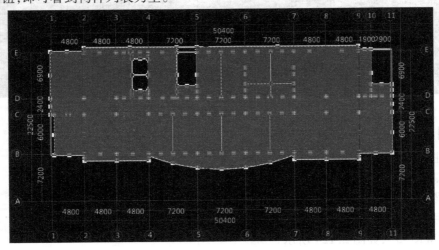

图 2.126

③新建板构件并绘制图元。板构件的属性定义及绘制参见第 2.2.4 节的相关内容。注

意,LB1 的标高为 17.4m。

（3）砌块墙、门窗、过梁、圈梁、构造柱构件及图元的核对修改

利用延伸、删除等功能对四层砌块墙体图元进行绘制;利用精确布置、修改构件图元名称绘制门窗洞口构件图元;按 F3 键选择内墙 QL1,删除图元,利用智能布置重新绘制 QL1 图元;按 F3 键选择构造柱,删除构件图元,然后在构件列表中删除其构件;单击"自动生成构造柱"快速生成图元,检查复核构造柱的位置是否按照图纸要求进行设置。

（4）后浇带、建筑面积构件及图元核对修改

对比图纸,查看后浇带的宽度、位置是否正确。四层后浇带和三层无异,无须修改;建筑面积三层和四层无差别,无须修改。

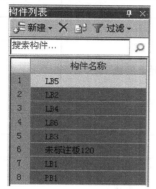

图 2.127

图 2.128

7）做法刷套用做法

单击"框架柱构件",双击进入套取做法界面,可以看到通过"块提取"建立的构件中没有做法,那么怎样才能对四层所有的构件套取做法呢? 利用"做法刷"功能即可实现。

切换到"第 3 层"（见图 2.128）,在构件列表中双击 KZ1,进入套取做法界面,单击"做法刷",如图 2.129 所示,勾选第 4 层的所有框架柱,单击"确定"按钮即可。

图 2.129

四、任务结果

汇总计算,统计本层工程量,如表 2.47 所示。

表 2.47　四层清单定额量

序号	编码	项目名称及特征	单位	工程量
1	010402001001	砌块墙 　1.砌块品种、规格、强度等级:轻质加气混凝土砌块 　2.墙体类型:直形外墙和内隔墙 　3.砂浆强度等级:M5 混合砂浆 　4.墙体厚度:200mm	m³	87.4597
	01040028	加气混凝土砌块墙　厚 200mm	10m³	8.746
2	010402001002	砌块墙 　1.砌块品种、规格、强度等级:轻质加气混凝土砌块 　2.墙体类型:直形外墙和内隔墙 　3.砂浆强度等级:M5 混合砂浆 　4.墙体厚度:120mm	m³	2.2573
	01040027	加气混凝土砌块墙　厚 120mm	10m³	0.2257
3	10402001003	砌块墙 　1.砌块品种、规格、强度等级:轻质加气混凝土砌块 　2.墙体类型:直形外墙和内隔墙 　3.砂浆强度等级:M5 混合砂浆 　4.墙体厚度:250mm	m³	40.9193
	1040029	加气混凝土砌块墙　厚 250mm	10m³	4.0919
4	010502001002	矩形柱 　1.柱形状:矩形柱 　2.混凝土种类:商品混凝土 　3.混凝土强度等级:C25 　4.柱截面尺寸:周长 1.8m 以外	m³	35.1
	01050084	商品混凝土施工　矩形柱　断面周长 1.8m 以外	10m³	3.51
5	010502001004	矩形柱 　1.柱形状:梯柱 　2.混凝土种类:商品混凝土 　3.混凝土强度等级:C25 　4.柱截面尺寸:周长 1.2m 以内	m³	0.2925
	01050082	商品混凝土施工　矩形柱　断面周长 1.2m 以内	10m³	0.0293
6	010502002001	构造柱 　1.混凝土种类:商品混凝土 　2.混凝土强度等级:C25	m³	13.5165
	01050088	商品混凝土施工　构造柱	10m³	1.3516

续表

序号	编码	项目名称及特征	单位	工程量
7	010503004001	圈梁 1.混凝土种类:商品混凝土 2.混凝土强度等级:C25	m³	6.5204
	01050096	商品混凝土施工　圈梁	10m³	0.652
8	010504001001	直形墙 1.墙类型:混凝土墙 2.混凝土种类:商品混凝土 3.混凝土强度等级:C25 4.墙厚度:250mm	m³	66.565
	01050104	商品混凝土施工　钢筋混凝土直(弧)形墙　墙厚500mm以内	10m³	6.6565
9	010504001007	直形墙 1.墙类型:电梯井壁 2.混凝土种类:商品混凝土 3.混凝土强度等级:C25	m³	11.0405
	01050106	商品混凝土施工　电梯井壁	10m³	1.1041
10	010505001001	有梁板 1.混凝土种类:商品混凝土 2.混凝土强度等级:C25	m³	138.421
	01050109	商品混凝土施工　有梁板	10m³	13.8421
11	010505003001	平板 1.混凝土种类:商品混凝土 2.混凝土强度等级:C25	m³	0.408
	01050111	商品混凝土施工　平板	10m³	0.0408
12	010508001004	后浇带 1.混凝土强度等级:C30,掺水泥用量的8% HEA型膨胀剂 2.混凝土种类:商品混凝土 3.部位:3层以上有梁板	m³	2.3617
	01050098	商品混凝土施工　梁后浇带	10m³	0.072
	01050114	商品混凝土施工　板后浇带	10m³	0.1641
13	010607005001	砌块墙钢丝网加固 1.部位:不同材质连接处 2.尺寸:300mm宽0.8mm厚9mm×25mm小网钢丝网片	m²	659.9815
	01040081	结构结合部分防裂　构造(钢丝网片)	m²	659.9815

续表

序号	编码	项目名称及特征	单位	工程量
14	010801001001	木质夹板门 1. 门类型:成品木质夹板门 2. 框截面尺寸、单扇面积:综合考虑	m²	38.85
	01070012	木门安装 成品木门(带门套)	100m²	0.3885
15	010801004001	木质丙级防火检修门 1. 门类型:成品木质丙级防火检修门 2. 框截面尺寸、单扇面积:综合考虑	m²	3.5
	01070012	木门安装 成品木门(带门套)	100m²	0.035
16	010802003001	钢质乙级防火门 1. 门类型:成品钢质乙级防火门 2. 框材质、外围尺寸:综合考虑	m²	5.04
	01070089	塑钢门窗(成品)安装 塑钢门	100m²	0.0504
17	010807001001	铝塑上悬窗 1. 窗类型:成品铝塑上悬窗,透明中空玻璃(6+9A+6) 2. 框材质、外围尺寸:综合考虑	m²	136.08
	01070073	铝合金窗(成品)安装 平开窗	100m²	1.3608
18	010807007001	铝塑平开飘窗 1. 窗类型:成品铝塑平开飘窗,透明中空玻璃(6+9A+6) 2. 框材质、外围尺寸:综合考虑	m²	13.5
	01070073	铝合金窗(成品)安装 平开窗	100m²	0.135
19	010902003001	屋面刚性层 1. 混凝土种类:40mm 厚细石混凝土加5%防水剂 2. 混凝土强度等级:C20 3. 部位:不上人屋面	m²	4.28
	01080039	屋面刚性防水 细石混凝土 商品混凝土 40mm	100m²	0.0428
20	011101003002	细石混凝土不上人屋面 1. 类型:不上人屋面 2. 面层:40mm 厚 C20 细石混凝土加5%防水剂,提浆压光(单列项) 3. 隔离层:刷沥青玛蹄酯1道 4. 找平层:20mm 厚1:3水泥砂浆找平层 5. 结构层:现浇混凝土屋面板 6. 做法:详见西南11J201-2103	m²	4.08
	01090019	找平层 水泥砂浆 硬基层上 20mm	100m²	0.0408
	01080175	石油沥青玛蹄酯 1遍 平面	100m²	0.0408

续表

序号	编码	项目名称及特征	单位	工程量
21	011301001002	天棚抹灰 　1.基层:基层处理 　2.基础处理:刷水泥浆1道(加建筑胶适量) 　3.找平层:10~15mm厚1:1:4水泥石灰砂浆打底找平(现浇基层10mm厚,预制基层15mm厚)两次成活 　4.找平层:4mm厚1:0.3:3水泥石灰砂浆找平层 　5.刮腻子要求:满刮腻子找平磨光[单列项] 　6.涂料品种、喷刷遍数:刷乳胶漆[单列项] 　7.做法:详见西南11J515-P08	m²	4.08
	01110005	天棚抹灰　混凝土面　混合砂浆　现浇	100m²	0.0408
22	011407002001	天棚喷刷涂料 　1.刮腻子要求:满刮腻子找平磨光 　2.涂料品种、喷刷遍数:刷乳胶漆	m²	4.08
	01120271	双飞粉面刷乳胶漆2遍　天棚抹灰面	100m²	0.0408
	01110003	天棚抹灰　混凝土面腻子　现浇	100m²	0.0408

五、总结拓展

（1）删除不存在图元的构件

①单击梁构件列表的"过滤",选择"当前楼层未使用的构件",单击如图2.130所示的位置,一次性选择所有构件,单击右键选择"删除"即可。

②单击"过滤",选择"当前楼层使用构件"。

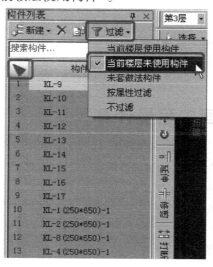

图2.130

（2）查看工程量的方法

下面简单介绍3种在绘图界面查看工程量的方式：

①单击"查看工程量"，选中要查看的构件图元，弹出"查看构件图元工程量"对话框，如图2.131、图2.132所示，可以查看做法工程量、清单工程量、定额工程量。

图 2.131

图 2.132

②按 F3 键批量选择构件图元，然后单击"查看工程量"，可以查看做法工程量、清单工程量、定额工程量。

③单击"查看计算式"，选择单一图元，弹出"查看构件图元工程量计算式"对话框，可以查看此图元的详细计算式，还可以利用"查看三维扣减图"查看详细工程量计算式。

思考与练习

试分析能否用块复制建立三层图元。

2.5 机房及屋面工程量计算

通过本节学习，你将能够：

（1）掌握三点定义斜板的画法；

（2）掌握屋面的定义与做法套用；

（3）绘制屋面图元；

（4）统计本层屋面的工程量。

一、任务说明

①完成机房及屋面工程的构件定义及做法套用、绘制。

②汇总计算,统计机房及屋面的工程量。

二、任务分析

①机房层及屋面各有什么构件? 机房中的墙、柱尺寸在什么图中能够找到?

②此层屋面与二层屋面的做法有什么不同?

③斜板、斜墙如何定义绘制?

三、任务实施

1)分析图纸

①分析建施-8 可知,机房的屋面是平屋面 + 坡屋面组成,以④轴为分界线。

②坡屋面是结构找坡,本工程为结构板找坡,斜板下的梁、墙、柱的起点顶标高和终点顶标高不再是同一标高。

2)板的属性定义

结施-14 中 WB2、YXB3、YXB4 的厚度都是 150mm,在画板图元的时候可以统一按照 WB2 去绘制,以方便绘制斜板图元,属性定义如图 2.133 所示。

3)做法套用

①坡屋面的做法套用,如图 2.134 所示。

②上人屋面的做法套用,如图 2.135 所示。

属性名称	属性值	附加
名称	WB2	☐
类别	有梁板	☐
材质	现浇混凝	☐
砼标号	(C25)	☐
砼类型	(现浇砼)	☐
厚度(mm)	150	☐
顶标高(m)	层顶标高	☐
是否是楼板	是	☐
是否是空心	否	☐
是否支模	是	☐
备注		☐
⊞ 计算属性		
⊞ 显示样式		

图 2.133

	编码	类别	项目名称	项目特征	单位	工程量表达式	表达式说明	措施项目	专业
1	⊟ 010902003	项	屋面刚性层	1. 混凝土种类: 40厚细石混凝土加5%防水剂 2. 混凝土强度等级: C20 3. 部位: 不上人屋面	m2	MJ	MJ<面积>	☐	房屋建筑与装饰
2	─ 01080039	定	屋面刚性防水 细石混凝土 商品混凝土 40mm		m2	MJ	MJ<面积>	☐	土
3	⊟ 011101003	项	细石混凝土不上人屋面	1. 类型: 不上人屋面 2. 面层: 40厚C20细石混凝土加5%防水剂, 提浆压光(单列项) 3. 找平层: 刷素水泥浆一道 4. 找平层: 20厚1:3水泥砂浆找平层 5. 结构层: 现浇混凝土屋面板 6. 做法: 详见西南11J201-2103	m2	MJ	MJ<面积>	☐	房屋建筑与装饰
4	─ 01090019	定	找平层 水泥砂浆 硬基层上 20mm		m2	MJ	MJ<面积>	☐	饰
5	─ 01080175	定	石油沥青玛瑞脂 一遍 平面		m2	MJ	MJ<面积>	☐	土

图 2.134

	编码	类别	项目名称	项目特征	单位	工程量表达式	表达式说明	措施项目	专业
1	⊟ 011102003	项	铺地面砖上人屋面	1. 面层：35厚590×590钢筋混凝土预制板或铺地面砖 2. 结合层：10厚1:2.5水泥砂浆结合层 3. 保护层：20厚1:3水泥砂浆保护层 4. 防水：高分子卷材一道，同材性胶粘剂二道（单列项） 5. 结合层：20厚1:3水泥砂浆 6. 防水：改性沥青卷材一道，胶粘剂二道，刷底胶浆一道，材性同防水材料（单列项） 7. 找平层：20厚1:3水泥砂浆找平层 8. 保温：60mm厚挤塑聚苯板（单列项） 9. 结合层：20厚1:3水泥砂浆 10. 隔离层：改性沥青卷材一道 11. 找平层：20厚1:3水泥砂浆找平层 12. 结构层：现浇混凝土屋面板 13. 做法：详见西南11J201-2206（a）	m2	MJ	MJ〈面积〉	☐	房屋建筑与装饰
2	— 01090018	定	找平层 水泥砂浆 填充料上 20mm		m2	MJ	MJ〈面积〉	☐	饰
3	— 01090018	定	找平层 水泥砂浆 填充料上 20mm		m2	MJ	MJ〈面积〉	☐	饰
4	— 01090106	定	陶瓷地砖 楼地面 周长在 1600mm以内		m2	MJ	MJ〈面积〉	☐	饰
5	— 01080046	定	高聚物改性沥青防水卷材 满铺		m2	MJ	MJ〈面积〉	☐	土
6	— 01090019	定	找平层 水泥砂浆 硬基层上 20mm		m2	MJ	MJ〈面积〉	☐	饰
7	⊟ 010902001	项	屋面卷材防水	1. 卷材品种、规格、厚度：高分子卷材一道，同材性胶粘剂二道 2. 部位：上人屋面 3. 20厚1:3水泥砂浆 4. 改性沥青卷材一道，胶粘剂二道，刷底胶浆一道，材性同防水材料：	m2	FSMJ	FSMJ〈防水面积〉	☐	房屋建筑与装饰
8	— 01080074	定	合成高分子防水卷材 聚氯乙烯卷材 防水 灰（绿）色PVC		m2	FSMJ	FSMJ〈防水面积〉	☐	土
9	— 01080046	定	高聚物改性沥青防水卷材 满铺		m2	FSMJ	FSMJ〈防水面积〉	☐	土
10	— 01090018	定	找平层 水泥砂浆 填充料上 20mm		m2	FSMJ	FSMJ〈防水面积〉	☐	饰
11	⊟ 011001001	项	保温隔热屋面	1. 保温隔热材料品种、规格、厚度：60mm厚挤塑聚苯板 2. 部位：上人屋面	m2	MJ	MJ〈面积〉	☐	房屋建筑与装饰
12	— 01080202	定	防水、抗裂保护层 聚乙烯泡沫塑料板 50mm		m2	MJ	MJ〈面积〉	☐	土

图 2.135

4）画法讲解

（1）三点定义斜板

单击"三点定义斜板"，选择 WB2，可以看到选中的板边缘变成淡蓝色，在有数字的地方按照图纸的设计输入标高，如图 2.136 所示。输入标高后一定要按"Enter"键保存输入的数据。输入标高后，可以看到板上有个箭头表示斜板已经绘制完成，箭头指向标高低的方向如图 2.137 所示；输入完毕后点中板边中点，对板进行偏移，如图 2.138 所示。

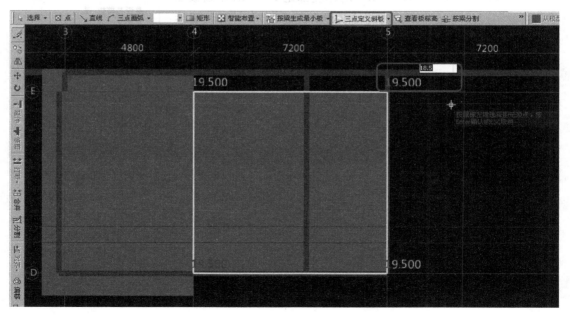

图 2.136

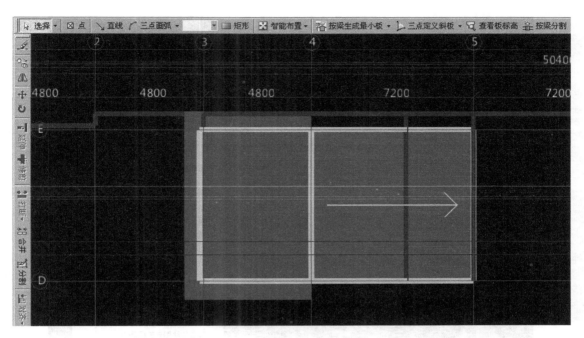

图 2.137

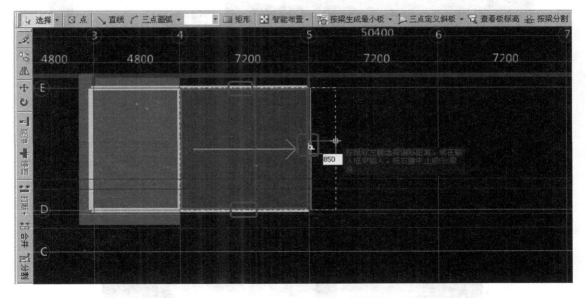

图 2.138

（2）平齐板顶

　　右键单击"平齐板顶"（见图 2.139），选择梁、墙、柱图元（见图 2.140）；弹出"是否同时调整手动修改顶标高后的柱、墙、梁顶标高"确认对话框（见图 2.141），单击"是"按钮；然后利用三维查看斜板的效果，如图 2.142 所示。

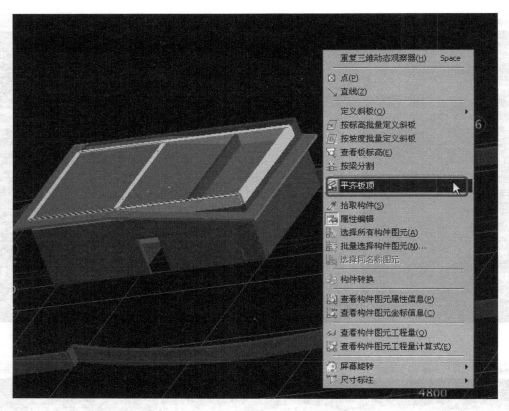

图 2.139

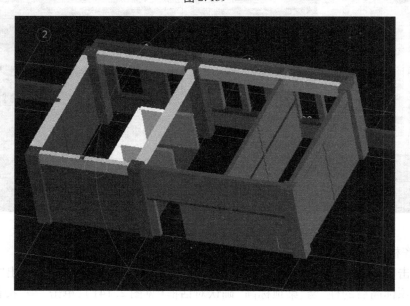

图 2.140

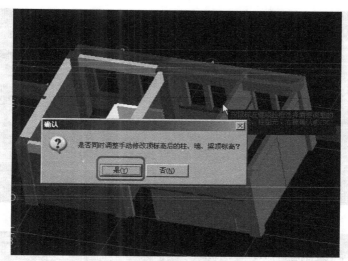

图 2.141

图 2.142

（3）智能布置屋面图元

建立好屋面构件,选择"智能布置"→"外墙内边线",如图 2.143、图 2.144 所示,布置后的图元如图 2.145 所示。单击"定义屋面卷边",设置屋面卷边高度。选择"智能布置"→"现浇板",选择机房屋面板,单击右键确定,单击"三维"按钮,可以看到如图 2.146 所示的结果。

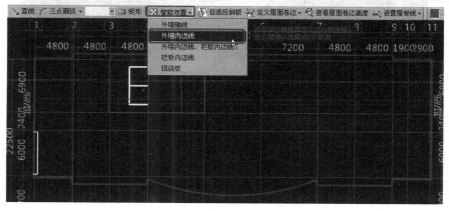

图 2.143

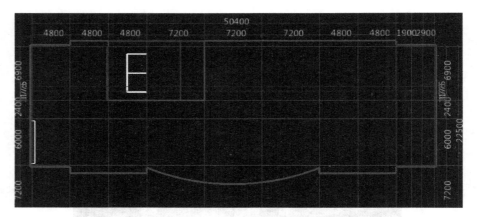

图 2.144

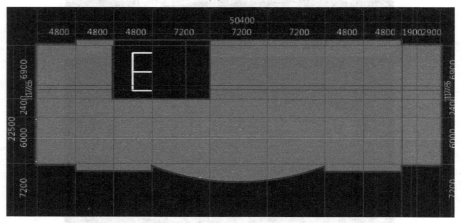

图 2.145

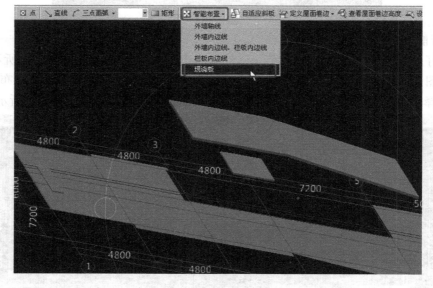

图 2.146

（4）绘制建筑面积图元

矩形绘制机房层建筑面积,绘制建筑面积图元后对比图纸,可以看到机房层的建筑面积并不是一个规则的矩形,选择"分割"→"矩形",如图2.147所示。

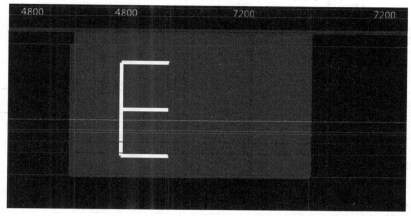

图2.147

四、任务结果

汇总计算,统计本层工程量,如表2.48所示。

表2.48　机房及屋面清单定额量

序号	编码	项目名称及特征	单位	工程量
1	010402001001	砌块墙 1.砌块品种、规格、强度等级:轻质加气混凝土砌块 2.墙体类型:直形外墙和内隔墙 3.砂浆强度等级:M5 混合砂浆 4.墙体厚度:200mm	m^3	17.1158
	01040028	加气混凝土砌块墙　厚200mm	$10m^3$	1.7116
2	010402001002	砌块墙 1.砌块品种、规格、强度等级:轻质加气混凝土砌块 2.墙体类型:直形外墙和内隔墙 3.砂浆强度等级:M5 混合砂浆 4.墙体厚度:120mm	m^3	0.587
	01040027	加气混凝土砌块墙　厚120mm	$10m^3$	0.0587
3	10402001003	砌块墙 1.砌块品种、规格、强度等级:轻质加气混凝土砌块 2.墙体类型:直形外墙和内隔墙 3.砂浆强度等级:M5 混合砂浆 4.墙体厚度:250mm	m^3	6.3538
	1040029	加气混凝土砌块墙　厚250mm	$10m^3$	0.6354

续表

序号	编码	项目名称及特征	单位	工程量
4	010402001004	砌块墙 1. 砌块品种、规格、强度等级:轻质加气混凝土砌块 2. 墙体类型:女儿墙 3. 砂浆强度等级:M5 混合砂浆 4. 墙体厚度:250mm	m³	20.2663
	01040029	加气混凝土砌块墙　厚 250mm	10m³	2.0266
5	010502001002	矩形柱 1. 柱形状:矩形柱 2. 混凝土种类:商品混凝土 3. 混凝土强度等级:C25 4. 柱截面尺寸:周长 1.8m 以外	m³	6.48
	01050084	商品混凝土施工　矩形柱　断面周长 1.8m 以外	10m³	0.648
6	010502002001	构造柱 1. 混凝土种类:商品混凝土 2. 混凝土强度等级:C25	m³	4.2954
	01050088	商品混凝土施工　构造柱	10m³	0.4295
7	010503004001	圈梁 1. 混凝土种类:商品混凝土 2. 混凝土强度等级:C25	m³	1.419
	01050096	商品混凝土施工　圈梁	10m³	0.1419
8	010504001001	直形墙 1. 墙类型:混凝土墙 2. 混凝土种类:商品混凝土 3. 混凝土强度等级:C25 4. 墙厚度:250mm	m³	1.5825
	01050104	商品混凝土施工　钢筋混凝土直(弧)形墙　墙厚 500mm 以内	10m³	0.1583
9	010504001007	直形墙 1. 墙类型:电梯井壁 2. 混凝土种类:商品混凝土 3. 混凝土强度等级:C25	m³	4.617
	01050106	商品混凝土施工　电梯井壁	10m³	0.4617
10	010505001001	有梁板 1. 混凝土种类:商品混凝土 2. 混凝土强度等级:C25	m³	23.4027
	01050109	商品混凝土施工　有梁板	10m³	2.3403

序号	编码	项目名称及特征	单位	工程量
11	010507005001	扶手、压顶 1.混凝土种类:商品混凝土 2.混凝土强度等级:C25	m³	6.4057
	01050129	商品混凝土施工　压顶	10m³	0.6406
12	010512001001	风井盖板 1.构件尺寸:见详图 2.安装高度:见详图 3.混凝土强度等级:C20 商品混凝土 4.部位:风井盖板	m³	0.2366
	01050161	预制混凝土　平板	10m³	0.0237
13	010607005001	砌块墙钢丝网加固 1.部位:不同材质连接处 2.尺寸:300mm 宽 0.8mm 厚 9mm×25mm 小网钢丝网片	m²	211.5753
	01040081	结构结合部分防裂　构造(钢丝网片)	m²	211.5753
14	010802003001	钢质乙级防火门 1.门类型:成品钢质乙级防火门 2.框材质、外围尺寸:综合考虑	m²	5.04
	01070089	塑钢门窗(成品)安装　塑钢门	100m²	0.0504
15	010807001001	铝塑上悬窗 1.窗类型:成品铝塑上悬窗,透明中空玻璃(6＋9A＋6) 2.框材质、外围尺寸:综合考虑	m²	10.8
	01070073	铝合金窗(成品)安装　平开窗	100m²	0.108
16	010807003001	金属百叶窗 1.窗类型:成品金属百叶窗 2.框材质、外围尺寸:综合考虑	m²	0.945
	01070027	钢窗安装　钢百页窗	100m²	0.0095
17	010902001001	屋面卷材防水 1.卷材品种、规格、厚度:高分子卷材 1 道,同材性胶粘剂 2 道 2.部位:上人屋面 3.20mm 厚 1:3 水泥砂浆 4.改性沥青卷材 1 道,胶粘剂 2 道,刷底胶漆 1 道,材性同防水材料	m²	756.3668
	01080074	合成高分子防水卷材　聚氯乙烯卷材防水　灰(绿)色 PVC	100m²	7.5637
	01080046	高聚物改性沥青防水卷材　满铺	100m²	7.5637
	01090018	找平层　水泥砂浆　填充料上　20mm	100m²	7.5637

续表

序号	编码	项目名称及特征	单位	工程量
18	010902003001	屋面刚性层 1. 混凝土种类:40mm 厚细石混凝土加 5% 防水剂 2. 混凝土强度等级:C20 3. 部位:不上人屋面	m²	134.4335
	01080039	屋面刚性防水 细石混凝土 商品混凝土 40mm	100m²	1.3443
19	11001001001	保温隔热屋面 1. 保温隔热材料品种、规格、厚度:60mm 厚挤塑聚苯板 2. 部位:上人屋面	m²	756.3668
	01080202	防水、抗裂保护层 聚乙烯泡沫塑料板 50mm	100m²	7.5637
20	011101003002	细石混凝土不上人屋面 1. 类型:不上人屋面 2. 面层:40mm 厚 C20 细石混凝土加 5% 防水剂,提浆压光(单列项) 3. 隔离层:刷沥青玛蹄酯 1 道 4. 找平层:20mm 厚 1:3 水泥砂浆找平层 5. 结构层:现浇混凝土屋面板 6. 做法:详见西南 11J201-2103	m²	134.4335
	01090019	找平层 水泥砂浆 硬基层上 20mm	100m²	1.3443
	01080175	石油沥青玛蹄酯 1 遍 平面	100m²	1.3443
21	011407002001	铺地面砖上人屋面 1. 面层:35mm 厚 590mm × 590mm 钢筋混凝土预制板或铺地面砖 2. 结合层:10mm 厚 1:2.5 水泥砂浆结合层 3. 保护层:20mm 厚 1:3 水泥砂浆保护层 4. 防水层:高分子卷材 1 道,同材性胶粘剂 2 道(单列项) 5. 结合层:20mm 厚 1:3 水泥砂浆(单列项) 6. 防水层:改性沥青卷材 1 道,胶粘剂 2 道,刷底胶漆 1 道,材性同防水材料(单列项) 7. 找平层:20mm 厚 1:3 水泥砂浆找平层 8. 保温层:60mm 厚挤塑聚苯板(单列项) 9. 结合层:20mm 厚 1:3 水泥砂浆 10. 隔离层:改性沥青卷材 1 道 11. 找平层:20mm 厚 1:3 水泥砂浆找平层 12. 结构层:现浇混凝土屋面板 13. 做法:详见西南 11J201-2206(a)	m²	4.08
	01090018	找平层 水泥砂浆 填充料上 20mm	100m²	15.1273
	01090106	陶瓷地砖 楼地面 周长在 1600mm 以内	100m²	7.5637
	01080046	高聚物改性沥青防水卷材 满铺	100m²	7.5637
	01090019	找平层 水泥砂浆 硬基层上 20mm	100m²	7.5637

五、总结拓展

线性构件起点顶标高与终点定标高不一样时（如图 2.142 所示），若该梁不在斜板下时，就不能应用"平齐板顶"，需要对梁的起点顶标高和终点顶标高进行编辑，达到图纸上的设计要求。

单击键盘上的"～"键，显示构件的图元方向。选中梁，单击"属性"（见图 2.148），注意梁的起点顶标高和终点顶标高都是顶板顶标高。假设梁的起点顶标高为 18.5m，对这道梁构件的属性进行编辑（见图 2.149），单击"三维"查看三维效果（见图 2.150）。

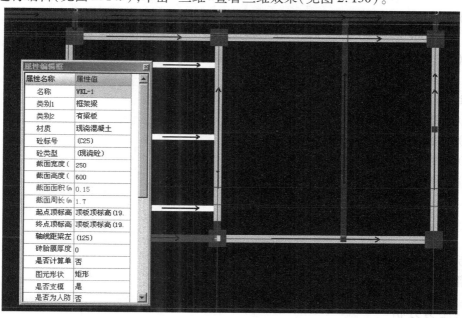

图 2.148

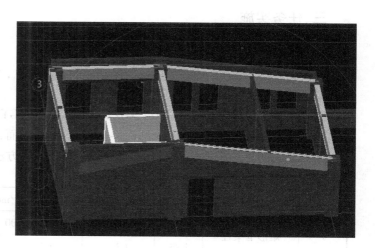

图 2.149

图 2.150

2.6 地下一层工程量计算

通过本节学习,你将能够:
(1)分析地下层要计算哪些构件;
(2)各构件需要计算哪些工程量;
(3)地下层构件与其他层构件定义与绘制的区别;
(4)计算并统计地下一层工程量。

2.6.1 地下一层柱的工程量计算

通过本小节学习,你将能够:
(1)分析本层归类到剪力墙的构件;
(2)掌握异形柱的属性定义及做法套用功能;
(3)绘制异形柱图元;
(4)统计本层柱的工程量。

一、任务说明

①完成地下一层工程柱的构件定义及做法套用、绘制。
②汇总计算,统计地下层柱的工程量。

二、任务分析

①地下一层有哪些需要计算的构件工程量?
②地下一层有哪些柱构件不需要绘制?

三、任务实施

1)图纸分析

分析结施-4及结施-6,可以从柱表得到柱的截面信息,本层包括矩形框架柱、圆形框架柱及异形端柱。

③轴~④轴以及⑦轴上的 GJZ1、GJZ2、GYZ1、GYZ2、GYZ3、GAZ1,上述柱构件包含在剪力墙里面,图形算量时属于剪力墙内部构件,归到剪力墙里面,在绘图时不需要单独绘制。所以本层需要绘制的柱的主要信息如表2.49所示,端柱处理方法同首层。

表2.49 柱表

序号	类型	名称	混凝土标号	截面尺寸/mm	标高/m	备注
1	矩形框架柱	KZ1	C30	600×600	−4.400~−0.100	
		KZ3	C30	600×600	−4.400~−0.100	

续表

序号	类型	名称	混凝土标号	截面尺寸/mm	标高/m	备注
2	圆形框架柱	KZ2	C30	$D=850$	$-4.400 \sim -0.100$	
3	异形端柱	GDZ1	C30	详见结施-14 柱截面尺寸	$-4.400 \sim -0.100$	
		GDZ2	C30		$-4.400 \sim -0.100$	
		GDZ3	C30		$-4.400 \sim -0.100$	
		GDZ4	C30		$-4.400 \sim -0.100$	
		GDZ5	C30		$-4.400 \sim -0.100$	
		GDZ6	C30		$-4.400 \sim -0.100$	

2）柱的定义

本层 GDZ3、GDZ5、GDZ6 属性定义在参数化端柱里面找不到类似的参数图,需要考虑用另一种方法定义,新建柱中除了可建立矩形、圆形、参数化柱外,还可以建立异形柱,因此这些 GDZ3、GDZ5、GDZ6 柱需要在异形柱里面建立。

①首先根据柱的尺寸需要定义网格,单击新建异形柱,在弹出窗口中按构件 X/Y 方向拆分区间数值,分别填入水平方向间距及垂直方向间距,如图 2.151 所示。

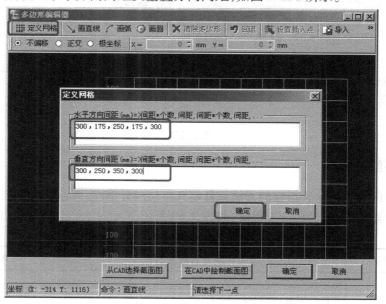

图 2.151

②用画直线或画弧线的方式绘制想要的参数图(以 GDZ3 为例),如图 2.152 所示。

3）做法套用

地下一层柱的做法,可以将一层柱的做法利用"做法刷"或直接使用"Ctrl + C"复制,使用"Ctrl + V"粘贴即可,如图 2.153 所示。

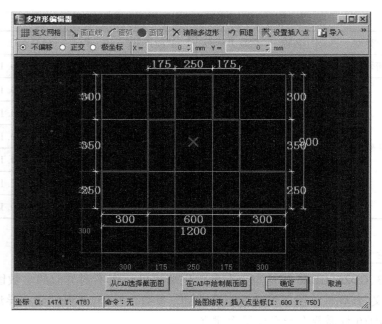

图 2.152

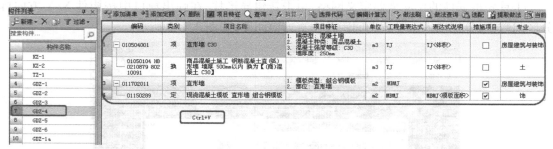

图 2.153

四、任务结果

①用上面讲述的建立异形柱的方法重新定义本层的异形柱,并绘制本层柱图元。

②汇总计算,统计本层柱的工程量,如表 2.50 所示。

表 2.50　地下一层柱清单定额量

序号	编码	项目名称及特征	单位	工程量
1	010502001001	矩形柱 1.柱形状:矩形柱 2.混凝土种类:商品混凝土 3.混凝土强度等级:C30 4.柱截面尺寸:周长1.8m 以外	m^3	18.576
	01050084	商品混凝土施工　矩形柱　断面周长1.8m 以外	$10m^3$	18.576

序号	编码	项目名称及特征	单位	工程量
2	010502001002	矩形柱 1.柱形状:梯柱 2.混凝土种类:商品混凝土 3.混凝土强度等级:C30 4.柱截面尺寸:周长1.2m以内	m³	0.25
	01050082	商品混凝土施工 矩形柱 断面周长1.2m以内	10m³	0.025
3	010502003001	异形柱 1.柱形状:圆柱 2.混凝土种类:商品混凝土 3.混凝土强度等级:C30 4.柱截面尺寸:直径0.5m以外	m³	4.8801
	01050086	商品混凝土施工 圆形柱 直径0.5m以外	10m³	0.488
4	010504001001	直形墙 1.墙类型:混凝土墙 2.混凝土种类:商品混凝土 3.混凝土强度等级:C30 4.墙厚度:250mm	m³	7.482
	01050104	商品混凝土施工 钢筋混凝土直(弧)形墙 墙厚 500mm以内	10m³	0.7482
5	010504001005	直形墙 1.墙类型:挡土墙 2.混凝土种类:商品混凝土 3.混凝土强度等级:C30P8	m³	64.5651
	01050101	商品混凝土施工 挡土墙 混凝土及钢筋混凝土	10m³	6.4565

五、总结拓展

①在新建异形柱时,绘制异形柱时有一个原则:不管是直线还是弧线,需要一次围成封闭区域,且围成封闭区域后,不能在这个网格上再绘制任何图形。

②本层GDZ5在异形柱里,需要在定义网格时切换成"画弧"按钮,再绘制图形。

2.6.2 地下一层剪力墙的工程量计算

通过本小节学习,你将能够:

(1)分析本层归类到剪力墙的构件;

(2)熟练运用构件的层间复制与做法刷的使用;

(3)绘制剪力墙图元;

（4）统计本层剪力墙的工程量。

一、任务说明

①完成地下一层工程剪力墙的构件定义、做法套用及绘制。

②汇总计算，统计地下层柱的工程量。

二、任务分析

①地下一层剪力墙的构件与首层有什么不同？

②地下一层中有哪些剪力墙构件不需要绘制？

三、任务实施

1）分析图纸

（1）分析剪力墙

分析图纸结施-4，可得到如表 2.51 所示的剪力墙信息。

表 2.51　地下一层剪力墙身表

序号	类型	名称	混凝土标号	墙厚/mm	标高/m	备注
1	外墙	WQ1	C30	250	−4.4 ～ −0.1	
2	内墙	Q1	C30	250	−4.4 ～ −0.1	
3	内墙	Q2	C30	200	−4.4 ～ −0.1	

（2）分析连梁

连梁是剪力墙的一部分。

①结施-4 中，①轴和⑩轴的剪力墙上有 LL4，尺寸为 250mm × 1200mm，梁顶标高为 −3.0mm；在剪力墙里面连梁是归到墙里面的，所以不用绘制 LL4，直接绘制外墙 WQ1，到绘制门窗时点上墙洞即可。

②结施-4 中，④轴和⑦轴的剪力墙上有 LL1、LL2、LL3，连梁下方有门和墙洞，在绘制墙时可以直接通长画绘制墙，不用绘制 LL1、LL2、LL3，到绘制门窗时将门和墙洞绘制上即可。

（3）分析暗梁、暗柱

暗梁、暗柱是剪力墙的一部分，结施-4 中的暗梁布置图就不再进行绘制，类似 GAZ1 这样和墙厚一样的暗柱，此位置的剪力墙通长绘制，GAZ1 不再进行绘制。类似外墙上 GDZ1 这样的暗柱，我们把其定义为异形柱并进行绘制，在做法套用的时候，按照剪力墙的做法套用清单、定额。

2）剪力墙的定义

①本层剪力墙的定义与首层相同，参照首层剪力墙的定义。

②本层剪力墙也可不重新定义，而是将首层剪力墙构件复制过来，具体操作步骤如下：

a. 切换到绘图界面，单击菜单栏"构件"→"从其他楼层复制构件"，如图 2.154 所示。

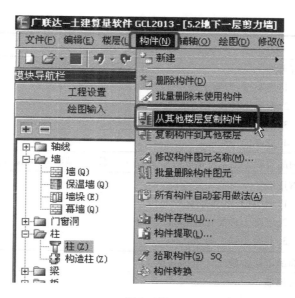

图 2.154

b. 弹出如图 2.155 所示"从其他楼层复制构件"对话框,选择本层需要复制的构件,勾选"同时复制构件的做法",单击"确定"按钮即可。但⑨轴与⑪轴之间的 200mm 厚混凝土墙没有复制过来,需要重新建立属性,这样本层的剪力墙就算全部建立好了。

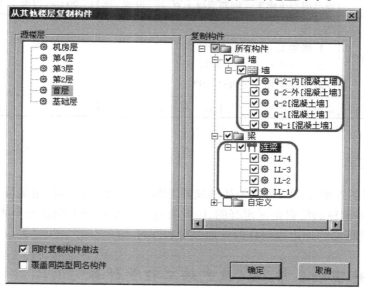

图 2.155

四、任务结果

①参照上述方法重新定义并绘制本层剪力墙。
②汇总计算,统计本层剪力墙的工程量,如表 2.52 所示。

表 2.52　地下一层剪力墙清单定额量

序号	编码	项目名称及特征	单位	工程量
1	010504001001	直形墙 　1.墙类型:混凝土墙 　2.混凝土种类:商品混凝土 　3.混凝土强度等级:C30 　4.墙厚度:250mm	m³	25.8075
	01050104	商品混凝土施工　钢筋混凝土直(弧)形墙　墙厚　500mm 以内	10m³	2.5808
2	010504001002	直形墙 　1.墙类型:电梯井壁 　2.混凝土种类:商品混凝土 　3.混凝土强度等级:C30	m³	11.0865
	01050106	商品混凝土施工　电梯井壁	10m³	1.1087
3	010504001003	直形墙 　1.墙类型:混凝土墙 　2.混凝土种类:商品混凝土 　3.混凝土强度等级:C30 　4.墙厚度:200mm	m³	3.44
	01050103	商品混凝土施工　钢筋混凝土直(弧)形墙　墙厚　200mm 以内	10m³	0.344
4	010504004001	挡土墙 　1.墙类型:挡土墙 　2.混凝土种类:商品混凝土 　3.混凝土强度等级:C30P8	m³	123.2163
	01050101	商品混凝土施工　挡土墙　混凝土及钢筋混凝土	10m³	12.3216

五、总结拓展

本层剪力墙的外墙大部分都是偏往轴线外175mm,如果每段墙都用偏移方法绘制比较麻烦、费时。我们知道柱的位置是固定好的,因此在这里先在轴线上绘制外剪力墙,绘制完后利用"单对齐"功能将墙的外边线与柱的外边线对齐即可。

2.6.3　地下一层梁、板、填充墙工程量计算

通过本小节学习,你将能够:
统计本层梁、板及填充墙的工程量。

一、任务说明

①完成地下一层工程梁、板及填充的构件定义及做法套用、绘制。

②汇总计算，统计地下层梁、板及填充墙的工程量。

二、任务分析

地下一层梁、板、填充墙剪的构件与首层有什么不同？

三、任务实施

①分析图纸结施-7，从左至右、从上至下本层有框架梁、非框架梁、悬梁 3 种。

②分析框架梁 KL-1 ~ KL-6，非框架梁 L-1 ~ L-11，悬梁 XL-1，主要信息如表 2.53 所示。

表 2.53 地下一层梁表

序号	类型	名称	混凝土标号	截面尺寸/mm	顶标高	备注
1	框架梁	KL-1	C30	250×500　250×650	层顶标高	与首层相同
		KL-2	C30	250×500　250×650	层顶标高	与首层相同
		KL-3	C30	250×500	层顶标高	位置不同
		KL-4	C30	250×500	层顶标高	位置不同
		KL-5	C30	250×500	层顶标高	位置不同
		KL-6	C30	250×650	层顶标高	
2	非框架梁	L-1	C30	250×500	层顶标高	位置不同
		L-2	C30	250×500	层顶标高	位置不同
		L-3	C30	250×500	层顶标高	位置不同
		L-4	C30	200×400	层顶标高	
		L-5	C30	250×600	层顶标高	与首层相同
		L-6	C30	250×400	层顶标高	与首层相同
		L-7	C30	250×600	层顶标高	与首层相同
		L-8	C30	200×400	层顶标高 − 0.05m	与首层相同
		L-9	C30	250×600	层顶标高 − 0.05m	与首层相同
		L-10	C30	200×400	层顶标高	与首层相同
		L-11	C30	250×400　200×400	层顶标高	
3	悬挑梁	XL-1	C30	250×500	层顶标高	与首层相同

③分析结施-11，可以从板平面图得到板的截面信息，如表 2.54 所示。

表 2.54 地下一层板表

序号	类型	名称	混凝土标号	板厚 h/mm	板顶标高	备注
1	楼板	LB1	C30	180	层顶标高	
2	其他板	PB1	C30	180	层顶标高	
		YXB1	C30	180	层顶标高	

④分析建施-0、建施-2、建施-9,可得如表2.55所示的填充墙信息。

表2.55 地下一层填充墙表

序号	类型	砌筑砂浆	材质	墙厚/mm	标高/m	备注
1	框架间墙	M5的混合砂浆	轻质加气混凝土砌块	200	−4.3～−0.1	梁下墙
2	砌块内墙	M5的混合砂浆	轻质加气混凝土砌块	200	−4.3～−0.1	梁下墙

地下一层梁、板、填充墙的属性定义、做法套用等操作同首层梁、板、填充墙的操作方法,请读者自行绘制。

四、任务结果

汇总计算,统计本层梁、板、填充墙的工程量,如表2.56所示。

表2.56 地下一层梁、板、填充墙清单定额量

序号	编码	项目名称及特征	单位	工程量
1	010402001001	砌块墙 1.砌块品种、规格、强度等级:轻质加气混凝土砌块 2.墙体类型:直形外墙和内隔墙 3.砂浆强度等级:M5混合砂浆 4.墙体厚度:200mm	m³	68.1543
	01040028	加气混凝土砌块墙 厚200mm	10m³	6.8154
2	010402001002	砌块墙 1.砌块品种、规格、强度等级:轻质加气混凝土砌块 2.墙体类型:直形外墙和内隔墙 3.砂浆强度等级:M5混合砂浆 4.墙体厚度:120mm	m³	2.6495
	01040027	加气混凝土砌块墙 厚120mm	10m³	0.265
3	010505001002	有梁板C30 1.混凝土种类:商品混凝土 2.混凝土强度等级:C30	m³	194.4255
	01050109	商品混凝土施工 有梁板	10m³	19.4425
4	010607005001	砌块墙钢丝网加固 1.部位:不同材质连接处 2.尺寸:300mm宽0.8mm厚9mm×25mm小网钢丝网片	m²	147.693
	01040081	结构结合部分防裂 构造(钢丝网片)	m²	147.693

2.6.4 地下一层门洞口、圈梁、构造柱工程量计算

通过本小节学习,你将能够:
统计地下一层的门洞口、圈梁、构造柱工程量。

一、任务说明

①完成地下一层门洞口、圈梁、构造柱构件定义、做法套用及绘制。
②汇总计算,统计地下一层、圈梁、构造柱的工程量。

二、任务分析

地下一层窗、圈梁、构造柱的构件与首层有什么不同?

三、任务实施

1)分析图纸

分析图纸建施-2、结施-4,可得如表2.57所示的地下一层门洞口信息。

表2.57 地下一层门洞口表

序号	名称	数量/个	宽/mm	高/mm	离地高度/mm	备注
1	M-1	2	1000	2100	700	
2	M-2	2	1500	2100	700	
3	JFM-1	1	1000	2100	700	
4	JFM-2	1	1800	2100	700	
5	YFM-1	1	1200	2100	700	
6	JXM-1	1	1200	2000	700	
7	JXM-2	1	1200	2000	700	
8	电梯门洞	2	1200	1900	700	
9	走廊洞口	2	1800	2000	700	
10	⑦轴墙洞	1	2000	2000	700	
11	消火栓箱	1	750	1650	850	

2)门洞口定义与做法套用

门洞口的属性定义和做法套用同首层。下面是与首层不同的需要注意的地方。
①本层 M-1、M-2、YFM-1、JXM-1、JXM-2 与首层属性相同,只是离地高度不一样,可以将构件复制过来即可。复制构件的方法同前所述,这里不再讲述。
②本层 JFM-1、JFM-2 是甲级防火门,与首层 YFM-1 乙级防火门的属性定义相同,套用做法也一样。

四、任务结果

汇总计算,统计本层门、过梁、圈梁、构造柱的工程量,如表2.58所示。

表2.58 地下一层门、圈梁、构造柱清单定额量

序号	编码	项目名称及特征	单位	工程量
1	010502002001	构造柱 1.混凝土种类:商品混凝土 2.混凝土强度等级:C25	m^3	3.374
	01050088	商品混凝土施工 构造柱	$10m^3$	0.3374
2	010503004001	圈梁 1.混凝土种类:商品混凝土 2.混凝土强度等级:C25	m^3	1.0884
	01050096	商品混凝土施工 圈梁	$10m^3$	0.1088
3	010801001001	木质夹板门 1.门类型:成品木质夹板门 2.框截面尺寸、单扇面积:综合考虑	m^2	10.5
	01070012	木门安装 成品木门(带门套)	$100m^2$	0.105
4	010801004001	木质丙级防火检修门 1.门类型:成品木质丙级防火检修门 2.框截面尺寸、单扇面积:综合考虑	m^2	3.5
	01070012	木门安装 成品木门(带门套)	$100m^2$	0.035
5	010802003001	钢质乙级防火门 1.门类型:成品钢质乙级防火门 2.框材质、外围尺寸:综合考虑	m^2	2.52
	01070089	塑钢门窗(成品)安装 塑钢门	$100m^2$	0.0252
6	010802003002	钢质甲级防火门 1.门类型:成品钢质甲级防火门 2.框材质、外围尺寸:综合考虑	m^2	5.88
	01070089	塑钢门窗(成品)安装 塑钢门	$100m^2$	0.0588

2.6.5 地下室后浇带、坡道与地沟工程量计算

通过本小节学习,你将能够:

(1)定义后浇带、坡道、地沟;

(2)依据定额、清单分析坡道、地沟需要计算的工程量。

一、任务说明

①完成地下一层工程后浇带、坡道、地沟的构件定义、做法套用及绘制。

②汇总计算，统计地下层后浇带、坡道、地沟的工程量。

二、任务分析

①地下一层坡道、地沟的构件在什么位置？构件尺寸是多少？

②坡道、地沟的定义、做法套用有什么特殊性？

三、任务实施

1）分析图纸

①分析结施-7，可以从板平面图得到后浇带的截面信息。本层只有一条后浇带，后浇带宽度为800mm，分布在⑤轴与⑥轴之间，距离⑤轴的距离为1000mm，可从首层复制。

②分析结施-3，可以得知在坡道的底部和顶部均有一个截面为600mm×700mm截水沟。

③分析结施-3，可以得知坡道的坡度为 $i=5$，板厚200mm，垫层厚度为100mm。

2）构件定义

（1）坡道的属性定义

①定义一块筏板基础，标高暂定为层底标高，如图2.156所示。

②定义一个面式垫层，如图2.157所示。

属性名称	属性值	附加
名称	坡道	
类别	有梁式	□
材质	现浇混凝	□
砼标号	(C30)	□
砼类型	(现浇砼)	□
厚度(mm)	200	□
顶标高(m)	层底标高+	□
底标高(m)	层底标高	□
砖胎膜厚度	0	□
是否支模	是	□
备注		□
＋ 计算属性		
＋ 显示样式		

图2.156

属性名称	属性值	附加
名称	DC-2	
材质	现浇混凝	□
砼标号	(C10)	□
砼类型	(现浇砼)	□
形状	面型	☑
厚度(mm)	100	□
顶标高(m)	基础底标	□
备注		□
＋ 计算属性		
＋ 显示样式		

图2.157

（2）截水沟的属性定义

软件建立地沟时，直接新建参数化地沟，如图2.158所示。绘制到相应位置后，选中调整属性中的标高为 -4.4m 及 -1.15m 即可。

3）做法套用

①坡道做法套用，如图2.159所示。

②地沟做法套用，盖板、左右两侧壁、底板分别如图2.160～图2.162所示。

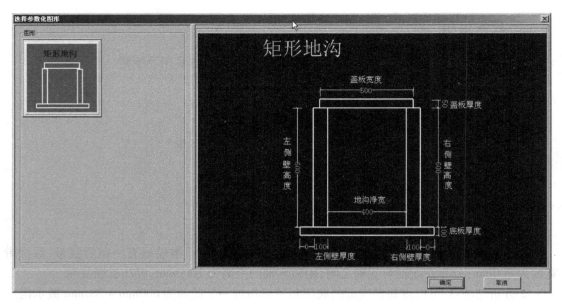

图 2.158

	编码	类别	项目名称	项目特征	单位	工程量表达式	表达式说明	措施项目	专业
1	□ 010501004	项	满堂基础	1. 混凝土强度等级: C25P6 2. 混凝土种类: 商品混凝土 3. 基础类型: 无梁式满堂基础 4. 部位: 筏道	m3	TJ	TJ<体积>	☐	房屋建筑与装饰
2	— 01050074	定	商品混凝土施工 满堂基础 无梁式		m3	TJ	TJ<体积>	☐	土
3	□ 011702001	项	基础	1. 基础类型: 无梁式满堂基础 2. 模板类型: 组合钢模板	m2	MBMJ	MBMJ<模板面积>	☑	房屋建筑与装饰
4	— 01150253	定	现浇混凝土模板 满堂基础 无梁式 组合钢模板		m2	MBMJ	MBMJ<模板面积>	☑	饰
5	□ 010903001	项	墙面卷材防水	1. 卷材品种: 3.0厚两层SBS高聚物改性沥青防水卷材 2. 防水做法: 60厚泡沫聚苯板保温板 3. 部位: 挡土墙	m2	ZHMMJ+WQWCFBPMMJ	ZHMMJ<直面面积>+WQWCFBPMMJ<外墙外侧筏板平面面积>		房屋建筑与装饰
6	— 01080202	定	防水、抗裂保护层 聚乙烯泡沫塑料板 50mm		m2	ZHMMJ+WQWCFBPMMJ	ZHMMJ<直面面积>+WQWCFBPMMJ<外墙外侧筏板平面面积>		土
7	— 01080130	定	高聚物改性沥青防水卷材冷黏 楼地面、墙面 立面		m2	ZHMMJ+WQWCFBPMMJ	ZHMMJ<直面面积>+WQWCFBPMMJ<外墙外侧筏板平面面积>		土
8	— 01080132	定	高聚物改性沥青防水卷材冷黏 每增一层 立面		m2	ZHMMJ+WQWCFBPMMJ	ZHMMJ<直面面积>+WQWCFBPMMJ<外墙外侧筏板平面面积>		土
9	□ 010904001	项	地下室底板防水	1. 卷材品种: 3.0厚两层高聚物改性沥青防水卷材 2. 防水做法: 50厚C20细石混凝土保护层	m2	DBMJ	DBMJ<底部面积>		房屋建筑与装饰
10	— 01090023	定	找平层 商品细石混凝土 硬基层面上 厚30mm		m2	DBMJ	DBMJ<底部面积>		饰
11	— 01080129	定	高聚物改性沥青防水卷材冷黏 楼地面、墙面 平面		m2	DBMJ	DBMJ<底部面积>		土
12	— 01080131	定	高聚物改性沥青防水卷材冷黏 每增一层 平面		m2	DBMJ	DBMJ<底部面积>		土
13	□ 011101001	项	水泥砂浆坡道	1. 面层: 20厚1:2水泥砂浆, 木抹子赶平 2. 结合层: 素水泥浆结合层一道 3. 砼垫层: 60厚C15混凝土 4. 灰土垫层: 300厚3:7灰土 5. 基础处理: 素土夯实	m2	ZHMMJ*1.15	ZHMMJ<直面面积>*1.15		房屋建筑与装饰
14	— 01090038	定	混凝土加浆赶光(商品混凝土) 厚40mm		m2	ZHMMJ*1.15	ZHMMJ<直面面积>*1.15		饰

图 2.159

	编码	类别	项目名称	项目特征	单位	工程量表达式	表达式说明	措施项目	专业
1	□ 010507003	项	地沟	1. 混凝土种类: 商品混凝土 2. 混凝土强度等级: C25P6 3. 基础、垫层: 材料品种、厚度: 详图 4. 盖板材质、规格: 铸铁盖板 5. 沟截面: 详图	m	YSCD	YSCD<原始长度>	☐	房屋建筑与装饰
2	— 01040096	定	沟篦子 铸铁		m2	TJ/0.05	TJ<体积>/0.05	☐	土

图 2.160

4) 画法讲解

①后浇带画法参照前面后浇带画法。

②地沟使用直线绘制即可。

	编码	类别	项目名称	项目特征	单位	工程量表达式	表达式说明	措施项目	专业
1	⊟ 010507003	项	地沟	1. 混凝土种类：商品混凝土 2. 混凝土强度等级：C25P8 3. 基础、垫层：材料品种、厚度：详图 4. 盖板材质、规格：铸铁盖板 5. 沟截面：详图	m	YSCD	YSCD〈原始长度〉	☐	房屋建筑与装饰
2	01050136	定	商品混凝土施工 电缆沟、排水沟 沟壁		m3	TJ	TJ〈体积〉	☐	土
3	⊟ 011203001	项	零星项目一般抹灰	1. 部位：集水坑和地沟内侧面 2. 底层厚度、砂浆配合比：20厚1:2.5防水水泥砂浆	m2	MHMJ	MHMJ〈抹灰面积〉	☐	房屋建筑与装饰
4	01090019	定	找平层 水泥砂浆 硬基层上 20mm		m2	MHMJ	MHMJ〈抹灰面积〉	☐	饰

图 2.161

	编码	类别	项目名称	项目特征	单位	工程量表达式	表达式说明	措施项目	专业
1	⊟ 010507003	项	地沟	1. 混凝土种类：商品混凝土 2. 混凝土强度等级：C25P8 3. 基础、垫层：材料品种、厚度：详图 4. 盖板材质、规格：铸铁盖板 5. 沟截面：详图	m	YSCD	YSCD〈原始长度〉	☐	房屋建筑与装饰
2	01050135	定	商品混凝土施工 电缆沟、排水沟 沟底		m3	TJ	TJ〈体积〉	☐	土
3	⊟ 011203001	项	零星项目一般抹灰	1. 部位：集水坑和地沟内侧面 2. 底层厚度、砂浆配合比：20厚1:2.5防水水泥砂浆	m2	MHMJ	MHMJ〈抹灰面积〉	☐	房屋建筑与装饰
4	01090019	定	找平层 水泥砂浆 硬基层上 20mm		m2	MHMJ	MHMJ〈抹灰面积〉	☐	饰

图 2.162

③坡道：

a. 按图纸尺寸绘制上述定义的筏板和垫层；

b. 利用"三点定义斜筏板"绘制⑨~⑪轴坡道处的筏板。

四、任务结果

汇总计算，统计本层后浇带、坡道与地沟的工程量，如表 2.59 所示。

表 2.59 地下室后浇带、坡道与地沟清单定额量

序号	编码	项目名称及特征	单位	工程量
1	010501001001	垫层 1. 混凝土强度等级：C15 2. 部位：基础垫层 3. 混凝土种类：商品混凝土	m³	4.5596
	01050068	商品混凝土施工 基础垫层 混凝土	10m³	0.456
2	0105010040031	满堂基础 1. 混凝土强度等级：C25P8 2. 混凝土种类：商品混凝土 3. 基础类型：无梁式满堂基础 4. 部位：坡道	m³	11.9005
	01050074	商品混凝土施工 满堂基础 无梁式	10m³	1.1901
3	010507003001	地沟 1. 混凝土种类：商品混凝土 2. 混凝土强度等级：C25P8 3. 基础、垫层、材料品种、厚度：详图 4. 盖板材质、规格：铸铁盖板 5. 沟截面：详图	m	7.4
	01040096	沟篦子 铸铁	m²	3.7
	01050136	商品混凝土施工 电缆沟、排水沟 沟壁	10m³	0.0888
	01050135	商品混凝土施工 电缆沟、排水沟 沟底	10m³	0.0444

续表

序号	编码	项目名称及特征	单位	工程量
4	010508001001	后浇带 1. 混凝土强度等级:C35,掺水泥用量的 8% HEA 型膨胀剂 2. 混凝土种类:商品混凝土 3. 部位:2 层以下有梁板	m³	3.6024
	01050098	商品混凝土施工　梁后浇带	10m³	0.042
	01050114	商品混凝土施工　板后浇带	10m³	0.3182
5	010508001002	后浇带 1. 混凝土强度等级:C35P8,掺水泥用量的 8% HEA 型膨胀剂 2. 混凝土种类:商品混凝土 3. 部位:挡土墙	m³	1.72
	01050107	商品混凝土施工　墙后浇带	10m³	0.172
6	010903001001	墙面卷材防水 1. 卷材品种:3.0mm 厚两层 SBS 高聚物改性沥青防水卷材 2. 防水做法:60mm 厚泡沫聚苯板保温板 3. 部位:挡土墙	m²	49.6903
	01080202	防水、抗裂保护层　聚乙烯泡沫塑料板　50mm	100m²	0.4969
	01080130	高聚物改性沥青防水卷材冷粘　楼地面、墙面　立面	100m²	0.4969
	01080132	高聚物改性沥青防水卷材冷粘　每增 1 层　立面	100m²	0.4969
7	010904001002	地下室底板防水 1. 卷材品种:3.0mm 厚两层 SBS 高聚物改性沥青防水卷材 2. 防水做法:50mm 厚 C20 细石混凝土保护层	m²	62.7938
	01090023	找平层　商品细石混凝土　硬基层面上　厚30mm	100m²	0.6279
	01080129	高聚物改性沥青防水卷材冷粘　楼地面、墙面　平面	100m²	0.6279
	01080131	高聚物改性沥青防水卷材冷粘　每增 1 层　平面	100m²	0.6279
8	011101001002	水泥砂浆坡道 1. 面层:20mm 厚 1:2 水泥砂浆,木抹搓平 2. 结合层:素水泥浆结合层 1 道 3. 混凝土垫层:60mm 厚 C15 混凝土 4. 灰土垫层:300mm 厚 3:7 灰土 5. 基础处理:素土夯实	m²	7.3976
	01090038	混凝土加浆赶光(商品混凝土)　厚40mm	100m²	0.074
9	011203001001	零星项目一般抹灰 1. 部位:集水坑和地沟内侧面 2. 底层厚度、砂浆配合比:20mm 厚 1:2.5 防水水泥砂浆	m²	11.3869
	01090019	找平层　水泥砂浆　硬基层上　20mm	100m²	0.1139

2.7　基础层工程量计算

通过本节学习,你将能够:
(1)分析基础层需要计算的内容;
(2)定义筏板、集水坑、基础梁、土方等构件;
(3)统计基础层工程量。

2.7.1　筏板、垫层、集水坑工程量计算

通过本小节学习,你将能够:
(1)依据定额、清单分析筏板、垫层的计算规则,确定计算内容;
(2)定义基础筏板、垫层、集水坑;
(3)绘制基础筏板、垫层、集水坑;
(4)统计基础筏板、垫层、集水坑工程量。

一、任务说明

①完成基础层工程筏板、垫层的构件定义、做法套用及绘制。
②汇总计算,统计基础层基础筏板、垫层、集水坑的工程量。

二、任务分析

①基础层都有哪些需要计算的构件工程量?
②筏板、垫层、集水坑、防水如何定义、绘制?
③防水如何套用做法?

三、任务实施

1)分析图纸

①分析结施-3,本工程筏板厚度为500mm,混凝土标号为C30,由建施-0中第4条防水设计可知,地下防水为防水卷材和混凝土自防水两道设防,筏板的混凝土为预拌抗渗混凝土C30,由结施-1第8条可知抗渗等级为P8,由结施-3可知筏板底标高为基础层底标高(-4.9m)。

②本工程基础垫层厚度为100mm,混凝土标号为C10,顶标高为基础底标高,出边距离100mm。

③本层有JSK1两个,JSK2一个。

a.JSK1截面为2250mm×2200mm,坑板顶标高为-5.5m,底板厚度为800mm,底板出边宽度400mm,混凝土标号为C30,放坡角度为45°。

b.JSK1截面为1000mm×1000mm,坑板顶标高为-5.4m,底板厚度为500mm,底板出边宽度400mm,混凝土标号为C30,放坡角度为45°。

集水坑垫层厚度为100mm。

2）清单、定额计算规则学习

（1）清单计算规则学习

筏板、垫层清单计算规则如表2.60所示。

表2.60　筏板、垫层清单计算规则

编码	项目名称	单位	计算规则
010501004	满堂基础	m³	按设计图示尺寸以体积计算,不扣除伸入承台基础的桩头所占体积
011702001	基础	m²	按模板与现浇混凝土构件的接触面积计算
010904001	基础底板卷材防水	m²	按设计图示尺寸以面积计算 1.楼(地)面防水:按主墙间净空面积计算,扣除凸出地面的构筑物、设备基础等所占面积,不扣除间壁墙及单个面积不大于0.3m²柱、垛、烟囱和孔洞所占面积 2.楼(地)面防水反边高度不大于300mm算作地面防水,反边高度大于300mm按墙面防水计算
010501001	垫层	m³	按设计图示尺寸以体积计算

（2）定额计算规则学习

筏板、垫层定额计算规则如表2.61所示。

表2.61　筏板、垫层定额计算规则

编码	项目名称	单位	计算规则
01050068	商品混凝土施工　基础垫层　混凝土	10m³	同清单计算规则
01050073	商品混凝土施工　满堂基础　有梁式	10m²	同清单计算规则
01080202	防水、抗裂保护层　聚乙烯泡沫塑料板50mm	100m²	按设计图示尺寸以面积计算
01080130	高聚物改性沥青防水卷材冷粘　楼地面、墙面　立面	100m²	按设计图示尺寸以面积计算
01080132	高聚物改性沥青防水卷材冷粘　每增1层　立面	100m²	按设计图示尺寸以面积计算
01090023	找平层　商品细石混凝土　硬基层面上厚30mm	100m²	按设计图示尺寸以面积计算
01080129	高聚物改性沥青防水卷材冷粘　楼地面、墙面　平面	100m²	按设计图示尺寸以面积计算
01080131	高聚物改性沥青防水卷材冷粘　每增1层　平面	100m²	按设计图示尺寸以面积计算
01090019	找平层　水泥砂浆　硬基层上　20mm	100m²	按设计图示尺寸以面积计算

3) 构件属性定义

①筏板的属性定义,如图 2.163 所示。

属性名称	属性值	附加
名称	FB-1	
类别	有梁式	☐
材质	现浇混凝土	☐
砼标号	(C30)	☐
砼类型	(现浇砼)	☐
厚度(mm)	500	☐
顶标高(m)	层底标高+0.5	☐
底标高(m)	层底标高	☐
砖胎膜厚度	0	☐
是否支模	是	☐
备注		☐
⊞ 计算属性		
⊞ 显示样式		

图 2.163

②垫层的属性定义,如图 2.164 所示。

属性名称	属性值	附加
名称	DC-1	
材质	现浇混凝	☐
砼标号	(C10)	☐
砼类型	(现浇砼)	☐
形状	集水坑柱	☑
厚度(mm)	100	☐
顶标高(m)	基础底标	☐
备注		☐
⊞ 计算属性		
⊞ 显示样式		

属性名称	属性值	附加
名称	DC-2	
材质	现浇混凝	☐
砼标号	(C10)	☐
砼类型	(现浇砼)	☐
形状	面型	☑
厚度(mm)	100	☐
顶标高(m)	基础底标	☐
备注		☐
⊞ 计算属性		
⊞ 显示样式		

图 2.164

③集水坑的属性定义,如图 2.165 所示。

属性名称	属性值	附加
名称	JSK-1	
材质	现浇混凝	☐
砼标号	(C30)	☐
砼类型	(现浇砼)	☐
截面宽度(	2225	☐
截面长度(	2250	☐
坑底出边距	600	☐
坑底板厚度	800	☐
坑板顶标高	-5.5	☐
放坡输入方	放坡角度	☐
放坡角度	45	☐
砖胎膜厚度	0	☐
备注		☐
⊞ 计算属性		
⊞ 显示样式		

图 2.165

4）做法套用

①集水坑的做法套用，如图 2.166 所示。

	编码	类别	项目名称	项目特征	单位	工程量表达式	表达式说明	措施项目	专业
1	─ 010501004	项	满堂基础	1. 混凝土种类：商品混凝土 混凝土强度等级：C30P6 2. 基础类型：集水坑	m3	TJ	TJ〈体积〉	□	房屋建筑与装饰
2	─ 01050073	定	商品混凝土施工 满堂基础 有梁式		m3	TJ	TJ〈体积〉	□	土
3	─ 011702001	项	基础	1. 基础类型：集水坑 2. 模板类型：组合钢模板	m2	DBSPMJ+DBXMMJ+ KLMMBMJ+KDMMBMJ	DBSPMJ〈底部水平面积〉+DBXMMJ〈底部斜面面积〉+KLMMBMJ〈坑立面模板面积〉+KDMMBMJ〈坑底面模板面积〉	☑	房屋建筑与装饰
4	─ 01150267	定	现浇混凝土模板 电梯坑 集水坑 木模板		m2	DBSPMJ+DBXMMJ+ KLMMBMJ+KDMMBMJ	DBSPMJ〈底部水平面积〉+DBXMMJ〈底部斜面面积〉+KLMMBMJ〈坑立面模板面积〉+KDMMBMJ〈坑底面模板面积〉	☑	饰
5	─ 011203001	项	零星项目一般抹灰	1. 部位：集水坑和地沟内侧面 2. 底层厚度、砂浆配合比：20厚1:2.5防水水泥砂浆	m2	KLMMBMJ+KDMMBMJ	KLMMBMJ〈坑立面模板面积〉+KDMMBMJ〈坑底面模板面积〉	□	房屋建筑与装饰
6	─ 01090019	定	找平层 水泥砂浆 硬基层上 20mm		m2	KLMMBMJ+KDMMBMJ	KLMMBMJ〈坑立面模板面积〉+KDMMBMJ〈坑底面模板面积〉	□	饰
7	─ 010904001	项	地下室底板防水	1. 卷材品种：3.0厚两层SBS高聚物改性沥青防水卷材 2. 防水做法：50厚C20细石混凝土保护层	m2	DBXMMJ+DBSPMJ	DBXMMJ〈底部斜面面积〉+DBSPMJ〈底部水平面积〉	□	房屋建筑与装饰
8	─ 01090023	定	找平层 商品细石混凝土 硬基层面上 30mm		m2	DBXMMJ+DBSPMJ	DBXMMJ〈底部斜面面积〉+DBSPMJ〈底部水平面积〉	□	饰
9	─ 01080129	定	高聚物改性沥青防水卷材冷黏 楼地面、墙面 平面		m2	DBXMMJ+DBSPMJ	DBXMMJ〈底部斜面面积〉+DBSPMJ〈底部水平面积〉	□	土
10	─ 01080131	定	高聚物改性沥青防水卷材冷黏 每增一层 平面		m2	DBXMMJ+DBSPMJ	DBXMMJ〈底部斜面面积〉+DBSPMJ〈底部水平面积〉	□	土

图 2.166

②筏板基础的做法套用，如图 2.167 所示。

	编码	类别	项目名称	项目特征	单位	工程量表达式	表达式说明	措施项目	专业
1	─ 010501004	项	满堂基础	1. 混凝土强度等级：C30P6 2. 混凝土种类：商品混凝土 3. 基础类型：有梁式满堂基础	m3	TJ	TJ〈体积〉	□	房屋建筑与装饰
2	─ 01050073	定	商品混凝土施工 满堂基础 有梁式		m3	TJ	TJ〈体积〉	□	土
3	─ 011702001	项	基础	1. 基础类型：有梁式满堂基础 2. 模板类型：组合钢模板	m2			☑	房屋建筑与装饰
4	─ 01150251	定	现浇混凝土模板 满堂基础 有梁式 组合钢模板		m2	XHJDMBMJ+MBMJ	XHJDMBMJ〈扣后浇带模板面积〉+MBMJ〈模板面积〉	☑	饰
5	─ 010903001	项	墙面卷材防水	1. 卷材品种：3.0厚两层SBS高聚物改性沥青防水卷材 2. 防水做法：60厚泡沫聚苯板保温板 3. 部位：挡土墙	m2	ZHMMMJ+WQWCFBPMMJ	ZHMMMJ〈直面面积〉+WQWCFBPMMJ〈外墙外侧筏板平面面积〉	□	房屋建筑与装饰
6	─ 01080202	定	防水、抗裂保护层 聚乙烯泡沫塑料板 50mm		m2	ZHMMMJ+WQWCFBPMMJ	ZHMMMJ〈直面面积〉+WQWCFBPMMJ〈外墙外侧筏板平面面积〉	□	土
7	─ 01080130	定	高聚物改性沥青防水卷材冷黏 楼地面、墙面 立面		m2	ZHMMMJ+WQWCFBPMMJ	ZHMMMJ〈直面面积〉+WQWCFBPMMJ〈外墙外侧筏板平面面积〉	□	土
8	─ 01080132	定	高聚物改性沥青防水卷材冷黏 每增一层 立面		m2	ZHMMMJ+WQWCFBPMMJ	ZHMMMJ〈直面面积〉+WQWCFBPMMJ〈外墙外侧筏板平面面积〉	□	土
9	─ 010904001	项	地下室底板防水	1. 卷材品种：3.0厚两层SBS高聚物改性沥青防水卷材 2. 防水做法：50厚C20细石混凝土保护层	m2	DBMJ	DBMJ〈底部面积〉	□	房屋建筑与装饰
10	─ 01090023	定	找平层 商品细石混凝土 硬基层面上 30mm		m2	DBMJ	DBMJ〈底部面积〉	□	饰
11	─ 01080129	定	高聚物改性沥青防水卷材冷黏 楼地面、墙面 平面		m2	DBMJ	DBMJ〈底部面积〉	□	土
12	─ 01080131	定	高聚物改性沥青防水卷材冷黏 每增一层 平面		m2	DBMJ	DBMJ〈底部面积〉	□	土

图 2.167

③垫层的做法套用，如图 2.168 所示。

	编码	类别	项目名称	项目特征	单位	工程量表达式	表达式说明	措施项目	专业
1	─ 010501001	项	垫层	1. 混凝土强度等级：C15 2. 部位：基础垫层 3. 混凝土种类：商品混凝土	m3	TJ	TJ〈体积〉	□	房屋建筑与装饰
2	─ 01050068	定	商品混凝土施工 基础垫层 混凝土		m3	TJ	TJ〈体积〉	□	土
3	─ 011702001	项	基础	1. 基础类型：基础垫层	m2	MBMJ	MBMJ〈模板面积〉	☑	房屋建筑与装饰
4	─ 01150238	定	现浇混凝土模板 混凝土基础垫层		m2	MBMJ	MBMJ〈模板面积〉	☑	饰

图 2.168

5）画法讲解

①筏板属于面式构件，和楼层现浇板一样，可以使用直线绘制，也可以使用矩形绘制。在这里使用直线绘制，绘制方法同首层现浇板。

②垫层属于面式构件，可以使用直线绘制，也可以使用矩形绘制。在这里使用智能布置。单击"智能布置"→"筏板"，在弹出的对话框中输入出边距离"100"，单击"确定"按钮，即可完成垫层布置。

③集水坑采用点画绘制即可。

四、任务结果

汇总计算,统计本层筏板、垫层、集水坑的工程量如表 2.62 所示。

表 2.62 筏板、垫层与地下防水清单定额量

序号	编码	项目名称及特征	单位	工程量
1	010501001001	垫层 1. 混凝土强度等级:C15 2. 部位:基础垫层 3. 混凝土种类:商品混凝	m³	106.446
	1050068	商品混凝土施工 基础垫层 混凝土	10m³	10.6446
2	010501004001	满堂基础 1. 混凝土种类:商品混凝土 2. 混凝土强度等级:C30P8 3. 基础类型:集水坑	m³	53.2972
	01050073	商品混凝土施工 满堂基础 有梁式	10m³	5.3297
3	010501004002	满堂基础 1. 混凝土种类:商品混凝土 2. 混凝土强度等级:C30P8 3. 基础类型:有梁式满堂基础	m³	510.3238
	01050073	商品混凝土施工 满堂基础 有梁式	10m³	51.0324
4	010903001001	墙面卷材防水 1. 卷材品种:3.0mm 厚两层 SBS 高聚物改性沥青防水卷材 2. 防水做法:60mm 厚泡沫聚苯板保温板 3. 部位:挡土墙	m²	76.4
	1080202	防水、抗裂保护层 聚乙烯泡沫塑料板 50mm	100m²	0.764
	1080130	高聚物改性沥青防水卷材冷粘 楼地面、墙面 立面	100m²	0.764
	1080132	高聚物改性沥青防水卷材冷粘 每增 1 层 立面	100m²	0.764
5	010904001001	地下室底板防水 1. 卷材品种:3.0mm 厚两层 SBS 高聚物改性沥青防水卷材 2. 防水做法:50mm 厚 C20 细石混凝土保护层	m²	1049.0813
	01090023	找平层 商品细石混凝土 硬基层面上 厚 30mm	100m²	10.4908
	1080129	高聚物改性沥青防水卷材冷粘 楼地面、墙面 平面	100m²	10.4908
	1080131	高聚物改性沥青防水卷材冷粘 每增 1 层 平面	100m²	10.4908
6	011203001001	零星项目一般抹灰 1. 部位:集水坑和地沟内侧面 2. 底层厚度、砂浆配合比:20mm 厚 1:2.5 防水水泥砂浆	m²	34.7025
	01090019	找平层 水泥砂浆 硬基层上 20mm	100m²	0.347

五、总结拓展

1)建模定义集水坑

①软件提供了直接在绘图区绘制不规则形状集水坑的操作模式。如图 2.169 所示,选择"新建自定义集水坑"后,用直线画法在绘图区绘制 T 形图元。

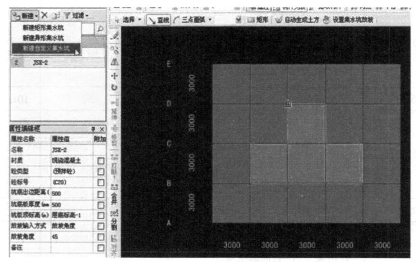

图 2.169

②绘制成封闭图形后,软件就会自动生成一个自定义的集水坑了,如图 2.170 所示。

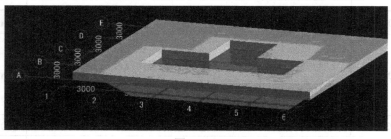

图 2.170

2)多集水坑自动扣减

①多个集水坑之间的扣减用手工计算是很烦琐的,如果集水坑再有边坡就更加难算了。多个集水坑如果发生相交,软件是完全可以精确计算的。如图 2.171、图 2.172 所示的两个相交的集水坑,其空间形状是非常复杂的。

②集水坑之间的扣减通过查看三维扣减图可以很清楚地看到,如图 2.173 所示。

3)设置集水坑放坡

实际工程中,集水坑各边边坡可能不一致,可以通过设置集水坑边坡来调整。选择"调整放坡和出边距离"的功能后,点选集水坑构件和要修改边坡的坑边,单击右键选择"确定"后就会出现"设置集水坑放坡"对话框。其中,绿色的字体都是可以修改的,修改后单击"确定"按钮,即可看到修改后的边坡形状,如图 2.174 所示。

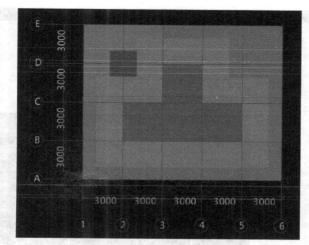

图 2.171

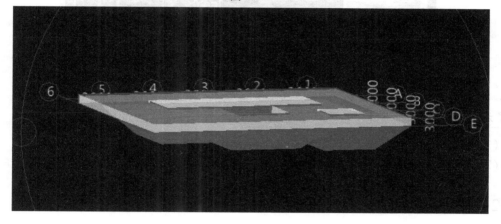

图 2.172

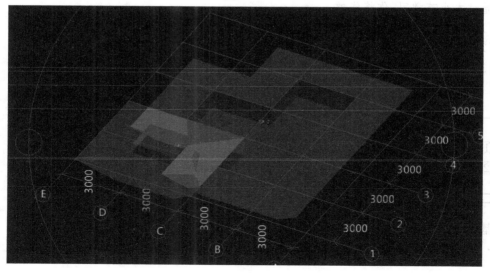

图 2.173

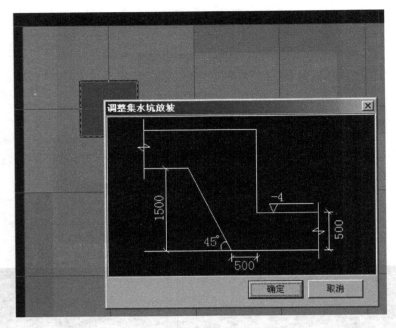

图 2.174

思考与练习

(1)筏板已经布置了垫层,集水坑布置上后为什么还要布置集水坑垫层?

(2)多个集水坑相交时,软件在计算时扣减的原则是什么? 如何扣减?

2.7.2 基础梁、后浇带工程量计算

通过本小节学习,你将能够:

(1)依据清单、定额分析基础梁的计算规则;

(2)定义基础梁、后浇带;

(3)统计基础梁、后浇带的工程量。

一、任务说明

①完成基础层工程基础梁的构件定义、做法套用及绘制。

②汇总计算,统计基础梁、后浇带的工程量。

二、任务分析

基础梁、后浇带如何套用做法?

三、任务实施

1）分析图纸

由于在其他楼层绘制过后浇带，后浇带的绘制不再重复讲解，可从地下一层复制图元及构件。

分析结施-3，可知有基础主梁和基础次梁两种。基础主梁 JZL1～JZL4，基础次梁 JCL1，主要信息如表 2.63 所示。

表 2.63　基础梁表

序号	类型	名称	混凝土标号	截面尺寸/mm	梁底标高	备注
1	基础主梁	JZL1	C30	500×1200	基础底标高	
		JZL2	C30	500×1200	基础底标高	
		JZL3	C30	500×1200	基础底标高	
		JZL4	C30	500×1200	基础底标高	
2	基础次梁	JCL1	C30	500×1200	基础底标高	

2）清单、定额计算规则学习

（1）清单计算规则学习

基础梁清单计算规则如表 2.64 所示。

表 2.64　基础梁清单计算规则

编码	项目名称	单位	计算规则
010503001	基础梁	m³	按设计图示尺寸以体积计算，伸入墙内的梁头、梁垫并入梁体积内 梁长： 1. 梁与柱连接时，梁长算至柱侧面 2. 主梁与次梁连接时，次梁长算至主梁侧面
011702005	基础梁	m²	按模板与现浇混凝土构件的接触面积计算
010508001	后浇带	m³	按设计图示尺寸以体积计算
011702030	后浇带	m²	按模板与现浇混凝土构件的接触面积计算

（2）定额计算规则学习

基础梁定额计算规则如表 2.65 所示。

表 2.65　基础梁定额计算规则

编码	项目名称	单位	计算规则
01050073	商品混凝土施工　满堂基础　有梁式	10m³	同清单计算规则
01150251	现浇混凝土模板　满堂基础　有梁式 组合钢模板	100m²	按模板与现浇混凝土构件的接触面积计算
01050077	商品混凝土施工　基础后浇带	10m³	同清单计算规则

3)基础梁属性定义

基础梁属性定义与框架梁的类似,单击模块导航栏中的基础的"＋"号→"基础梁",在构件列表中单击"新建"→"新建矩形基础梁",在属性编辑框中输入基础梁基本信息即可,如图2.175所示。

属性名称	属性值	附加
名称	JZL-1	☐
类别	基础主梁	☐
材质	现浇混凝	☐
砼标号	(C30)	☐
砼类型	(现浇砼)	☐
截面宽度(	500	☐
截面高度(	1200	☐
截面面积(m	0.6	☐
截面周长(m	3.4	☐
起点顶标高	基础底标	☐
终点顶标高	基础底标	☐
轴线距梁左	(250)	☐
砖胎膜厚度	0	☐
是否支模	是	☐
备注		☐
⊞ 计算属性		
⊞ 显示样式		

图2.175

4)做法套用

①基础梁的做法套用,如图2.176所示。

	编码	类别	项目名称	项目特征	单位	工程量表达式	表达式说明	措施项目	专业
1	⊟ 010501004	项	满堂基础	1. 混凝土强度等级: C30P8 2. 混凝土种类: 商品混凝土 3. 基础类型: 有梁式满堂基础	m3	TJ	TJ〈体积〉	☐	房屋建筑与装饰
2	01050073	定	商品混凝土施工 满堂基础 有梁式		m3	TJ	TJ〈体积〉	☐	土
3	⊟ 011702001	项	基础	1. 基础类型: 有梁式满堂基础 2. 模板类型: 组合钢模板	m2			☑	房屋建筑与装饰
4	01150251	定	现浇混凝土模板 满堂基础 有梁式 组合钢模板		m2	MBMJ+KHTDMBMJ	MBMJ〈模板面积〉+KHTDMBMJ〈扣后浇带模板面积〉	☑	饰

图2.176

②后浇带的做法套用,如图2.177所示。

	编码	类别	项目名称	项目特征	单位	工程量表达式	表达式说明	措施项目	专业
1	⊟ 010508001	项	后浇带	1. 混凝土强度等级: C35P8,掺水泥用量的8%HEA型膨胀剂 2. 混凝土种类: 商品混凝土 3. 部位: 基础	m3	FBJCHJDTJ+ JCLHJDTJ	FBJCHJDTJ〈筏板基础后浇带体积〉+JCLHJDTJ〈基础梁后浇带体积〉	☐	房屋建筑与装饰
2	01050077 H 80210879 8 0210034	换	商品混凝土施工 基础后浇带 换为【(商)防水混凝土C35】		m3	FBJCHJDTJ+ JCLHJDTJ	FBJCHJDTJ〈筏板基础后浇带体积〉+JCLHJDTJ〈基础梁后浇带体积〉	☐	土

图2.177

四、任务结果

汇总计算,统计本层基础梁、后浇带的工程量如表2.66所示。

表 2.66　基础梁清单定额量

序号	编码	项目名称及特征	单位	工程量
1	010501004001	满堂基础 1.混凝土强度等级:C30P8 2.混凝土种类:商品混凝土 3.基础类型:有梁式满堂基础	m³	93.555
	01050073	商品混凝土施工　满堂基础　有梁式	10m³	9.3555
2	010508001001	后浇带 1.混凝土强度等级:C35P8,掺水泥用量8%的 HEA 型膨胀剂 2.混凝土种类:商品混凝土 3.部位:基础	m³	10.4
	01050077	商品混凝土施工　基础后浇带	10m³	1.04

2.7.3　土方工程量计算

通过本小节学习,你将能够:

(1)依据清单、定额分析挖土方的计算规则;

(2)定义大开挖土方;

(3)统计挖土方的工程量。

一、任务说明

①完成土方工程的构件定义、做法套用及绘制。

②汇总计算土方工程的工程量。

二、任务分析

①哪些地方需要挖土方?

②基础回填土方应如何进行计算?

三、任务实施

1)分析图纸

分析结施-3,本工程土方属于大开挖土方,依据定额知道挖土方需要增加工作面 300mm,根据挖土深度需要进行放坡,放坡土方增量按照清单规定计算。

2)清单、定额计算规则学习

(1)清单计算规则学习

土方清单计算规则如表 2.67 所示。

表 2.67　土方清单计算规则

编码	项目名称	单位	计算规则
010101002	挖一般土方	m³	按设计图示尺寸以体积计算
010101004	挖基坑土方	m³	按设计图示尺寸以体积计算
010103001	回填方	m³	按设计图示尺寸以体积计算 1. 场地回填:回填面积乘平均回填厚度 2. 室内回填:主墙间面积乘回填厚度,不扣除间隔墙 3. 基础回填:按挖方清单项目工程量减去自然地坪以下埋设的基础体积(包括基础垫层及其他构筑物)

（2）定额计算规则学习

土方定额计算规则如表 2.68 所示。

表 2.68　土方定额计算规则

编码	项目名称	单位	计算规则
01010058	挖掘机挖土自卸汽车运土　运距　1km以内	1000m³	按挖土底面积乘以挖土深度以体积计算
01010001	人工挖土方　深度　1.5m以内　三类土　机械挖土人工辅助开挖	100m²	需考虑放坡及工作面宽 计算放坡时,在交接处的重复工程量不予扣除
01010033	双轮车运土方　运距　100m以内	100m³	
01010131	填土碾压　振动压路机	1000m³	同清单计算规则

3）绘制土方

在垫层绘图界面,单击"自动生成土方",填入对应放坡系数及工作面宽,选用手动生成土方,选中面式垫层,单击右键确认即可。

4）土方做法套用

单击"土方",切换到属性定义界面。大开挖土方的做法套用如图 2.178 所示。

	编码	类别	项目名称	项目特征	单位	工程量表达式	表达式说明	措施项目	专业
1	⊟ 010101002	项	挖一般土方	1. 土壤类别：三类土 2. 挖土深度：5m以内 3. 弃土运距：1km以内场内调配	m3	TFTJ	TFTJ〈土方体积〉	☐	房屋建筑与装饰
2	01010058	定	挖掘机挖土自卸汽车运土 运距 1km以内		m3	TFTJ*0.9	TFTJ〈土方体积〉*0.9	☐	土
3	01010001	定	人工挖土方 深度1.5m以内 三类土		m3	TFTJ*0.1	TFTJ〈土方体积〉*0.1	☐	土
4	01010033	定	双轮车运土方 运距 100m以内		m3	TFTJ*0.1	TFTJ〈土方体积〉*0.1	☐	土
5	⊟ 010103001	项	回填方	1. 填土粒要求：综合 2. 土质要求：综合 3. 夯填（碾压）：夯填 4. 运输距离：100m以内	m3	STHTTJ	STHTTJ〈素土回填体积〉	☐	房屋建筑与装饰
6	01010131	定	填土碾压 振动压路机		m3	STHTTJ	STHTTJ〈素土回填体积〉	☐	土
7	01010033	定	双轮车运土方 运距 100m以内		m3	STHTTJ	STHTTJ〈素土回填体积〉	☐	土

图 2.178

四、任务结果

汇总计算,统计本层土方的工程量如表 2.69 所示。

表 2.69　土方清单定额

序号	编码	项目名称及特征	单位	工程量
1	010101002001	挖一般土方 1. 土壤类别：三类干土 2. 挖土深度：5m 以内 3. 弃土运距：1km 以内场内调配	m³	4758.655
	1010058	挖掘机挖土自卸汽车运土　运距　1km 以内	1000m³	5.2717
	01010001	人工挖土方　深度　1.5m 以内　三类土　机械挖土人工辅助	100m³	5.8574
	01010033	双轮车运土方　运距　100m 以内	100m³	5.8574
2	010101004001	挖基坑土方 1. 土壤类别：三类干土 2. 挖土深度：5m 以内 3. 弃土运距：1km 以内场内调配	m³	34.5958
	01010001	人工挖土方　深度　1.5m 以内　三类土	100m³	3.2751
	01010033	双轮车运土方　运距　100m 以内	100m³	3.2751
3	010103001002	回填方 1. 填方粒径要求：综合 2. 土质要求：综合 3. 夯填（碾压）：夯填 4. 运输距离：1km 以内	m³	314.545
	01010131	填土碾压　振动压路机	1000m³	1.6785
	01010033	双轮车运土方　运距　100m 以内	100m³	16.7853

五、总结拓展

大开挖土方设置边坡系数

①对于大开挖、基坑土方还可以在生成土方图元后对其进行二次编辑，达到修改土方边坡系数的目的。如图 2.179 所示为一个筏板基础下面的大开挖土方。

②选择"设置放坡系数"→"所有边"，再点选该大开挖土方构件，右键选择"确认"按钮后就会出现"输入放坡系数"对话框，输入实际要求的系数数值后单击"确定"按钮，即可完成放坡设置，如图 2.180、图 2.181 所示。

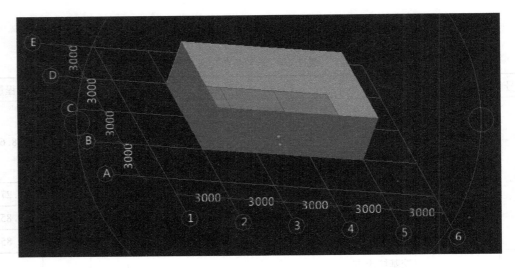

图 2.179

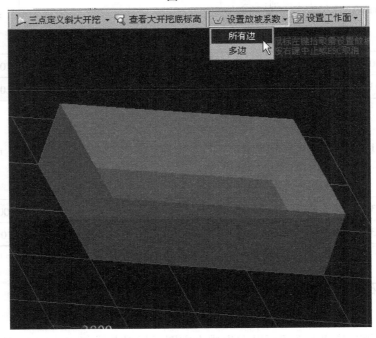

图 2.180

思考与练习

(1)灰土回填是什么构件？如果需要设置灰土回填,操作方式是什么？

(2)斜大开挖土方如何定义与绘制？

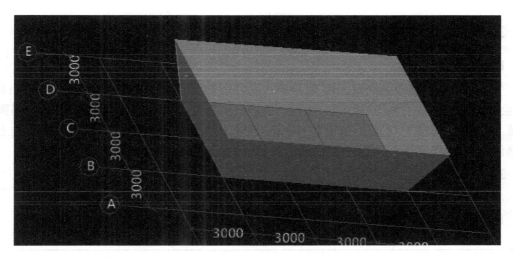

图 2.181

2.8 装修工程量计算

通过本节学习,你将能够:
(1)定义楼地面、天棚、墙面、踢脚、吊顶;
(2)在房间中添加依附构件;
(3)统计各层的装修工程量。

2.8.1 首层装修工程量计算

通过本小节学习,你将能够:
(1)定义房间;
(2)分类统计首层装修工程量。

一、任务说明

①完成全楼装修工程的楼地面、天棚、墙面、踢脚、吊顶的构件定义及做法套用。
②建立首层房间单元,添加依附构件并绘制。
③汇总计算,统计首层装修工程的工程量。

二、任务分析

①楼地面、天棚、墙面、踢脚、吊顶的构件做法在图中什么位置可以找到?
②各装修做法套用清单和定额时,如何正确地编辑工程量表达式?
③装修工程中如何用虚墙分割空间?
④外墙保温如何定义、套用做法? 地下与地上一样吗?

三、任务实施

1)分析图纸

分析建施-0 的室内装修做法表,首层有 5 种装修类型的房间:电梯厅、门厅;楼梯间;接待室、会议室、办公室;卫生间、清洁间;走廊。装修做法有楼面 1、楼面 2、楼面 3、踢脚 2、踢脚 3、内墙 1、内墙 2、天棚 1、吊顶 1、吊顶 2。建施-3 中有独立柱的装修,设计中没有指明独立柱的装修做法,结合图纸修订说明确定做法,首层的独立柱有圆形、矩形。

2)清单、定额计算规则学习

(1)清单计算规则学习

首层装修清单规则计算如表 2.70 所示。

表 2.70　首层装修清单计算规则

编码	项目名称	单位	计算规则
011102003	块料楼地面	m²	按设计图示尺寸以面积计算,门洞、空圈、暖气包槽、壁龛的开口部分并入相应的工程量内
011102001	石材楼地面	m²	按设计图示尺寸以面积计算,门洞、空圈、暖气包槽、壁龛的开口部分并入相应的工程量内
011105003	块料踢脚线	m	1. 以 m² 计量,按设计图示长度乘高度以面积计算 2. 以 m 计量,按延长米计算
011105002	石材踢脚线	m	1. 以 m² 计量,按设计图示长度乘高度以面积计算 2. 以 m 计量,按延长米计算
011407001	墙面喷刷涂料	m²	按设计图示尺寸以面积计算
011204003	块料墙面	m²	按镶贴表面积计算
011407002	天棚喷刷涂料	m²	按设计图示尺寸以面积计算
011302001	吊顶天棚	m²	按设计图示尺寸以水平投影面积计算,天棚面中的灯槽及跌级、锯齿形、吊挂式、藻井式天棚面积不展开计算;不扣除间壁墙、检查口、附墙烟囱、柱垛和管道所占面积,扣除单个 > 0.3m² 的孔洞、独立柱及与天棚相连的窗帘盒所占的面积

(2)定额计算规则学习

①楼地面装修定额计算规则(以楼面 2 为例)如表 2.71 所示。

表 2.71　楼地面装修定额计算规则

编码	项目名称	单位	计算规则
01090019	找平层　水泥砂浆　硬基层上　20mm	100m²	按设计图示尺寸以面积计算
01090106	陶瓷地砖　楼地面　周长在 1600mm 以内	100m³	按设计图示尺寸以面积计算

续表

编码	项目名称	单位	计算规则
01080084	改性沥青防水涂料　水溶型　二布六涂	100m²	按设计图示尺寸以面积计算
01080085	改性沥青防水涂料　水溶型　每增减一布二涂	100m²	按设计图示尺寸以面积计算

②踢脚定额规则如表2.72所示。

表2.72　踢脚定额计算规则

编码	项目名称	单位	计算规则
01090029	水泥砂浆　踢脚线	100m	按设计图示尺寸以长度计算
01090111	陶瓷地砖　踢脚线	100m²	按设计图示尺寸以面积计算
01090077	成品踢脚线　大理石　水泥砂浆	100m	按设计图示尺寸以长度计算

③内墙面、独立柱装修定额计算规则(以内墙1为例)如表2.73所示。

表2.73　内墙面、柱定额计算规则

编码	项目名称	单位	计算规则
01100008	一般抹灰　水泥砂浆抹灰　内墙面　砖、混凝土基层(7+6+5)mm	100m²	按设计图示尺寸以面积计算
01120262	刮腻子2遍　水泥砂浆混合砂浆墙面	100m²	按设计图示尺寸以面积计算
01120261	抹灰面　乳胶漆　墙面　滚花	100m²	按设计图示尺寸以面积计算

④天棚、吊顶定额计算规则(以天棚1、吊顶1为例)如表2.74所示。

表2.74　天棚、吊顶定额计算规则

编码	项目名称	单位	计算规则
01120271	双飞粉面刷乳胶漆2遍　天棚抹灰面	100m²	按设计图示尺寸以面积计算
01110003	天棚抹灰　混凝土面腻子　现浇	100m²	按设计图示尺寸以面积计算
01110005	天棚抹灰　混凝土面　混合砂浆　现浇	100m²	按设计图示尺寸以面积计算
01110033	装配式U形轻钢天棚龙骨(不上人型)龙骨间距400mm×500mm　平面	100m²	按设计图示尺寸以面积计算
01110144	天棚面层　铝合金条板天棚　闭缝	100m²	按设计图示尺寸以面积计算

3)装修构件的属性定义

(1)楼地面的属性定义

选择模块导航栏中的"装修"→"楼地面",在构件列表中选择"新建"→"新建楼地面",在属性编辑框中输入相应属性值,如有房间需要计算防水,要在"是否计算防水"选择"是",如图2.182所示。

（2）踢脚的属性定义

新建踢脚构件属性定义，如图 2.183 所示。

属性名称	属性值	附加
名称	楼面-1	
块料厚度（	0	☐
顶标高(m)	层底标高	☐
是否计算防	否	☐
备注		☐
⊞ 计算属性		
⊞ 显示样式		

图 2.182

属性名称	属性值	附加
名称	踢脚-1	
块料厚度（	0	☐
高度(mm)	100	☐
起点底标高	墙底标高	☐
终点底标高	墙底标高	☐
备注		☐
⊞ 计算属性		
⊞ 显示样式		

图 2.183

（3）内墙面的属性定义

新建内墙面构件属性定义，如图 2.184 所示。

（4）天棚属性定义

天棚构件属性定义，如图 2.185 所示。

属性名称	属性值	附加
名称	QM-1	
内/外墙面	内墙面	☑
所附墙材质	（程序自动	☐
块料厚度（	0	☐
起点顶标高	墙顶标高	☐
终点顶标高	墙顶标高	☐
起点底标高	墙底标高	☐
终点底标高	墙底标高	☐
备注		☐
⊞ 计算属性		
⊞ 显示样式		

图 2.184

属性名称	属性值	附加
名称	TP-1	
备注		☐
⊞ 计算属性		
⊞ 显示样式		

图 2.185

（5）吊顶的属性定义

根据建施-9 可知，吊顶 1 距地的高度如图 2.186 所示。

（6）独立柱的属性定义

独立柱的属性定义，如图 2.187 所示。

属性名称	属性值	附加
名称	吊顶-1	
离地高度（	3000	☐
备注		☐
⊞ 计算属性		
⊞ 显示样式		

图 2.186

属性名称	属性值	附加
名称	DLZZX-1	
块料厚度（	0	☐
顶标高(m)	柱顶标高	☐
底标高(m)	柱底标高	☐
备注		☐
⊞ 计算属性		
⊞ 显示样式		

图 2.187

（7）房间的属性定义

通过"添加依附构件"，建立房间中的装修构件。构件名称下"楼 1"可以切换成"楼 2"或是"楼3",其他的依附构件也是同理进行操作,如图2.188所示。

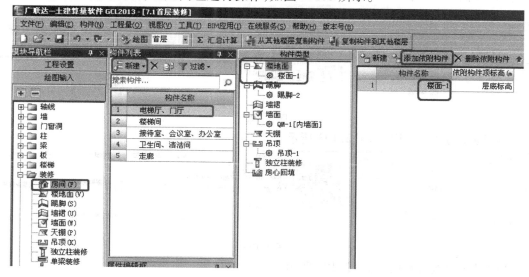

图2.188

4)做法套用

(1)楼地面的做法套用

楼地面1的做法套用,如图2.189所示。

	编码	类别	项目名称	项目特征	单位	工程量表达式	表达式说明	措施项目	专业
1	011102003	项	防滑地砖楼面(400×400)	1. 面层:防滑地砖面层1:1水泥砂浆擦缝 2. 结合层:20厚1:2干硬性水泥砂浆粘结层,上撒1～2厚干水泥并洒清水适量 3. 找平层:20厚1:3水泥砂浆找平层 4. 基层处理:水泥浆水灰比0.4～0.5结合层一道 5. 做法:详见西南11J312-3121L(2) 6. 部位:电梯厅、门厅、楼梯间	m2	KLDMJ	KLDMJ〈块料地面积〉	□	房屋建筑与装饰
2	01090019	定	找平层 水泥砂浆 硬基层上 20mm		m2	KLDMJ	KLDMJ〈块料地面积〉	□	饰
3	01090106	定	陶瓷地砖 楼地面 周长在 1600mm以内		m2	KLDMJ	KLDMJ〈块料地面积〉	□	饰

图2.189

楼地面2的做法套用,如图2.190所示。

	编码	类别	项目名称	项目特征	单位	工程量表达式	表达式说明	措施项目	专业
1	011102003	项	防滑地砖防水楼面(400×400)	1. 面层:防滑地砖面层1:1水泥砂浆擦缝 2. 结合层:20厚1:2干硬性水泥砂浆粘结层,上撒1～2厚干水泥并洒清水适量 3. 防水层:改性沥青一布四涂防水层(单列项) 4. 找平层:1:3水泥砂浆找坡层,最薄处20厚 5. 结合层:水泥浆水灰比0.4～0.5结合层一道 6. 做法:详见西南11J312-3122L(2) 7. 部位:卫生间、清洁间	m2	KLDMJ	KLDMJ〈块料地面积〉	□	房屋建筑与装饰
2	01090019	定	找平层 水泥砂浆 硬基层上 20mm		m2	KLDMJ	KLDMJ〈块料地面积〉	□	饰
3	01090106	定	陶瓷地砖 楼地面 周长在 1600mm以内		m2	KLDMJ	KLDMJ〈块料地面积〉	□	饰
4	010904002	项	楼(地)面涂膜防水	1. 防水层:改性沥青一布四涂防水层	m2	SPFSMJ	SPFSMJ〈水平防水面积〉	□	房屋建筑与装饰
5	01080084	定	改性沥青防水涂料 水溶型 二布六涂		m2	SPFSMJ	SPFSMJ〈水平防水面积〉	□	土
6	01080085 *-	换	改性沥青防水涂料 水溶型 每增减一布二涂 子目乘以系数-1		m2	SPFSMJ	SPFSMJ〈水平防水面积〉	□	土

图2.190

楼地面3的做法套用,如图2.191所示。

	编码	类别	项目名称	项目特征	单位	工程量表达式	表达式说明	措施项目	专业
1	011102001	项	大型石楼面(800×800)	1. 面层:20厚石材面层,水泥浆擦缝 2. 结合层:20厚1:2干硬性水泥砂浆粘结层,上撒1～2厚干水泥并洒清水适量 3. 基层处理:水泥浆水灰比0.4～0.5结合层一道 4. 找平层:50厚C10细石混凝土随管找平层 5. 做法:详见西南西南11J312-3145L 6. 部位:接待室、会议室、办公室、档案室、走廊等	m2	KLDMJ	KLDMJ〈块料地面积〉	□	房屋建筑与装饰
2	01090023	定	找平层 商品细石混凝土 硬基层面上 厚30mm		m2	KLDMJ	KLDMJ〈块料地面积〉	□	饰
3	01090062	定	大理石楼地面 周长 3200 mm以内 单色		m2	KLDMJ	KLDMJ〈块料地面积〉	□	饰

图2.191

（2）踢脚做法套用

①踢脚 1 的做法套用，如图 2.192 所示。

	编码	类别	项目名称	项目特征	单位	工程量表达式	表达式说明	措施项目	专业
1	⊟ 011105001	项	水泥砂浆踢脚线	1. 踢脚线高度：100mm高 2. 底层厚度、砂浆配合比：13厚1:3水泥砂浆打底 3. 基层厚度、砂浆配合比：7厚1:3水泥砂浆基层 4. 面层材料品种、规格、颜色：6厚1:2水泥砂浆面层铁板赶光 5. 做法：详见西南11J312-4104T〈b1〉 6. 部位：自行车库、库房等	m	TJMHCD	TJMHCD〈踢脚抹灰长度〉	☐	房屋建筑与装饰
2	└ 01090029	定	水泥砂浆 踢脚线		m	TJMHCD	TJMHCD〈踢脚抹灰长度〉	☐	饰

图 2.192

②踢脚 2 的做法套用，如图 2.193 所示。

	编码	类别	项目名称	项目特征	单位	工程量表达式	表达式说明	措施项目	专业
1	⊟ 011105003	项	地砖踢脚线	1. 踢脚线高度：100mm高 2. 底层厚度、砂浆配合比：25厚1:2.5水泥砂浆基层 3. 粘贴层厚度、材料种类：4厚纯水泥浆粘贴层（425号水泥中掺20%白乳胶） 4. 面层材料品种、规格、颜色：5～10厚地砖面层，水泥砂浆擦缝 5. 做法：详见西南11J312-4107T〈a1〉 6. 部位：电梯厅、门厅、楼梯间等	m2	TJKLMJ	TJKLMJ〈踢脚块料面积〉	☐	房屋建筑与装饰
2	└ 01090111	定	陶瓷地砖 踢脚线		m2	TJKLMJ	TJKLMJ〈踢脚块料面积〉	☐	饰

图 2.193

③踢脚 3 的做法套用，如图 2.194 所示。

	编码	类别	项目名称	项目特征	单位	工程量表达式	表达式说明	措施项目	专业
1	⊟ 011105003	项	大理石踢脚线	1. 踢脚线高度：100mm高 2. 底层厚度、砂浆配合比：25厚1:2.5水泥砂浆灌注 3. 粘贴层厚度、材料种类：4厚纯水泥浆粘贴层（425号水泥中掺20%白乳胶） 4. 面层材料品种、规格、颜色：20厚石材面层，水泥砂浆擦缝 5. 做法：详见西南11J312-4109T〈a1〉 6. 部位：走廊、接待室、会议室、办公室等	m	TJKLCD	TJKLCD〈踢脚块料长度〉	☐	房屋建筑与装饰
2	└ 01090077	定	成品踢脚线 大理石 水泥砂浆		m	TJKLCD	TJKLCD〈踢脚块料长度〉	☐	饰

图 2.194

（3）内墙面的做法套用

①内墙 1 的做法套用，如图 2.195 所示。

	编码	类别	项目名称	项目特征	单位	工程量表达式	表达式说明	措施项目	专业
1	⊟ 011201001	项	水泥砂浆墙面	1. 墙体类型：砖墙、砼墙 2. 底层厚度、砂浆配合比：7厚1:3水泥砂浆打底扫毛 3. 面层厚度、砂浆配合比：6厚1:3水泥砂浆垫层，5厚1:2.5水泥砂浆草面压光 4. 装饰面材料种类：满刮腻子一道砂磨平，刷乳胶漆[单列刀] 5. 做法：详见西南11J515-N08	m2	QMMHMJZ	QMMHMJZ〈墙面抹灰面积（不分材质）〉	☐	房屋建筑与装饰
2	└ 01100008	定	一般抹灰 水泥砂浆抹灰 内墙面 砖、混凝土基层 7+6+5mm		m2	QMMHMJZ	QMMHMJZ〈墙面抹灰面积（不分材质）〉	☐	饰
3	⊟ 011407001	项	墙面喷刷涂料	1. 刮腻子要求：满刮腻子一道砂磨平 2. 涂料品种、喷刷遍数：刷乳胶漆	m2	QMMHMJZ	QMMHMJZ〈墙面抹灰面积（不分材质）〉	☐	房屋建筑与装饰
4	└ 01120262	定	刮腻子二遍 水泥砂浆混合砂浆墙面		m2	QMMHMJZ	QMMHMJZ〈墙面抹灰面积（不分材质）〉	☐	饰
5	└ 01120261	定	抹灰面 乳胶漆 墙面 滚花		m2	QMMHMJZ	QMMHMJZ〈墙面抹灰面积（不分材质）〉	☐	饰

图 2.195

②内墙 2 的做法套用，如图 2.196 所示。

	编码	类别	项目名称	项目特征	单位	工程量表达式	表达式说明	措施项目	专业
1	⊟ 011204003	项	瓷砖墙面	1. 墙体类型：砖墙、砼墙 2. 底层厚度、砂浆配合比：9厚1:3水泥砂浆打底扫毛分格次缝 3. 结合层：8厚1:2水泥砂浆粘接层（加建筑胶适量） 4. 装饰面材料种类：4～4.5厚陶瓷锦砖，色浆或瓷砖勾缝剂擦缝（面层用200×300高级面砖） 5. 做法：详见西南11J515-N12	m2	QMKLMJZ	QMKLMJZ〈墙面块料面积（不分材质）〉	☐	房屋建筑与装饰
2	└ 01100164	定	内墙面 釉面砖（水泥砂浆黏贴）周长 1200mm以内		m2	QMKLMJZ	QMKLMJZ〈墙面块料面积（不分材质）〉	☐	饰
3	└ 01100008	定	一般抹灰 水泥砂浆抹灰 内墙面 砖、混凝土基层 7+6+5mm		m2	QMMHMJZ	QMMHMJZ〈墙面抹灰面积（不分材质）〉	☐	饰
4	└ 01100031	定	一般抹灰砂浆厚度调整 水泥砂浆 每增减1mm		m2	QMMHMJZ	QMMHMJZ〈墙面抹灰面积（不分材质）〉	☐	饰

图 2.196

（4）天棚的做法套用

天棚 1 的做法套用，如图 2.197 所示。

	编码	类别	项目名称	项目特征	单位	工程量表达式	表达式说明	措施项目	专业
1	□ 011407002	项	天棚喷刷涂料	1.刮腻子要求：满刮腻子找平磨光 2.涂料品种、喷刷遍数：刷乳胶漆	m2	TPMHMJ	TPMHMJ〈天棚抹灰面积〉	□	房屋建筑与装饰
2	— 01120271	定	双飞粉面刷乳胶漆二遍 天棚抹灰面		m2	TPMHMJ	TPMHMJ〈天棚抹灰面积〉	□	饰
3	— 01110003	定	天棚抹灰 混凝土面腻子 现浇		m2	TPMHMJ	TPMHMJ〈天棚抹灰面积〉	□	饰
4	□ 011301001	项	天棚抹灰	1.基层：基层处理 2.基础处理：刷水泥浆一道（加建筑胶适量） 3.找平层：10～15厚1:1:4水泥石灰砂浆打底找平（现浇基层10厚，预制基层15厚）两次成活 4.找平层：4厚1:0.3:3水泥石灰砂浆找平层 5.刮腻子要求：调制腻子找平磨光[单列项] 6.涂料品种、喷刷遍数：刷乳胶漆[单列项] 7.做法：详见西南11J515-P08	m2	TPMHMJ	TPMHMJ〈天棚抹灰面积〉	□	房屋建筑与装饰
5	— 01110005	定	天棚抹灰 混凝土面 混合砂浆 现浇		m2	TPMHMJ	TPMHMJ〈天棚抹灰面积〉	□	饰

图 2.197

（5）吊顶的做法套用

①吊顶 1 的做法套用，如图 2.198 所示。

	编码	类别	项目名称	项目特征	单位	工程量表达式	表达式说明	措施项目	专业
1	□ 011302001	项	铝合金条板吊顶	1.基层材料种类、规格：钢筋混凝土内预留φ8吊杆，双向吊点，中距900～1200 2.龙骨材料种类、规格、中距：次龙骨（专用），中距<300～600 3.做法：详见西南11J515-P10 4.吊杆规格、高度：φ8钢筋吊杆，双向吊点，中距900～1200 5.吊顶形式：0.5～0.8厚铝合金条板，中距200	m2	DDMJ	DDMJ〈吊顶面积〉	□	房屋建筑与装饰
2	— 01110033	定	装配式U型轻钢天棚龙骨(不上人型) 龙骨间距 400mm*500mm 平面		m2	DDMJ	DDMJ〈吊顶面积〉	□	饰
3	— 01110144	定	天棚面层 铝合金条板天棚 闭缝		m2	DDMJ	DDMJ〈吊顶面积〉	□	饰

图 2.198

②吊顶 2 的做法套用，如图 2.199 所示。

	编码	类别	项目名称	项目特征	单位	工程量表达式	表达式说明	措施项目	专业
1	□ 011302001	项	穿孔石膏吸音板吊顶	1.基层材料种类、规格：钢筋混凝土内预留φ6.5吊杆，双向吊点，中距900～1200 2.吊杆规格、高度：φ6.5钢筋吊杆，双向吊点，中距900～1200 3.龙骨材料种类、规格、中距(主)：承载(主)龙骨[50×15×12，中距<1200 4.龙骨材料种类、规格、中距(次)：复面(次)龙骨U50×19×0.5中距等于板材宽度<1200 5.龙骨材料种类、规格、中距(横撑次)：复面横撑(次)龙骨U50×19×0.5中距等于板材宽度<2400 6.吊顶形式：9厚穿孔吸音板自攻螺丝拧牢，腻子勾板缝，钉眼用腻子补平，石膏板规格600×600×9 7.面层材料品种、规格：刷涂料，无光油漆，乳胶漆等 8.做法：详见西南11J515-P15	m2	DDMJ	DDMJ〈吊顶面积〉	□	房屋建筑与装饰
2	— 01110033	定	装配式U型轻钢天棚龙骨(不上人型) 龙骨间距 400mm*500mm 平面		m2	DDMJ	DDMJ〈吊顶面积〉	□	饰
3	— 01110135	定	天棚面层 石膏吸音板		m2	DDMJ	DDMJ〈吊顶面积〉	□	饰
4	— 01120271	定	双飞粉面刷乳胶漆二遍 天棚抹灰面		m2	DDMJ	DDMJ〈吊顶面积〉	□	饰

图 2.199

（6）独立柱装修做法套用

①独立柱装修根据所处房间的装修做法确定，其中独立柱装修 1 的做法套用，如图 2.200 所示。

	编码	类别	项目名称	项目特征	单位	工程量表达式	表达式说明	措施项目	专业
1	□ 011105003	项	大理石踢脚线	1.踢脚线高度：100mm高 2.底层厚度、砂浆配合比：25厚1:2.5水泥砂浆罐注 3.粘结层厚度、材料种类：4厚纯水泥浆粘贴层（425号水泥中掺20%白乳胶） 4.面层材料品种、规格、颜色：20厚石材面层，水泥砂浆擦缝 5.做法：详见西南11J312-4109T（a1） 6.部位：走廊、接待室、会议室、办公室等	m	DLZZC	DLZZC〈独立柱周长〉	□	房屋建筑与装饰
2	— 01090077	定	成品踢脚线 大理石 水泥砂浆		m	DLZZC	DLZZC〈独立柱周长〉	□	饰
3	□ 011201001	项	水泥砂浆墙面	1.墙体类型：砖墙、砼墙 2.底层厚度、砂浆配合比：7厚1:3水泥砂浆打底扫毛 3.面层厚度、砂浆配合比：5厚1:2.5水泥砂浆面层压实 4.装饰面材料种类：满刮腻子一道砂磨平，刷乳胶漆[单列项] 5.做法：详见西南11J515-N08	m2	DLZMHMJ		□	房屋建筑与装饰
4	— 01100008	定	一般抹灰 水泥砂浆抹灰 内墙面 砖、混凝土基层 7+6+5mm		m2	DLZMHMJ	DLZMHMJ〈独立柱抹灰面积〉	□	饰
5	□ 011407001	项	墙面喷刷涂料	1.刮腻子要求：满刮腻子一道砂磨平 2.涂料品种、喷刷遍数：刷乳胶漆	m2	DLZMHMJ		□	房屋建筑与装饰
6	— 01120262	定	刮腻子二遍 水泥砂浆混合砂浆墙面		m2	DLZMHMJ	DLZMHMJ〈独立柱抹灰面积〉	□	饰
7	— 01120261	定	抹灰面 乳胶漆 墙面 滚花		m2	DLZMHMJ	DLZMHMJ〈独立柱抹灰面积〉	□	饰

图 2.200

②独立柱装修 2 的做法套用,如图 2.201 所示。

	编码	类别	项目名称	项目特征	单位	工程量表达式	表达式说明	措施项目	专业
1	⊟ 011105003	项	地砖踢脚线	1. 踢脚线高度: 100mm高 2. 底层厚度、砂浆配合比: 25厚1:2.5水泥砂浆基层 3. 粘贴层厚度、材料种类: 4厚纯水泥浆粘贴层 (425号水泥中掺20%白乳胶) 4. 面层材料品种、规格、颜色: 5~10厚地砖面层,水泥砂浆擦缝 5. 做法: 详见西南11TJ312-4107T (a1) 6. 部位: 电梯厅、门厅、楼梯间等	m2	DLZZC*0.1	DLZZC<独立柱周长>*0.1	☐	房屋建筑与装饰
2	—— 01090111	定	陶瓷地砖 踢脚线		m2	DLZZC*0.1	DLZZC<独立柱周长>*0.1	☐	饰
3	⊟ 011201001	项	水泥砂浆墙面	1. 墙体类型: 砖墙、砼墙 2. 底层厚度、砂浆配合比: 7厚1:3水泥砂浆打底扫毛 3. 面层厚度、砂浆配合比: 5厚1:2.5水泥砂浆罩面压光 4. 装饰面材料种类: 满刮腻子一道砂磨平,刷乳胶漆[单列项] 5. 做法: 详见西南11J515-N08	m2	DLZMHMLJ	DLZMHMLJ<独立柱抹灰面积>	☐	房屋建筑与装饰
4	—— 01100008	定	一般抹灰 水泥砂浆抹灰 内墙面 砖、混凝土基层 7+6+5mm		m2	DLZMHMLJ	DLZMHMLJ<独立柱抹灰面积>	☐	饰
5	⊟ 011407001	项	墙面喷刷涂料	1. 刮腻子要求: 满刮腻子一道砂磨平 2. 涂料品种、喷刷遍数: 刷乳胶漆	m2	DLZMHMLJ	DLZMHMLJ<独立柱抹灰面积>	☐	房屋建筑与装饰
6	—— 01120262	定	刮腻子二遍 水泥砂浆混合砂浆墙面		m2	DLZMHMLJ	DLZMHMLJ<独立柱抹灰面积>	☐	饰
7	—— 01120261	定	抹灰面 乳胶漆 墙面 滚花		m2	DLZMHMLJ	DLZMHMLJ<独立柱抹灰面积>	☐	饰

图 2.201

5）房间的绘制

（1）点画

按照建施-3 中房间的名称,选择软件中建立好的房间,单击需要布置装修的房间,房间中的装修即自动布置上去。绘制好的房间,三维效果如图 2.202 所示。不同的墙的材质内墙面图元的颜色不一样,混凝土墙的内墙面装修默认为黄色。

图 2.202

图 2.203

（2）独立柱的装修图元的绘制

在模块导航栏中选择"独立柱装修"→"矩形柱",选择"智能布置"→"柱",选中独立柱,单击右键,独立柱装修绘制完毕,如图 2.203、图 2.204 所示。

（3）定义立面防水高度

切换到楼地面的构件,单击"定义立面防水高度",单击卫生间的四面,选中要设置的立面,防水的边变成蓝色,单击右键确认,弹出如图 2.205 所示的"请输入立面防水高度"的对话框,输入"300",单击"确定"按钮,立面防水图元绘制完毕,绘制后的结果如图 2.206 所示。

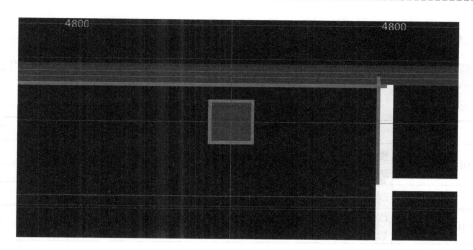

图 2.204

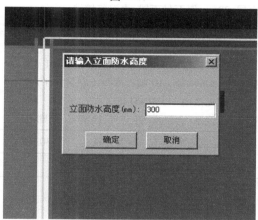

图 2.205

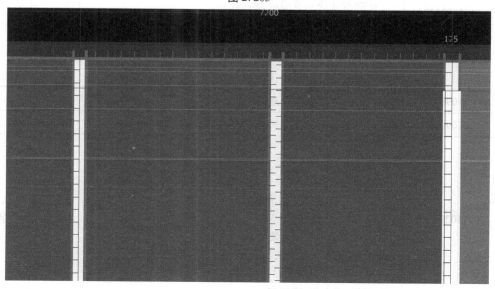

图 2.206

四、任务结果

点画绘制首层所有的房间,保存并汇总计算工程量。汇总计算,统计本层装修的工程量,如表 2.75 所示。

表 2.75　首层装修清单定额

序号	编码	项目名称及特征	单位	工程量
1	010904002001	楼(地)面涂膜防水 防水层:改性沥青一布四涂防水层	m²	58.652
	01080084	改性沥青防水涂料　水溶型　二布六涂	100m²	0.5865
	01080085 * −1	改性沥青防水涂料　水溶型　每增减一布二涂　子目乘以系数 −1	100m²	0.5865
2	011102001001	大理石楼面(800mm × 800mm) 1. 面层:20mm 厚石材面层,水泥浆擦缝 2. 结合层:20mm 厚 1∶2 干硬性水泥砂浆黏合层,上撒 1 ~ 2mm 厚干水泥并洒清水适量 3. 结合层:水泥浆水灰比 0.4 ~ 0.5,结合层 1 道 4. 找平层:50mm 厚 C10 细石混凝土敷管找平层 5. 做法:详见西南 11J312-3145L 6. 部位:接待室、会议室、办公室、档案室、走廊等	m²	458.6834
	01090023	找平层　商品细石混凝土　硬基层面上　厚30mm	100m²	4.5421
	01090062	大理石楼地面　周长　3200mm 以内　单色	100m²	4.5421
3	011102003003	防滑地砖楼面(400mm × 400mm) 1. 面层:防滑地砖面层 1∶1 水泥砂浆擦缝 2. 结合层:20mm 厚 1∶2 干硬性水泥砂浆黏合层,上撒 1 ~ 2mm 厚干水泥并洒清水适量 3. 找平层:20mm 厚 1∶3 水泥砂浆找平层 4. 基层处理:水泥浆水灰比 0.4 ~ 0.5,结合层 1 道 5. 做法:详见西南 11J312-3121L(2) 6. 部位:电梯厅、门厅、楼梯间	m²	240.4658
	01090019	找平层　水泥砂浆　硬基层上　20mm	100m²	2.3933
	01090106	陶瓷地砖　楼地面　周长 1600mm 以内	100m²	2.3933
4	011102003006	防滑地砖防水楼面(400mm × 400mm) 1. 面层:防滑地砖面层 1∶1 水泥砂浆擦缝 2. 结合层:20mm 厚 1∶2 干硬性水泥砂浆黏合层,上撒 1 ~ 2mm 厚干水泥并洒清水适量 3. 防水层:改性沥青一布四涂防水层(单列项) 4. 找坡层:1∶3 水泥砂浆找坡层,最薄处 20mm 厚 5. 结合层:水泥浆水灰比 0.4 ~ 0.5,结合层 1 道 6. 做法:详见西南 11J312-3122L(2) 7. 部位:卫生间、清洁间	m²	49.315

序号	编码	项目名称及特征	单位	工程量
4	01090019	找平层　水泥砂浆　硬基层上　20mm	100m²	0.4902
	01090106	陶瓷地砖　楼地面　周长1600mm以内	100m²	0.4902
5	011105001001	水泥砂浆踢脚线 　　1.踢脚线高度:100mm高 　　2.底层厚度、砂浆配合比:13mm厚1:3水泥砂浆打底 　　3.基层厚度、砂浆配合比:7mm厚1:3水泥砂浆基层 　　4.面层材料品种、规格、颜色:6mm厚1:2水泥砂浆面层铁板赶光 　　5.做法:详见西南11J312-4104T(b1) 　　6.部位:自行车库、库房等	m	3.35
	01090029	水泥砂浆　踢脚线	100m	0.0335
6	011105003001	地砖踢脚线 　　1.踢脚线高度:100mm高 　　2.底层厚度、砂浆配合比:25mm厚1:2.5水泥砂浆基层 　　3.粘贴层厚度、材料种类:4mm厚纯水泥浆粘贴层(425号水泥中掺20%白乳胶) 　　4.面层材料品种、规格、颜色:5~10mm厚地砖面层,水泥砂浆擦缝 　　5.做法:详见西南11J312-4107T(a1) 　　6.部位:电梯厅、门厅、楼梯间等	m²	9.0478
	01090111	陶瓷地砖　踢脚线	100m²	0.0905
7	011105003002	大理石踢脚线 　　1.踢脚线高度:100mm高 　　2.底层厚度、砂浆配合比:25mm厚1:2.5水泥砂浆灌注 　　3.粘贴层厚度、材料种类:4mm厚纯水泥浆粘贴层(425号水泥中掺20%白乳胶) 　　4.面层材料品种、规格、颜色:20mm厚石材面层,水泥砂浆擦缝 　　5.做法:详见西南11J312-4109T(a1) 　　6.部位:走廊、接待室、会议室、办公室等	m	306.9063
	01090077	成品踢脚线　大理石　水泥砂浆	100m	3.0691
8	11201001001	水泥砂浆墙面 　　1.墙体类型:砖墙、混凝土墙 　　2.底层厚度、砂浆配合比:7mm厚1:3水泥砂浆打底扫毛 　　3.面层厚度、砂浆配合比:6mm厚1:3水泥砂浆垫层,5mm厚1:2.5水泥砂浆罩面压光	m²	1086.5693

续表

序号	编码	项目名称及特征	单位	工程量
8	11201001001	4.装饰面材料种类:满刮腻子1道砂磨平,刷乳胶漆[单列项] 5.做法:详见西南11J515-N08	m²	
	01100008	一般抹灰　水泥砂浆抹灰　内墙面　砖、混凝土基层　(7+6+5)mm	100m²	10.8358
9	011204003003	瓷砖墙面 　1.墙体类型:砖墙、混凝土墙 　2.底层厚度、砂浆配合比:9mm厚1:3水泥砂浆打底扫毛,分两次抹 　3.结合层:8mm厚1:2水泥砂浆黏接层(加建筑胶适量) 　4.装饰面材料种类:4~4.5mm厚陶瓷锦砖,色浆或瓷砖勾缝剂擦缝(面层用200mm×300mm高级面砖) 　5.做法:详见西南11J515-N12	m²	295.2106
	01100164	内墙面　釉面砖(水泥砂浆粘贴)　周长　1200mm以内	100m²	2.9521
	01100008	一般抹灰　水泥砂浆抹灰　内墙面　砖、混凝土基层　(7+6+5)mm	100m²	2.9521
	01100031	一般抹灰砂浆厚度调整　水泥砂浆　每增减1mm	100m²	2.9521
10	011301001002	天棚抹灰 　1.基层:基层处理 　2.基础处理:刷水泥浆1道(加建筑胶适量) 　3.找平层:10~15mm厚1:1:4水泥石灰砂浆打底找平(现浇基层10mm厚,预制基层15mm厚)两次成活 　4.找平层:4mm厚1:0.3:3水泥石灰砂浆找平层 　5.刮腻子要求:满刮腻子找平磨光[单列项] 　6.涂料品种、喷刷遍数:刷乳胶漆[单列项] 　7.做法:详见西南11J515-P08	m²	267.6188
	01110005	天棚抹灰　混凝土面　混合砂浆　现浇	100m²	2.6989
11	011302001001	铝合金条板吊顶 　1.基层材料种类、规格:钢筋混凝土内预留φ8吊杆,双向吊点,中距900~1200mm 　2.龙骨材料种类、规格、中距:次龙骨(专用),中距<300~600mm 　3.做法:详见西南11J515-P10 　4.吊杆规格、高度:φ8钢筋吊杆,双向吊点,中距900~1200mm 　5.吊顶形式:0.5~0.8mm厚铝合金条板,中距200mm	m²	609.0189

续表

序号	编码	项目名称及特征	单位	工程量
11	01110033	装配式 U 形轻钢天棚龙骨（不上人型）　龙骨间距　400mm × 500mm　平面	100m²	6.0902
	01110144	天棚面层　铝合金条板天棚　闭缝	100m²	6.0902
12	11302001002	穿孔石膏吸声板吊顶 　1. 基层材料种类、规格:钢筋混凝土内预留 φ6.5 吊杆,双向吊点,中距 900 ~ 1200mm 　2. 吊杆规格、高度:φ6.5 钢筋吊杆,双向吊点,中距 900 ~ 1200mm 　3. 龙骨材料种类、规格、中距(主):承载(主)龙骨[50 × 15 × 12,中距 <1200mm 　4. 龙骨材料种类、规格、中距(次):复面(次)龙骨 U50 × 19 × 0.5,中距等于板材宽度 <1200mm 　5. 龙骨材料种类、规格、中距(横撑次):复面横撑(次)龙骨 U50 × 19 × 0.5,中距等于板材宽度 <2400mm 　6. 吊顶形式:9mm 厚穿孔吸声板自攻螺丝拧牢,腻子勾板缝,钉眼用腻子补平,石膏板规格 600mm × 600mm ×9mm 　7. 面层材料品种、规格:刷涂料,无光油漆,乳胶漆等 　8. 做法:详见西南 11J515-P15	m²	113.165
	01110033	装配式 U 形轻钢天棚龙骨（不上人型）　龙骨间距　400mm × 500mm　平面	100m²	1.1317
	01110135	天棚面层　石膏吸声板	100m²	1.1317
	01120271	双飞粉面刷乳胶漆 2 遍　天棚抹灰面	100m²	1.1317
13	011407001001	墙面喷刷涂料 　1. 刮腻子要求:满刮腻子 1 道砂磨平 　2. 涂料品种、喷刷遍数:刷乳胶漆	m²	1086.5693
	01120262	刮腻子 2 遍　水泥砂浆混合砂浆墙面	100m²	10.8358
	01120261	抹灰面　乳胶漆　墙面　滚花	100m²	10.8358
14	011407002001	天棚喷刷涂料 　1. 刮腻子要求:满刮腻子找平磨光 　2. 涂料品种、喷刷遍数:刷乳胶漆	m²	267.6188
	01120271	双飞粉面刷乳胶漆 2 遍　天棚抹灰面	100m²	2.6989
	01110003	天棚抹灰　混凝土面腻子　现浇	100m²	2.6989

五、总结拓展

装修的房间必须是封闭的

在绘制房间图元的时候,必须要保证房间是封闭的,否则会弹出如图 2.207 所示"确认"

对话框,在 MQ1 的位置绘制一道虚墙。

图 2.207

思考与练习

(1)虚墙是否计算内墙面工程量?
(2)虚墙是否影响楼面的面积?

2.8.2 其他层装修工程量的计算

通过本小节学习,你将能够:
(1)分析软件在计算装修时的计算思路;
(2)计算各层装修工程量。

一、任务说明

完成各楼层工程装修的工程量。

二、任务分析

①首层做法与其他楼层有何不同?
②装修工程量的计算与主体构件的工程量计算有何不同?

三、任务实施

1)分析图纸

由建施-0 中室内装修做法表可知,地下一层所用的装修做法和首层装修做法基本相同,地面做法为地面1、地面2、地面3。二层至机房层装修做法基本和首层的装修做法相同。可以把首层构件复制到其他楼层,然后重新组合房间即可。

由建施-2 可知,地下一层地面标高为 −3.6m;由结施-3 可知,地下室底板顶标高为 −4.4m,回填标高范围为(4.4−3.6)m=0.8m。

2)清单、定额计算规则学习

(1)清单计算规则学习

其他层装修清单计算规则如表2.76 所示。

表 2.76 其他层装修清单计算规则

编码	项目名称	单位	计算规则
011101003	细石混凝土楼地面	m²	按设计图示尺寸以面积计算。扣除凸出地面构筑物、设备基础、室内铁道、地沟等所占面积,不扣除间壁墙及不大于 0.3m² 柱、垛、附墙烟囱及孔洞所占面积。门洞、空圈、暖气包槽、壁龛的开口部分不增加面积
011101001	水泥砂浆楼地面	m²	按设计图示尺寸以面积计算。扣除凸出地面构筑物、设备基础、室内铁道、地沟等所占面积,不扣除间壁墙及不大于 0.3m² 柱、垛、附墙烟囱及孔洞所占面积。门洞、空圈、暖气包槽、壁龛的开口部分不增加面积
010103001	回填方	m³	按设计图示尺寸以体积计算 1. 场地回填:回填面积乘平均回填厚度 2. 室内回填:主墙间面积乘回填厚度,不扣除间隔墙 3. 基础回填:按挖方清单项目工程量减去自然地坪以下埋设的基础体积(包括基础垫层及其他构筑物)

(2)定额计算规则学习(以地面 1 为例)

其他层装修定额计算规则如表 2.77 所示。

表 2.77 其他层装修定额计算规则

编码	项目名称	单位	计算规则
01090013	地面垫层 混凝土地坪 商品混凝土	10m³	按设计图示尺寸以面积计算
01090038	混凝土加浆赶光(商品混凝土) 厚40mm	100m²	按设计图示尺寸以面积计算
01010122	人工原土打夯	100m²	按设计图示尺寸以面积计算
01090025	水泥砂浆 面层20mm 厚	100m²	按设计图示尺寸以面积计算
01090019	找平层 水泥砂浆 硬基层上 20mm	100m²	按设计图示尺寸以面积计算
01090106	陶瓷地砖 楼地面 周长1600mm 以内	100m²	按设计图示尺寸以面积计算
01090014	地面垫层 炉(矿)碴 干铺	10m³	按设计图示尺寸以面积计算
01010033	双轮车运土方 运距 100m 以内	100m³	按设计图示尺寸以面积计算

3）房心回填属性定义

在模块导航栏中选择"土方"→"房心回填"，在构建列表中选择"新建"→"新建房心回填"，属性定义如图 2.208 所示。

4）房心回填的画法讲解

房心回填采用点画法绘制。

属性名称	属性值	附加
名称	FXHT-1	
厚度(mm)	660	☐
顶标高(m)	层底标高+0.66	☐
回填方式	夯填	☐
备注		☐
⊞ 计算属性		
⊞ 显示样式		

图 2.208

四、任务结果

汇总计算，统计其他层的装修工程量，如表 2.78 所示。

表 2.78　其他层装修清单定额量

序号	编码	项目名称及特征	单位	工程量
1	010904002001	楼（地）面涂膜防水 防水层:改性沥青一布四涂防水层	m²	186.612
	01080084	改性沥青防水涂料　水溶型　二布六涂	100m²	1.8661
	01080085 * -1	改性沥青防水涂料　水溶型　每增减一布二涂　子目乘以系数 -1	100m²	1.8661
2	011101001001	水泥砂浆地面 　1.面层:20mm 厚 1:2 水泥砂浆面层铁板赶光 　2.结合层:水泥浆水灰比 0.4~0.5,结合层 1 道 　3.垫层做法:100mm 厚 C10 混凝土垫层 　4.基层处理:素土夯实基土 　5.做法:详见西南 11J312-3102D(b) 　6.部位:库房、弱电室、排烟机房、配电室	m²	344.7853
	01090013	地面垫层　混凝土地坪　商品混凝土	10m³	3.4479
	01010122	人工原土打夯	100m²	3.4479
	01090025	水泥砂浆　面层 20mm 厚	100m²	3.4479

序号	编码	项目名称及特征	单位	工程量
3	011101003001	细石混凝土地面 　1. 面层:40mm 厚 C20 细石混凝土(有敷管时为 50mm 厚), 　　表面撒 1:1 水泥砂子随打随抹光 　2. 结合层:水泥浆水灰比 0.4～0.5,结合层 1 道 　3. 垫层做法:100mm 厚 C10 混凝土垫层 　4. 基层处理:素土夯实基土 　5. 做法:详见西南 11J312-3114D(b) 　6. 部位:自行车库	m²	474.2238
	01090013	地面垫层　混凝土地坪　商品混凝土	10m³	4.7672
	01090038	混凝土加浆赶光(商品混凝土)　厚 40mm	100m²	4.7672
	01010122	人工原土打夯	100m²	4.7672
4	011102001001	大理石楼面(800mm×800mm) 　1. 面层:20mm 厚石材面层,水泥浆擦缝 　2. 结合层:20mm 厚 1:2 干硬性水泥砂浆黏合层,上撒 1～ 　　2mm 厚干水泥并洒清水适量 　3. 结合层:水泥浆水灰比 0.4～0.5 结合层 1 道 　4. 找平层:50mm 厚 C10 细石混凝土敷管找平层 　5. 做法:详见西南 11J312-3145L 　6. 部位:接待室、会议室、办公室、档案室、走廊等	m²	1800.544
	01090023	找平层　商品细石混凝土　硬基层面上　厚 30mm	100m²	17.8467
	01090062	大理石楼地面　周长　3200mm 以内　单色	100m²	17.8467
5	011102003001	防滑地砖地面 　1. 面层:普通地砖面层 1:1 水泥砂浆擦缝 　2. 结合层:20mm 厚 1:2 干硬性水泥砂浆黏合层,上撒 1～ 　　2mm 厚干水泥并洒清水适量 　3. 找平层:20mm 厚 1:3 水泥砂浆找平层 　4. 垫层做法:100mm 厚 C10 混凝土垫层找坡表面赶光 　5. 基层处理:素土夯实基土 　6. 做法:详见西南 11J312-3121D(b1) 　7. 部位:电梯厅、楼梯间	m²	46.8063
	01090013	地面垫层　混凝土地坪　商品混凝土	10m³	0.4681
	01010122	人工原土打夯	100m²	0.4681
	01090019	找平层　水泥砂浆　硬基层上　20mm	100m²	0.4681
	01090106	陶瓷地砖　楼地面　周长　1600mm 以内	100m²	0.4681

续表

序号	编码	项目名称及特征	单位	工程量
6	011102003003	防滑地砖楼面(400mm×400mm) 1. 面层:防滑地砖面层1:1水泥砂浆擦缝 2. 结合层:20mm 厚1:2干硬性水泥砂浆黏合层,上撒1~2mm 厚干水泥并洒清水适量 3. 找平层:20mm 厚1:3水泥砂浆找平层 4. 基层处理:水泥浆水灰比0.4~0.5,结合层1道 5. 做法:详见西南 11J312-3121L(2) 6. 部位:电梯厅、门厅、楼梯间	m²	363.8189
	01090019	找平层 水泥砂浆 硬基层上 20mm	100m²	3.6177
	01090106	陶瓷地砖 楼地面 周长 1600mm 以内	100m²	3.6177
7	011102003006	防滑地砖防水楼面(400mm×400mm) 1. 面层:防滑地砖面层1:1水泥砂浆擦缝 2. 结合层:20mm 厚1:2干硬性水泥砂浆黏合层,上撒1~2mm 厚干水泥并洒清水适量 3. 防水层:改性沥青一布四涂防水层(单列项) 4. 找坡层:1:3水泥砂浆找坡层,最薄处20mm 厚 5. 结合层:水泥浆水灰比0.4~0.5,结合层1道 6. 做法:详见西南 11J312-3122L(2) 7. 部位:卫生间、清洁间	m²	147.945
	01090019	找平层 水泥砂浆 硬基层上 20mm	100m²	1.4705
	01090106	陶瓷地砖 楼地面 周长 1600mm 以内	100m²	1.4705
8	011105001001	水泥砂浆踢脚线 1. 踢脚线高度:100mm 高 2. 底层厚度、砂浆配合比:13mm 厚1:3水泥砂浆打底 3. 基层厚度、砂浆配合比:7mm 厚1:3水泥砂浆基层 4. 面层材料品种、规格、颜色:6mm 厚1:2水泥砂浆面层铁板赶光 5. 做法:详见西南 11J312-4104T(b1) 6. 部位:自行车库、库房等	m	406.9454
	01090029	水泥砂浆 踢脚线	100m	4.0695

续表

序号	编码	项目名称及特征	单位	工程量
9	011105003001	地砖踢脚线 1. 踢脚线高度:100mm 高 2. 底层厚度、砂浆配合比:25mm 厚 1:2.5 水泥砂浆基层 3. 粘贴层厚度、材料种类:4mm 厚纯水泥浆粘贴层(425 号水泥中掺 20% 白乳胶) 4. 面层材料品种、规格、颜色:5～10mm 厚地砖面层,水泥砂浆擦缝 5. 做法:详见西南 11J312-4107T(a1) 6. 部位:电梯厅、门厅、楼梯间等	m²	18.8499
	01090111	陶瓷地砖 踢脚线	100m²	0.1885
10	011105003002	大理石踢脚线 1. 踢脚线高度:100mm 高 2. 底层厚度、砂浆配合比:25mm 厚 1:2.5 水泥砂浆灌注 3. 粘贴层厚度、材料种类:4mm 厚纯水泥浆粘贴层(425 号水泥中掺 20% 白乳胶) 4. 面层材料品种、规格、颜色:20mm 厚石材面层,水泥砂浆擦缝 5. 做法:详见西南 11J312-4109T(a1) 6. 部位:走廊、接待室、会议室、办公室等	m	1025.4359
	01090077	成品踢脚线 大理石 水泥砂浆	100m	10.2544
11	11201001001	水泥砂浆墙面 1. 墙体类型:砖墙、混凝土墙 2. 底层厚度、砂浆配合比:7mm 厚 1:3 水泥砂浆打底扫毛 3. 面层厚度、砂浆配合比:6mm 厚 1:3 水泥砂浆垫层,5mm 厚 1:2.5 水泥砂浆罩面压光 4. 装饰面材料种类:满刮腻子 1 道砂磨平,刷乳胶漆[单列项] 5. 做法:详见西南 11J515-N08	m²	4546.8467
	01100008	一般抹灰 水泥砂浆抹灰 内墙面 砖、混凝土基层 (7 + 6 + 5)mm	100m²	45.4509

续表

序号	编码	项目名称及特征	单位	工程量
12	011204003003	瓷砖墙面 1. 墙体类型:砖墙、混凝土墙 2. 底层厚度、砂浆配合比:9mm 厚 1:3 水泥砂浆打底扫毛,分两次抹 3. 结合层:8mm 厚 1:2 水泥砂浆黏结层(加建筑胶适量) 4. 装饰面材料种类:4~4.5mm 厚陶瓷锦砖,色浆或瓷砖勾缝剂擦缝(面层用 200mm×300mm 高级面砖) 5. 做法:详见西南 11J515-N12	m²	1151.6141
	01100164	内墙面 釉面砖(水泥砂浆粘贴) 周长 1200mm 以内	100m²	11.5126
	01100008	一般抹灰 水泥砂浆抹灰 内墙面 砖、混凝土基层 (7+6+5)mm	100m²	11.5126
	01100031	一般抹灰砂浆厚度调整 水泥砂浆 每增减 1mm	100m²	11.5126
13	011301001002	天棚抹灰 1. 基层:基层处理 2. 基础处理:刷水泥浆 1 道(加建筑胶适量) 3. 找平层:10~15mm 厚 1:1:4 水泥石灰砂浆打底找平(现浇基层 10mm 厚,预制基层 15mm 厚)两次成活 4. 找平层:4mm 厚 1:0.3:3 水泥石灰砂浆找平层 5. 刮腻子要求:满刮腻子找平磨光[单列项] 6. 涂料品种、喷刷遍数:刷乳胶漆[单列项] 7. 做法:详见西南 11J515-P08	m²	1117.6365
	01110005	天棚抹灰 混凝土面 混合砂浆 现浇	100m²	11.1859
14	011302001001	铝合金条板吊顶 1. 基层材料种类、规格:钢筋混凝土内预留 φ8 吊杆,双向吊点,中距 900~1200mm 2. 龙骨材料种类、规格、中距:次龙骨(专用),中距<300~600mm 3. 做法:详见西南 11J515-P10 4. 吊杆规格、高度:φ8 钢筋吊杆,双向吊点,中距 900~1200mm 5. 吊顶形式:0.5~0.8mm 厚铝合金条板,中距 200mm	m²	1351.8911
	01110033	装配式 U 形轻钢天棚龙骨(不上人型) 龙骨间距 400mm×500mm 平面	100m²	13.5189
	01110144	天棚面层 铝合金条板天棚 闭缝	100m²	13.5189

续表

序号	编码	项目名称及特征	单位	工程量
15	11302001002	穿孔石膏吸声板吊顶 1. 基层材料种类、规格:钢筋混凝土内预留 $\phi6.5$ 吊杆,双向吊点,中距 900～1200mm 2. 吊杆规格、高度:$\phi6.5$ 钢筋吊杆,双向吊点,中距 900～1200mm 3. 龙骨材料种类、规格、中距(主):承载(主)龙骨匚50×15×12,中距<1200mm 4. 龙骨材料种类、规格、中距(次):复面(次)龙骨 U50×19×0.5,中距等于板材宽度<1200mm 5. 龙骨材料种类、规格、中距(横撑次):复面横撑(次)龙骨 U50×19×0.5,中距等于板材宽度<2400mm 6. 吊顶形式:9 厚穿孔吸声板自攻螺丝拧牢,腻子勾板缝,钉眼用腻子补平,石膏板规格 600mm×600mm×9mm 7. 面层材料品种、规格:刷涂料,无光油漆、乳胶漆等 8. 做法:详见西南 11J515-P15	m²	896.848
	01110033	装配式 U 形轻钢天棚龙骨(不上人型) 龙骨间距 400mm×500mm 平面	100m²	8.9685
	01110135	天棚面层 石膏吸声板	100m²	8.9685
	01120271	双飞粉面刷乳胶漆 2 遍 天棚抹灰面	100m²	8.9685
16	011407001001	墙面喷刷涂料 1. 刮腻子要求:满刮腻子 1 道砂磨平 2. 涂料品种、喷刷遍数:刷乳胶漆	m²	4546.8467
	01120262	刮腻子 2 遍 水泥砂浆混合砂浆墙面	100m²	45.4509
	01120261	抹灰面 乳胶漆 墙面 滚花	100m²	45.4509
17	011407002001	天棚喷刷涂料 1. 刮腻子要求:满刮腻子找平磨光 2. 涂料品种、喷刷遍数:刷乳胶漆	m²	1117.6365
	01120271	双飞粉面刷乳胶漆 2 遍 天棚抹灰面	100m²	11.1859
	01110003	天棚抹灰 混凝土面腻子 现浇	100m²	11.1859

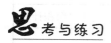思考与练习

黏结层是否套用定额?

2.8.3 外墙装饰面工程量计算

通过本小节学习,你将能够:
(1)定义外墙装饰面;
(2)统计外墙装饰面工程量。

一、任务说明

完成各楼层外墙装饰面的工程量。

二、任务分析

地上外墙与地下部分装饰面做法层有何不同?

三、任务实施

1)分析图纸

从"(四)防水设计"中可得知,地下室外墙有 60mm 厚的保护层。

2)清单、定额计算规则学习

(1)清单计算规则学习

外墙保温清单计算规则如表 2.79 所示。

表 2.79　外墙保温清单计算规则

编码	项目名称	单位	计算规则
010903001001	墙面卷材防水	m^2	按设计图示尺寸以面积计算。扣除门窗洞口以及面积大于 $0.3m^2$ 梁、孔洞所占面积;门窗洞口侧壁以及与墙相连的柱,并入保温墙体工程量内
11204003001	面砖饰面	m^2	

(2)定额计算规则

外墙保温定额计算规则如表 2.80 所示。

表 2.80　外墙保温定额计算规则

编码	项目名称	单位	计算规则
1080202	防水、抗裂保护层　聚乙烯泡沫塑料板 50mm	$100m^2$	按设计图示尺寸以面积计算
1100148	外墙面　水泥砂浆黏贴面砖　周长 1600mm 以内	$100m^2$	按设计图示尺寸以面积计算

3)属性定义

外墙面的属性定义,如图 2.209 所示。

属性名称	属性值	附加
名称	WQM-1	
内/外墙面	外墙面	☑
所附墙材质(	(程序自动	☐
块料厚度(	0	☐
起点顶标高	墙顶标高	☐
终点顶标高	墙顶标高	☐
起点底标高	墙底标高	☐
终点底标高	墙底标高	☐
备注		☐
⊞ 计算属性		
⊞ 显示样式		

图 2.209

4)做法套用

地上外墙面保温层的做法套用,如图 2.210 所示。

	编码	类别	项目名称	项目特征	单位	工程量表达式	表达式说明	措施项目	专业
1	⊟ 011204003	项	面砖饰面	1. 墙体类型:砖质外墙面 2. 基层处理:基层清扫干净,填补缝隙缺损均匀润湿,刷界面处理剂 3. 底层厚度、砂浆配合比:14厚1:3水泥砂浆打底,两次成活,扫毛或划出纹道 4. 结合层:8厚1:0.15:2水泥石灰砂浆(内掺建筑胶或专业粘结剂) 5. 装饰面材料种类:贴外墙砖1:1水泥砂浆勾缝 6. 做法:详见西南11J516-5409	m2	ZQMKLMJZ	ZQMKLMJZ〈砖墙面块料面积(不分材质)〉	☐	房屋建筑与装饰
2	— 01100001	定	一般抹灰 水泥砂浆抹灰 外墙面 7+7+6mm 砖基层		m2	ZQMKLMJZ	ZQMKLMJZ〈砖墙面块料面积(不分材质)〉	☐	饰
3	— 01100148	定	外墙面 水泥砂浆黏贴面砖 周长 1600mm以内		m2	ZQMKLMJZ	ZQMKLMJZ〈砖墙面块料面积(不分材质)〉	☐	饰
4	⊟ 011204003	项	面砖饰面	1. 墙体类型:砼墙外墙面 2. 基层处理:刷界面处理剂 3. 底层厚度、砂浆配合比:14厚1:3水泥砂浆打底,两次成活,扫毛或划出纹道 4. 结合层:8厚1:0.15:2水泥石灰砂浆(内掺建筑胶或专业粘结剂) 5. 装饰面材料种类:贴外墙砖1:1水泥砂浆勾缝 6. 做法:详见西南11J516-5408	m2	TQMKLMJZ	TQMKLMJZ〈砼墙面块料面积(不分材质)〉	☐	房屋建筑与装饰
5	— 01100003	定	一般抹灰 水泥砂浆抹灰 外墙面 7+7+6mm 混凝土基层		m2	TQMKLMJZ	TQMKLMJZ〈砼墙面块料面积(不分材质)〉	☐	饰
6	— 01100148	定	外墙面 水泥砂浆黏贴面砖 周长 1600mm以内		m2	TQMKLMJZ	TQMKLMJZ〈砼墙面块料面积(不分材质)〉	☐	饰

图 2.210

5)画法讲解

切换到基础层,选择"其他"→"外墙面",选择"智能布置"→"外墙外边线",把外墙局部放大,如图 2.211 所示,在混凝土外墙的外侧有外墙面。

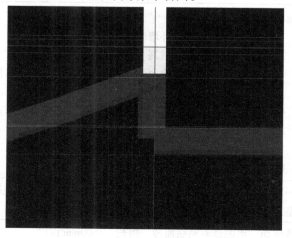

图 2.211

四、任务结果

①按照以上外墙面的绘制方式,完成其他层外墙面的绘制。

②汇总计算,统计各层外墙面的工程量,如表 2.81 所示。

表 2.81　外墙面清单定额量

序号	编码	项目名称及特征	单位	工程量
1	010903001001	墙面卷材防水 1. 卷材品种:3.0mm 厚两层 SBS 高聚物改性沥青防水卷材 2. 防水做法:60mm 厚泡沫聚苯板保温板 3. 部位:挡土墙	m²	634.7777
	01080202	防水、抗裂保护层　聚乙烯泡沫塑料板 50mm	100m²	6.3478
	01080130	高聚物改性沥青防水卷材冷粘　楼地面、墙面　立面	100m²	6.3478
	01080132	高聚物改性沥青防水卷材冷粘　每增 1 层　立面	100m²	6.3478
2	011204003001	面砖饰面 1. 墙体类型:砖墙外墙面 2. 基层处理:基层清扫干净,填补缝隙缺损均匀润湿,刷界面处理剂 3. 底层厚度、砂浆配合比:14mm 厚 1:3 水泥砂浆打底,两次成活,扫毛或划出纹道 4. 结合层:8mm 厚 1:0.15:2 水泥石灰砂浆(内掺建筑胶或专业黏结剂) 5. 装饰面材料种类:贴外墙砖 1:1 水泥砂浆勾缝 6. 做法:详见西南 11J516-5409	m²	1350.4357
	01100001	一般抹灰　水泥砂浆抹灰　外墙面　(7＋7＋6)mm　砖基层	100m²	13.5044
	01100148	外墙面　水泥砂浆粘贴面砖　周长　1600mm 以内	100m²	13.5044
3	011204003002	面砖饰面 1. 墙体类型:混凝土墙外墙面 2. 基层处理:刷界面处理剂 3. 底层厚度、砂浆配合比:14mm 厚 1:3 水泥砂浆打底,两次成活,扫毛或划出纹道 4. 结合层:8mm 厚 1:0.15:2 水泥石灰砂浆(内掺建筑胶或专业黏结剂) 5. 装饰面材料种类:贴外墙砖 1:1 水泥砂浆勾缝 6. 做法:详见西南 11J516-5408	m²	481.041
	01100003	一般抹灰　水泥砂浆抹灰　外墙面　(7＋7＋6)mm　混凝土基层	100m²	4.8104
	01100148	外墙面　水泥砂浆粘贴面砖　周长　1600mm 以内	100m²	4.8104

思考与练习

（1）自行车坡道墙是否需要设置外墙面？
（2）基础外墙保护层的定标高是多少？

2.9　楼梯工程量计算

通过本节学习，你将能够：
（1）分析整体楼梯包含的内容；
（2）定义参数化楼梯；
（3）绘制楼梯；
（4）汇总楼梯工程量。

一、任务说明

①使用参数化楼梯来完成定义楼梯尺寸、做法套用。
②汇总计算，统计楼梯的工程量。

二、任务分析

①楼梯由哪些构件组成？每一构件都对应有哪些工作内容？做法如何套用？
②如何正确地编辑楼梯各构件的工程量表达式？

三、任务实施

1）分析图纸

分析建施-13、建施-14、结施-15、结施-16 及各层平面图可知，本工程有 2 部楼梯，位于④~⑤轴的为 1 号楼梯，位于⑨~⑪轴的为 2 号楼梯。1 号楼梯从地下室开始到机房层，2 号楼梯从首层开始到四层。

依据定额计算规则可知，楼梯按照水平投影面积计算混凝土和模板面积，通过分析图纸可知 TZ1 和 TZ2 的工程量不包含在整体楼梯中，需要单独计算。楼梯底面抹灰要按照天棚抹灰计算。

从建施-13 中剖面图可知，楼梯的休息平台处有不锈钢护窗栏杆，高 1000mm，其长度为休息平台的宽度（即楼梯的宽度）。

2）定额清单计算规则学习

（1）清单计算规则学习
楼梯清单计算规则如表 2.82 所示。

表 2.82　楼梯清单计算规则

编码	项目名称	单位	计算规则
010506001	直形楼梯	m²	1. 以 m² 计量,按设计图示尺寸以水平投影面积计算,不扣除宽度小于等于 500mm 的楼梯井,伸入墙内部分不计算 2. 以 m³ 计量,按设计图示尺寸以体积计算
011702024	直形楼梯	m²	按楼梯(包括休息平台、平台梁、斜梁和楼层板的连接梁)的水平投影面积计算,不扣除宽度小于等于 500mm 的楼梯井所占面积,楼梯踏步、踏步板、平台梁等侧面模板不另计算,伸入墙内部分也不增加
011503001	金属扶手、栏杆、栏板	m	按设计图示以扶手中心线长度(包括弯头长度)计算

（2）定额计算规则学习

楼梯定额计算规则如表 2.83 所示。

表 2.83　楼梯定额计算规则

编码	项目名称	单位	计算规则
01050121	现商品混凝土施工　楼梯　板式	10m²	同清单计算规则
01150304	现浇混凝土模板　楼梯　板式　组合钢模板	10m²	同清单计算规则
01090194	不锈钢管栏杆　直线形　竖条式	100m	同清单计算规则

3）楼梯定义

楼梯可以按照水平投影面积布置,也可以绘制参数化楼梯。本工程按照参数化布置,便于用软件计算楼梯底面抹灰的面积。

1 号楼梯和 2 号楼梯都为直行双跑楼梯,以 1 号楼梯为例讲解。在模块导航栏中单击"楼梯"→"楼梯"→"参数化楼梯"(见图 2.212),选择"直行双跑楼梯",单击"确定"进入"编辑图形参数"对话框,按照结施-15 中的数据更改绿色的字体,编辑完参数后单击"保存"退出,如图 2.213 所示。

4）做法套用

1 号楼梯做法套用,如图 2.214 所示。

5）楼梯画法讲解

①首层楼梯绘制。楼梯可以用点画绘制,点画绘制的时候需要注意楼梯的位置。绘制的 1 号楼梯图元如图 2.215 所示。

②利用层间复制功能复制 1 号楼梯到其他层,完成各层楼梯的绘制。

四、任务结果

汇总计算,统计各层楼梯的工程量,如表 2.84 所示。

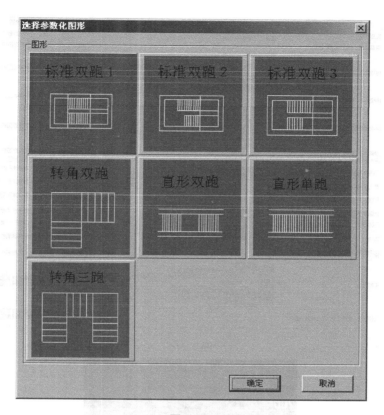

图 2.212

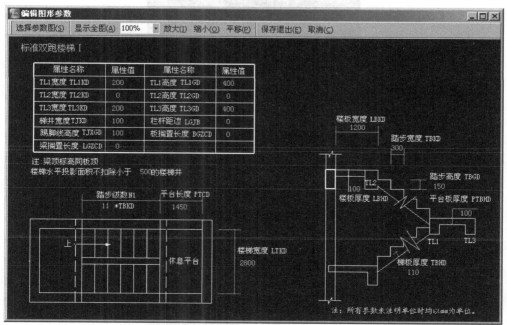

图 2.213

	编码	类别	项目名称	项目特征	单位	工程量表达式	表达式说明	措施项目	专业
1	⊟ 010506001	项	直形楼梯 C25	1. 混凝土种类：商品混凝土 2. 混凝土强度等级：C25	m2	TYMJ	TYMJ<水平投影面积>	☐	房屋建筑与装饰
2	01050121	定	商品混凝土施工 楼梯 板式		m2	TYMJ	TYMJ<水平投影面积>	☐	土
3	⊟ 011105003	项	地砖踢脚线	1. 踢脚线高度：100mm高 2. 底层厚度、砂浆配合比：25厚1:2.5水泥砂浆基层 3. 粘结层厚度、材料种类：4厚纯水泥浆粘贴层（425号水泥中掺20%白乳胶） 4. 面层材料品种、规格、颜色：5～10厚地砖面层，水泥砂浆擦缝 5. 做法：详见西南11J312-4107T（a1） 6. 部位：电梯厅、门厅、楼梯间等	m2	TJXMMJ	TJXMMJ<踢脚线面积（斜）>	☐	房屋建筑与装饰
4	01090111	定	陶瓷地砖 踢脚线		m2	TJXMMJ	TJXMMJ<踢脚线面积（斜）>	☐	饰
5	⊟ 011106002	项	防滑地砖楼梯面层	1. 基层处理：水泥浆水灰比0.4～0.5结合层一道 2. 底层厚度、砂浆配合比：20厚1:3水泥砂浆打底 3. 粘贴层厚度、材料种类：刷素水泥浆1：2干硬性水泥砂浆粘合层，上洒1～2厚干水泥并洒清水适量 4. 面层材料品种、规格、颜色：防滑地砖面层1:1水泥砂浆擦缝 5. 做法：详见西南11J312-3121L（2） 6. 部位：楼梯	m2	TYMJ	TYMJ<水平投影面积>	☐	房屋建筑与装饰
6	01090113	定	陶瓷地砖 楼梯		m2	TYMJ	TYMJ<水平投影面积>	☐	饰
7	01090019	定	找平层 水泥砂浆 硬基层上 20mm		m2	TYMJ	TYMJ<水平投影面积>	☐	饰
8	⊟ 011407002	项	天棚喷刷涂料	刮腻子要求：满刮腻子找平磨光 涂料品种、喷刷遍数：刷乳胶漆。	m2	DBMHMJ	DBMHMJ<底部抹灰面积>	☐	房屋建筑与装饰
9	01120271	定	双飞粉面刷乳胶漆二遍 天棚抹灰面		m2	DBMHMJ	DBMHMJ<底部抹灰面积>	☐	饰
10	01110003	定	天棚抹灰 混凝土面腻子 现浇		m2	DBMHMJ	DBMHMJ<底部抹灰面积>	☐	饰
11	⊟ 011503001	项	金属扶手、栏杆、栏板	1. 栏杆材料种类、规格：不锈钢栏杆 做法：详见L96J401/P17	m	LGCD	LGCD<栏杆扶手长度>	☐	房屋建筑与装饰
12	01090194	定	不锈钢管栏杆 直线型 整条式		m	LGCD	LGCD<栏杆扶手长度>	☐	饰
13	⊟ 011702024	项	楼梯	1. 楼梯类型：板式 2. 模板类型：组合钢模板 3. 部位：楼梯	m2	TYMJ	TYMJ<水平投影面积>	☑	房屋建筑与装饰
14	01150304	定	现浇混凝土模板 楼梯 板式 组合钢模板		m2	TYMJ	TYMJ<水平投影面积>	☑	饰
15	⊟ 011301001	项	天棚抹灰	1. 基层：基层处理 2. 基础处理：刷水泥浆一道（加建筑胶适量） 3. 找平层：10～15厚1:1:4水泥石灰砂浆打底找平（现浇基层10厚，预制板厚15厚）两次成活 4. 找平层：4厚1:0.3:3水泥石灰砂浆找平层 5. 刮腻子要求：满刮腻子找平磨光[单列项] 6. 涂料品种、喷刷遍数：刷乳胶漆[单列项] 7. 做法：详见西南11J515-P08	m2	DBMHMJ+TDCMMJ	DBMHMJ<底部抹灰面积>+TDCMMJ<楼段侧面面积>	☐	房屋建筑与装饰
16	01110005	定	天棚抹灰 混凝土面 混合砂浆 现浇		m2	DBMHMJ+TDCMMJ	DBMHMJ<底部抹灰面积>+TDCMMJ<楼段侧面面积>	☐	饰

图 2.214

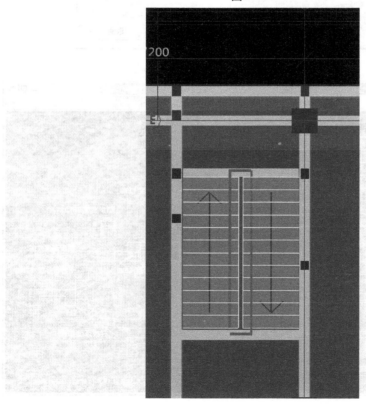

图 2.215

表 2.84　楼梯清单定额量

序号	编码	项目名称及特征	单位	工程量
1	010506001001	直形楼梯 1.混凝土种类:商品混凝土 2.混凝土强度等级:C30	m²	70.9177
	01050121	商品混凝土施工　楼梯　板式	10m²	7.0918
2	010506001002	直形楼梯 1.混凝土种类:商品混凝土 2.混凝土强度等级:C30	m²	43.3689
	01050121	商品混凝土施工　楼梯　板式	10m²	4.3369
3	11105003001	地砖踢脚线 1.踢脚线高度:100mm 高 2.底层厚度、砂浆配合比:25mm 厚 1:2.5 水泥砂浆基层 3.粘贴层厚度、材料种类:4mm 厚纯水泥浆粘贴层(425 号水泥中掺 20% 白乳胶) 4.面层材料品种、规格、颜色:5~10mm 厚地砖面层,水泥砂浆擦缝 5.做法:详见西南 11J312-4107T(a1) 6.部位:电梯厅、门厅、楼梯间等	m²	27.7177
	01090111	陶瓷地砖　踢脚线	100m²	0.2772
4	011106002001	防滑地砖楼梯面层 1.基层处理:水泥浆水灰比 0.4~0.5,结合层 1 道 2.底层厚度、砂浆配合比:20mm 厚 1:3 水泥砂浆找平层 3.粘贴层厚度、材料种类:20mm 厚 1:2 干硬性水泥砂浆黏合层,上撒 1~2mm 厚干水泥并洒清水适量 4.面层材料品种、规格、颜色:防滑地砖面层 1:1 水泥砂浆擦缝 5.做法:详见西南 11J312-3121L(2) 6.部位:楼梯	m²	114.2866
	01090113	陶瓷地砖　楼梯	100m²	1.1429
	01090019	找平层　水泥砂浆　硬基层上　20mm	100m²	1.1429
5	011301001002	天棚抹灰 1.基层:基层处理 2.基础处理:刷水泥浆 1 道(加建筑胶适量) 3.找平层:10~15mm 厚 1:1:4 水泥石灰砂浆打底找平(现浇基层 10mm 厚,预制基层 15mm 厚)两次成活 4.找平层:4mm 厚 1:0.3:3 水泥石灰砂浆找平层 5.刮腻子要求:满刮腻子找平磨光[单列项] 6.涂料品种、喷刷遍数:刷乳胶漆[单列项] 7.做法:详见西南 11J515-P08	m²	142.4795
	01110005	天棚抹灰　混凝土面　混合砂浆　现浇	100m²	1.4248

续表

序号	编码	项目名称及特征	单位	工程量
6	010506001001	天棚喷刷涂料 　1. 刮腻子要求:满刮腻子找平磨光 　2. 涂料品种、喷刷遍数:刷乳胶漆	m²	130.3025
	01120271	双飞粉面刷乳胶漆2遍　天棚抹灰面	100m²	1.303
	01110003	天棚抹灰　混凝土面腻子　现浇	100m²	1.303
7	011503001001	金属扶手、栏杆、栏板 　1. 栏杆材料种类、规格:不锈钢栏杆 　2. 做法:详见 L96J401/P17	m	77.0945
	01090194	不锈钢管栏杆　直线形　竖条式	100m	0.7709

五、总结拓展

建筑图楼梯给出的标高为建筑标高,绘图时定义的是结构标高,在绘图时将楼梯标高调整为结构标高。

组合楼梯就是楼梯使用单个构件绘制后的楼梯,每个单构件都要单独定义,单独绘制。

（1）组合楼梯构件定义

①直形梯段定义。单击"新建直形梯段",将上述图纸信息输入,如图 2.216 所示。

②休息平台的定义。单击"新建现浇板",将上述图纸信息输入,如图 2.217 所示。

属性名称	属性值	附加
名称	ZLT-1	
材质	现浇混凝	□
砼标号	(C30)	□
砼类型	(现浇砼)	□
踏步总高(	3000	□
踏步高度(	150	□
梯板厚度(	100	□
底标高(m)	层底标高	□
是否支模	是	□
建筑面积计	不计算	□
备注		□
⊞ 计算属性		
⊞ 显示样式		

图 2.216

属性名称	属性值	附加
名称	梯板	
类别	有梁板	□
材质	现浇混凝	□
砼标号	(C30)	□
砼类型	(现浇砼)	□
厚度(mm)	(100)	□
顶标高(m)	层顶标高	□
是否是楼板	是	□
是否是空心	否	□
是否支模	是	□
备注		□
⊞ 计算属性		
⊞ 显示样式		

图 2.217

（2）做法套用

做法套用与上面楼梯做法套用相同。

（3）直形梯段画法

直形梯段可以用直线绘制也可以用矩形绘制,绘制后设置踏步起始边即可。休息平台也一样,绘制方法同现浇板。绘制后结果如图 2.218 所示。

图 2.218

（4）组合构件

可以先绘制好梯梁、梯板、休息平台、梯段等，然后"新建组合构件"，软件自动创建一个楼梯构件。该构件可以直接绘制到当前工程的其他位置。

思考与练习

整体楼梯的工程量中是否包含 TZ？

2.10 钢筋算量软件与图形算量软件的无缝联接

通过本节学习，你将能够：

（1）如何将钢筋软件导入图形软件中；

（2）钢筋导入图形后需要修改哪些图元；

（3）绘制钢筋中无法处理的图元；

（4）绘制未完成的图元。

一、任务说明

在图形算量软件中导入完成钢筋算量模型。

二、任务分析

①图形算量与钢筋算量的接口是在哪里？

②钢筋算量与图形算量软件有什么不同？

三、任务实施

1)新建工程,导入钢筋工程

参照 2.1.1 节的方法,新建工程。

①新建完毕后,进入图形算量的起始界面,选择"文件"→"导入钢筋(GGJ)工程",如图 2.219 所示。

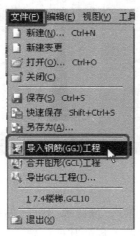

图 2.219

②弹出"打开"对话框,选择钢筋工程文件所在位置,单击"打开"按钮,如图 2.220 所示。

图 2.220

③弹出"提示"对话框,单击"确定"按钮,如图 2.221 所示;出现"层高对比"对话框,选择"按照钢筋层高导入",如图 2.222 所示。

④弹出如图 2.223 所示对话框,在楼层列表下方单击"全选",在构件列表中"轴网"构件后的方框中打钩选择,然后单击"确定"按钮。

图 2.221

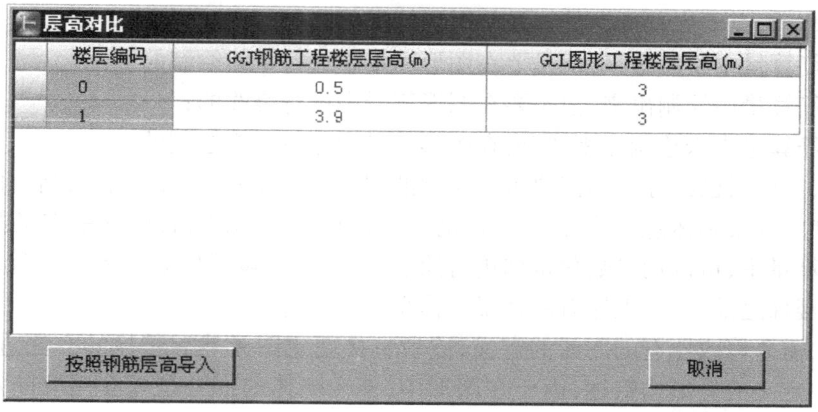

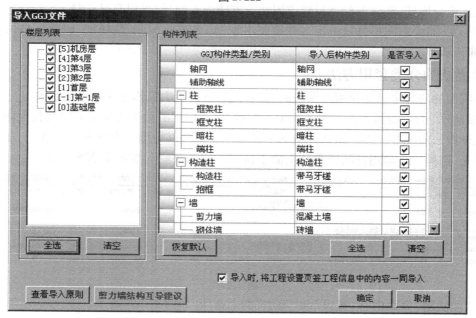

图 2.222

图 2.223

⑤导入完成后出现如 2.224 所示的"提示"对话框,再单击"确定"按钮完成导入。
在此之后,软件会提示是否保存工程,建议立即保存。

2)分析差异

因为钢筋算量只是计算了钢筋的工程量,所以在钢筋算量中其他不存在钢筋的构件没有
进行绘制,所以需要在图形算量中将它们补充完整。

图 2.224

在补充之前,需要先分析钢筋算量与图形算量的差异,其差异分为 3 类:

①在钢筋算量中绘制出来,但是要在图形算量中进行重新绘制的;

②在钢筋算量中绘制出来,但是要在图形算量中进行修改的;

③在钢筋算量中未绘制出来,需要在图形算量中进行补充绘制的。

对于①,需要对已经导入的需要重新绘制的图元进行删除,以便以后绘制。例如,在钢筋算量中,楼梯的梯梁和休息平台都是带有钢筋的构件,需要在钢筋算量中定义并进行绘制。但是在图形算量中,可以用参数化楼梯进行绘制,其中已经包括梯梁和休息平台,所以在图形算量中绘制楼梯之前,需要把原有的梯梁和休息平台进行删除。

对于②,需要修改原有的图元的定义,或者直接新建图元然后替换的方法进行修改。例如,在钢筋中定义的异形构造柱,由于在图形中,伸入墙体的部分是要套用墙的定额,那么在图形算量时需要把异形柱修改定义变为矩形柱,而原本伸入墙体的部分要变为墙体;或者可以直接新建矩形柱,然后进行批量修改图元。方法因人而异,可以自己选择。

对于③,需要在图形算量中定义并绘制出来,如建筑面积、平整场地、散水、台阶、基础垫层、装饰装修等。

3)做法的分类套用方法

在前面的内容中已经介绍过做法的套用方法,下面给大家作更深一步的讲解。

"做法刷"的功能其实就是为了减少工作量,把套用好的做法快速地复制到其他同样需要套用此种做法的地方。但是怎么样做到更快捷呢?下面以矩形柱为例进行介绍。

首先,选择一个套用好的清单和定额子目,单击"做法刷",如图 2.225 所示。

	编码	类别	项目名称	项目特征	单位	工程量表达式	表达式说明	措施项目	专业
1	─ 010502001	项	矩形柱 C30	1. 柱形状: 矩形柱 2. 混凝土种类: 商品混凝土 3. 混凝土强度等级: C30 4. 柱截面尺寸: 周长1.8m以外	m3	TJ	TJ<体积>	□	房屋建筑与装饰
2	01050084 HB 0210879 802	换	商品混凝土施工 矩形柱 断面周长1.8m以外 换为【(商)混凝土 C30】		m3	TJ	TJ<体积>	□	土
3	─ 011702002	项	矩形柱	1. 模板类型: 组合钢模板 2. 部位: 矩形柱	m2	MBMJ	MBMJ<模板面积>	☑	房屋建筑与装饰
4	01150270	定	现浇混凝土模板 矩形柱 组合钢模板		m2	MBMJ	MBMJ<模板面积>	☑	饰

图 2.225

在"做法刷"界面中有"覆盖"和"追加"两个选项,如图 2.226 所示。

"追加"就是在其他构件中已经套用好的做法的基础上,再添加一条做法;而"覆盖"就是把其他构件中已经套用好的做法覆盖掉。选择好之后,单击"过滤"按钮,出现如图 2.227 所示的下拉菜单。在"过滤"的下拉菜单中有很多种选项,下面以"同类型内按属性过滤"为例,介绍"过滤"的功能。

首先,选择"同类型内按属性过滤",出现如图 2.228 所示对话框。

图 2.226

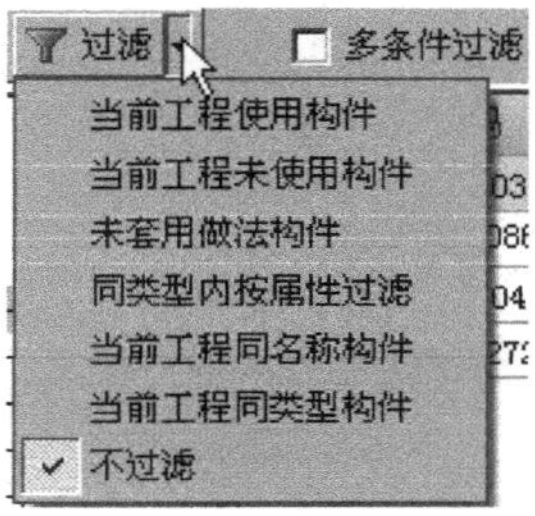

图 2.227

	可否使用	构件属性	属性内容
1	☐	截面宽度	=600
2	☐	截面高度	=600
3	☐	截面周长	=2400
4	☐	截面面积	=0.36
5	☐	是否为人防构件	否
6	☐	砼标号	C30
7	☐	类别	框架柱
8	☐	截面形状	矩形
9	☐	材质	现浇混凝土

图 2.228

可以在前面的方框中勾选需要的属性,下面以"截面周长"属性为例进行介绍。勾选"截面周长"前面的方框,在"设置属性"内容栏中可以输入需要的数值(格式需要和默认的一致),然后单击"确定"按钮,如图 2.229 所示。此时,在对话框左面的楼层信息菜单中显示的构件均为已经过滤并符合条件的构件,这样便于我们选择并且不会出现错误,如图 2.230 所示。

图 2.229

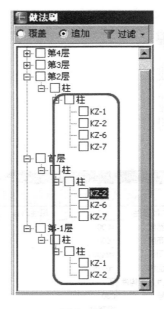

图 2.230

2.11 BIM 在算量中的应用

通过本节的学习,你将能够:
(1)了解 Revit、GCL2013 与 BIM5D 之间的关系;
(2)能够掌握 Revit 模型导入 GCL2013 及 BIM5D 的方法。

一、任务说明

导入已有的 GFC 交互文件,并导出 IGMS 文件。

二、任务分析

要进行 BIM 应用的操作,需要申请广联云邀请码,首先单击"导入 Revit 交互文件(GFC)"的"单文件导入",在软件弹出窗口内输入广联云账号密码(如果没有账号,可以单击注册,用邮箱申请广联云账号即可),单击"立即登录",弹出申请广联云邀请码的窗口,输入信息,即可进行申请。

三、任务实施

1)导入 Revit 交互文件(GFC)

首先单击 **BIM应用(I)** 功能,选择"导入 Revit 交互文件(GFC)"的"单文件导入",在软件弹出窗口内输入广联云账号密码,单击"立即登录"弹出选择文件的窗口,选择需要导入的 GFC 格式文件,单击"打开",选择需要导入的楼层和构件,单击"完成"即可,如图 2.231、图 2.232 所示。

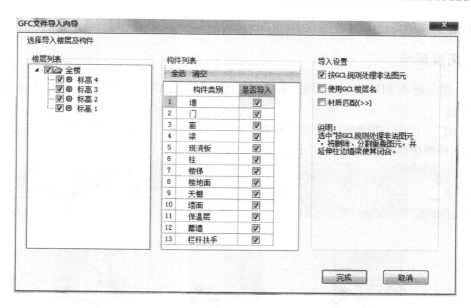

图 2.231

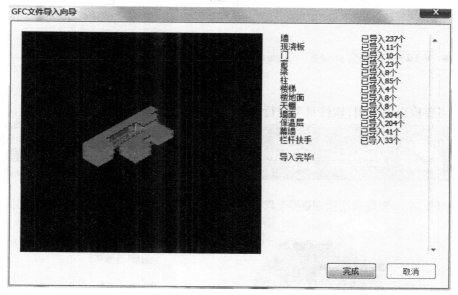

图 2.232

2)导出 BIM 交互文件(IGMS)

首先单击 **BIM应用(I)** 功能,选择"导出 BIM 交互文件(IGMS)"功能,软件弹出"另存为"对话框,选择保存路径,点击"保存"即可。

四、归纳总结

BIM 在造价阶段的应用主要分为以下步骤:

①需要申请广联云账号及邀请码进行注册;

②导入 Revit 交互文件(GFC),实现设计模型在造价计量中的应用;

③BIM 土建中导出 BIM 交互文件(IGMS),可应用于 BIM5D 中。

五、拓展延伸

Revit 模型导入 BIM 土建算量后,需要对模型进行合法性检查,保证符合 BIM 土建建模规则进行算量。

可以用"云检查"功能进行合法性检查。单击"云应用"下的"云检查"功能,登录广联达云账号,软件弹出选择检查范围,如图 2.233 所示。

图 2.233

单击需要检查的范围,软件自动进行检查,弹出检查结果,如图 2.234 所示。

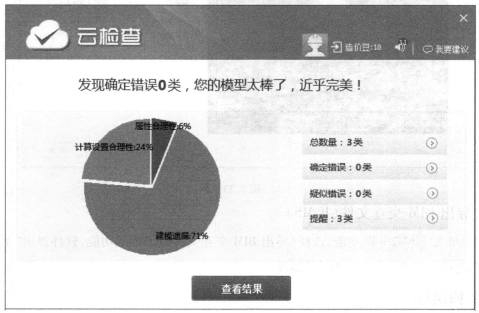

图 2.234

单击"查看结果",软件弹出问题分类明细(见图 2.235),点击"定位"软件自动定位在有错误的位置,方便检查修改。

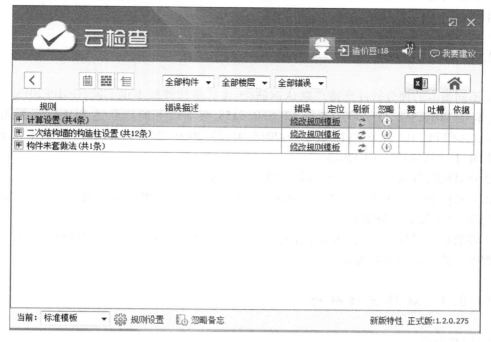

图 2.235

2.12　评分软件应用

通过本节学习,你将能够:
(1)熟练掌握评分软件的操作流程;
(2)能使用评分软件对阶段成果进行评分并导出评分报告。

2.12.1　软件介绍

广联达钢筋/土建算量评分软件以选定工程作为评分标准工程,通过计算结果的对比,按照一定的评分规则,最终可计算出学员工程的得分。评分软件的主要功能包括"评分设置""导入评分工程""计算得分""导出评分结果""导出评分报告"等。

2.12.2　评分软件使用场景

利用评分软件可以评测不同角色对广联达钢筋软件的应用水平。
①学校老师——学生学习软件效果进行评测。
②企业——工程造价业务人员软件应用技能测评 。

③算量大赛——参赛选手软件应用技能测评。

④学生——自评、小组互评。

2.12.3 使用要求

①不同版本的评分软件支持广联达钢筋/土建算量软件版本也不同,GGJPF2013 评分软件(版本号:2015.04.23.2000)支持 12.6.0.2158 版本以下的广联达 BIM 钢筋算量软件 GGJ2013,GCLPF2013 评分软件(版本号:2015.04.23.2000)支持 10.6.1.1325 版本以下的广联达 BIM 土建算量软件 GGJ2013。

②针对相同版本的钢筋/土建算量结果进行评分。

③要求提交工程文件前要进行计算保存,否则会产生计算的结果与报表内容中数据不一致的情况,从而影响评分结果。

④要求在进行评分时,能够确保评与被评工程的楼层划分与构件划分保持一致,对有灵活处理方式的构件给予明确规定。

2.12.4 操作流程解析

1)操作流程

操作基本流程如图 2.236 所示。

图 2.236

2)具体操作方法

(1)启动软件

单击桌面快捷图标 或是通过依次单击"开始"→"所有程序"→"广联达建设工程造价管理整体解决方案"→"广联达土建算量评分软件"即可。

(2)设置评分标准

①单击 评分设置 功能按钮,软件会弹出评分设置对话框。

②导入"评分标准",如图 2.237 所示。

③对各构件类型项进行分数比例分配及得分范围、满分范围设定。

④单击"确定"按钮,退出该窗体,评分标准设定完毕。

(3)评分

通过单击按 按目录添加 或 批量添加 导入需要评分的广联达 BIM 土建算量工程。

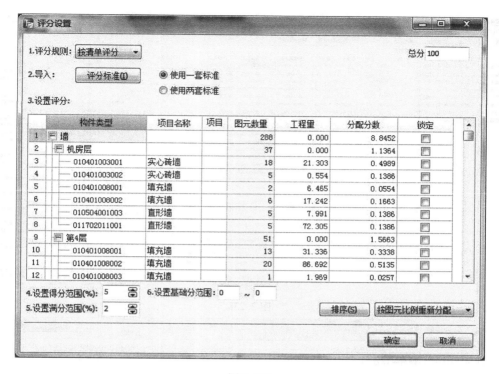

图 2.237

（4）计算得分

单击"计算得分"功能按钮，这时软件就按设定的评分标准条件对各工程进行评分。

（5）导出评分结果

单击 导出评分结果 功能按钮，这时将各工程计算结果导出到 Excel 文件中；单击

导出评分报告 按钮，会将各工程详细的得分情况导出到 Excel 文件中，便于详细核对。

广联达钢筋算量评分软件操作流程同上，不再重复介绍。

2.12.5 功能详解

1）主界面介绍

如图 2.238 所示，主界面分为 4 个区域：

①菜单栏——每一个菜单里包括若干操作功能。

②工具栏——将常用功能进行罗列，便于快速选择功能。

③工程列表——将添加的工程全部在该区域显示，在计算得分后，会显示每个工程得分情况。

④评分报告——与左侧工程列表对应，当选中一个工程后，右侧会显示该工程的详细评分情况，便于查询分析。

2）评分设置

在主界面点击"评分设置"功能按钮后，弹出如图 2.239 所示的对话框。

图 2.238

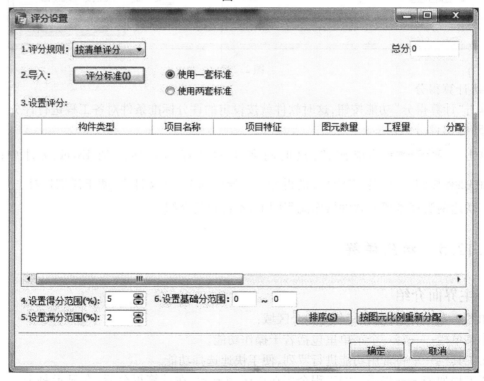

图 2.239

（1）相关功能

①评分标准——将设定好的标准工程进行导出，形成"评分标准"文件，方便以后调用。

②设置评分——在该区域可以对各构件类型分配分数。

③设置得分范围——得分范围是指计算结果与标准结果之间的差值，该得分范围按线性差值计算法计算得分。结果在得分范围内则该结果给分，超出得分范围则为 0 分，利用该功

能可以设置得分范围。

④设置满分范围——满分范围是指计算结果与标准结果之间的差值,该满分范围按线性差值计算法计算得分。结果在满分范围内则该结果给分,超出满分范围则为 0 分 ,利用该功能可以设置满分范围。

⑤设置基础分范围——基础分范围是可设置可不设置的内容,如老师需要对学生的 0 分工程给予分数,就设置基础分范围。基础分范围的设置原则是后面数值总要大于全面数值,得出的分数均为整数。

⑥排序——可以按分数的高低对界面的各项进行按分数升序、按分数降序、恢复排序三种操作。

⑦按图元比例重新分配——当调整分数后,对没有锁定的构件类型,软件按图元数量的比例自动分配分数。

(2)具体操作方法

①评分标准:

a. 单击"评分标准"按钮,弹出如图 2.240 所示的对话框。

b. 鼠标单击选择工程,然后单击"打开"按钮,即可显示出各项目分数。

图 2.240

②设置评分:

a. 将评分标准导入后,软件根据图元数量自动分配各清单项、各楼层、各构件类型的得分。如需要调整分数,可在构件类型对应的"分配分数"单元格进行修改,并勾选锁定按钮,如图 2.240 所示。

b. 修改完毕确认后,点击"确定"按钮。

注意事项：

● 设置评分，软件按 100 分计算。

● 各类构件按标准工程中所绘制图元的数量进行分数分配。分配的原则是每个图元分数 = 100 分 / 工程图元总数，清单项分数 = 图元数量 × 每个图元分数，楼层分数 = 清单项分数汇总之和。

● 只有构件类型一级可以对分数进行调整，构件类型下各层及各清单项的得分由软件按图元数量自动分配，不可以手动进行调整。

● 分数调整后需要进行锁定，锁定时，软件自动按图元数量分配剩余的分数。

● 在"设置评分"区域单击鼠标右键，可以将该区域内容进行快速折叠与展开，如图 2.241 所示即为将各构件内容折叠起来。

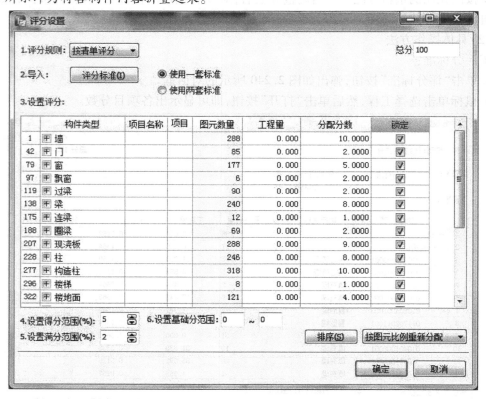

图 2.241

3）导入评分工程

导入需要评分的 GCL2013 工程有两种方法。

（1）按目录添加

利用该功能可以选中一个目录，将一个目录下的所有工程全部添加。操作方法如下：

①单击"按目录添加"按钮，如图 2.242 如示。

②弹出"浏览文件夹"对话框，选择需要进行评分的 GCL2013 工程文件目录（见图 2.243），单击"确定"按钮，这时就将该目录下所有文件进行载入。

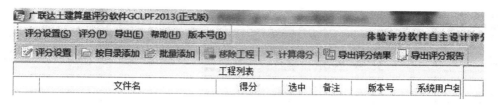

图 2.242

图 2.243

（2）批量添加

利用该功能可批量选中需要评分的工程文件。操作方法如下：

①单击"批量添加"功能按钮，如图 2.244 所示。

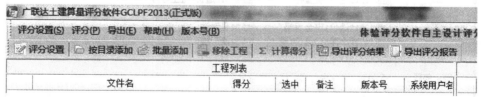

图 2.244

②弹出"打开"对话框，选择需要进行评分的广联达土建工程文件，单击"确定"即可，如图 2.245、图 2.246 所示。

4）计算得分

当需要评分的 GCJ 工程被添加后，需要对这些工程进行汇总计算得分，这时可以利用此功能。操作方法如下：

①单击"计算得分"功能按钮，这时软件对各分部按设定标准条件进行评分，如图 2.247 所示。

②这时需要评分的各 GCJ2013 文件得分会在左侧区域显示，如图 2.248 所示。

图 2.245

图 2.246

5）导出

（1）导出评分结果

利用该功能可以将评分后的结果导出为 EXCEL 文档。

①单击"导出评分结果"功能按钮,这时弹出导出评分结果对话框,如图 2.249 所示。

提示:在评分结果导出之前,可对工程得分进行排序,单击各列表头或使用鼠标右键即可。

②输入文件名,单击"保存",导出后结果如图 2.250 所示。

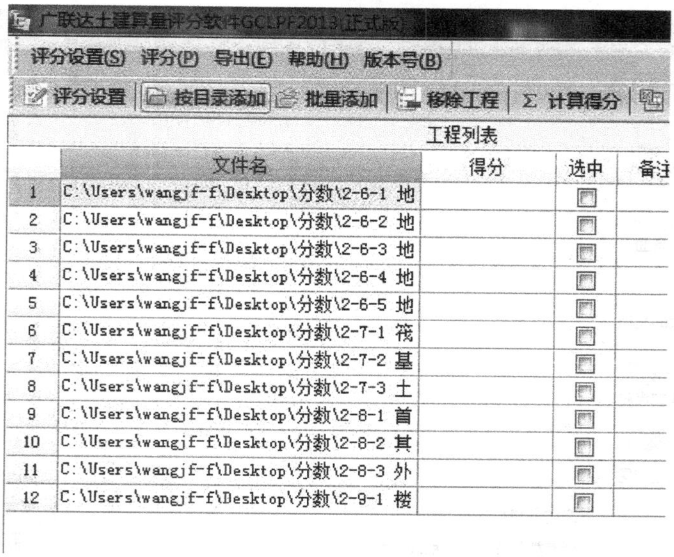

图 2.247

图 2.248

（2）导出评分报告

利用该功能可以将评分后的报告导出为 EXCEL 文档。

①单击"导出评分报告"功能按钮。

②这时需要选择导出哪些工程，可选择哪些文件结果需要导出。

③在"选中"列选择需要导出的工程文件，然后单击"确定"按钮，弹出"浏览文件夹"对话框（见图 2.251），在此选择导出路径，然后单击"确定"按钮，软件就将选中的同学的评分报告导出为以其土建文件名命名的 EXCEL 评分报告。报告中有详细的情况分析，如图 2.252所示。

图 2.249

	文件名	分数	选中	备注	版本号	系统用户名	保存时间
1	03费舜麒s12造价1班	68.58	否	68.58	1	r	11:48:28--
2	05 傅高锋s12造价1班	35.95	否	35.95	1	r	10:54:21--
3	07S12造价1班傅杨浩	47.89	否	47.89	1	r	09:10:11--
4	08S12造价1班桂周辉	35.95	否	35.95	1	r	10:54:21--
5	10 蒋琪琦 S12造价1班	27.77	否	27.77	1	r	10:16:23--
6	11S12造价1班金栋	49.03	否	49.03	1	r	08:24:35--
7	12 金敏萍 S12造价1班	63.71	否	63.71	1	r	08:27:15--
8	13S12造价1班金香娟	58.7	否	58.7	1	r	11:48:50--
9	15卢月圆S12造价1班	13.07	否	13.07	1	r	09:40:47--
10	18 倪潇珏S12造价1班	23.33	否	23.33	1	r	11:49:16--
11	34叶逸舟S12造价1班	35.95	否	35.95	1	r	10:54:21--

图 2.250

图 2.251

	A	B	C	D	E	F	G	H
		文件名	得分	选中	备注	版本号	系统用户名	保存时间
1		柱	86.31	否	86.31	10.5.0.1314	r	2014-09-15 08:30:30--2015-04-07 14:36:28
2		剪力墙	86.31	否	86.31	10.5.0.1314	r	2014-09-15 08:30:30--2015-04-07 14:36:50
3		梁、板、填充墙	89.08	否	89.08	10.5.0.1314	r	2014-09-15 08:30:30--2015-04-07 14:37:09
4		门洞口、圈梁、	89.62	否	89.62	10.5.0.1314	r	2014-09-15 08:30:30--2015-04-07 14:37:29
5		浇带、坡道与地	95.9	否	95.9	10.5.0.1314	r	2014-09-15 08:30:30--2015-04-07 14:39:53
6		层、地下防水	57.46	否	57.46	10.5.0.1314	r	2014-09-15 08:30:30--2015-04-07 14:55:53
7		基础后浇带	61.1	否	61.1	10.5.0.1314	r	2014-09-15 08:30:30--2015-04-07 14:56:06
8		2-7-3 土方	61.19	否	61.19	10.5.0.1314	r	2014-09-15 08:30:30--2015-04-07 14:56:52
9		2-8-1 首层装修	66.23	否	66.23	10.5.0.1314	r	2014-09-15 08:30:30--2015-04-07 15:04:29
10		修	97.14	否	97.14	10.5.0.1314	r	2014-09-15 08:30:30--2015-04-07 15:05:54
11		2-8-3 外墙保温	97.84	否	97.84	10.5.0.1314	r	2014-09-15 08:30:30--2015-04-07 15:09:08
12		肃	100	否	100	10.5.0.1314	r	2014-09-15 08:30:30--2015-03-07 19:16:44

图 2.252

广联达钢筋算量评分软件功能同上,这里不再重复介绍。

2.13　对量软件应用

通过本节的学习,你将能够:

(1)熟练掌握图形对量软件中对量模式的操作流程;

(2)能使用图形对量软件快速对量。

2.13.1　对量应用场景

实际工程中,需要对量的主要是工程的招投标、施工、结算阶段。不同阶段,对量业务不同。在教学业务中,主要用于学生实训操作评分后,老师下发标准工程,学生通过对量软件对自己做的工程文件进行对比分析。

1)结算阶段

对量方式和合同形式有关系。

(1)单价合同

合同签订时约定了综合单价,工程量主要靠竣工结算时对比。单价合同也是我们最常见的一种形式,甲方委托咨询,与施工方来竣工结算对量。

(2)总价合同

前期签订合同,约定了合同工程量。但施工过程中有变更,导致工程量的差别,在最后需要将结算工程和前期合同工程进行对比,主要看合同变更的工程量,也就是合同价款的变更索赔费用的计算这方面业务。

2)招投标阶段

①甲方自己不计算,委托咨询单位来做标底,这样就需要和甲方核对。

②如果是两家咨询单位,一个主做,一个主审,两个咨询单位间应进行核对。

③另外有的中介单位内部也会有多级审核,为了避免偏差,可以找之前的工程数据来进

行相似工程的参考。如果预算员是新人,可能会找两个人同时做,然后进行内部核对和把关。

3)施工阶段

如果是全过程控制的业务,很多咨询单位就会在工地常驻于成本核算部,完成一个标段结一个标段,按实结算。如工程有设计变更,需要对设计变更前后的工程量增减做对比、和图纸做对比,因此,各个环节都涉及对量,贯穿整个施工阶段。

4)教学阶段

在实训环节,老师对学生做的工程文件进行评分后,学生需要知道所做的成果与标准答案之间的差距,可以通过对量软件,对比分析所提交的工程文件与标准工程文件对比后的问题,从而总结方法,提升实际操作能力。

2.13.2 图形对量软件具体操作

1)操作流程

操作流程如图 2.253 所示。

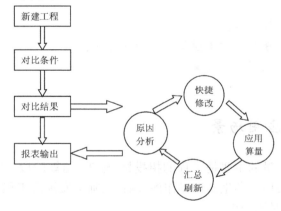

图 2.253

2)具体操作步骤

①新建工程。学生做的工程文件添加至"送审工程",标准答案添加至"审核工程",如图 2.254 所示。

②设置对比条件。根据工程实际需求,从工程信息、计算规则、楼层设置三个方面任意设置对比条件,如图 2.255 所示。

③根据勾选的对比条件。将送审工程和审核工程从工程信息开始逐项对比,软件会用通过黄色高亮显示不同之处(见图 2.256)。错误的工程信息设置可直接在对量软件中修改,应用对审核或送审工程即可。

④对比计算。勾选需要计算的楼层,点选对比计算即可,如图 2.257 所示。

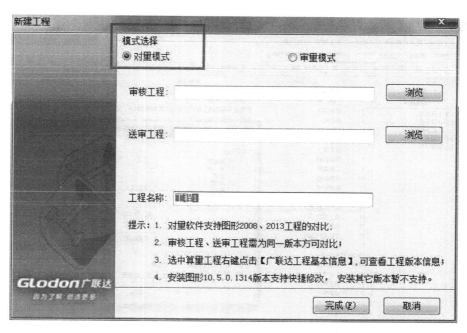

图 2.254

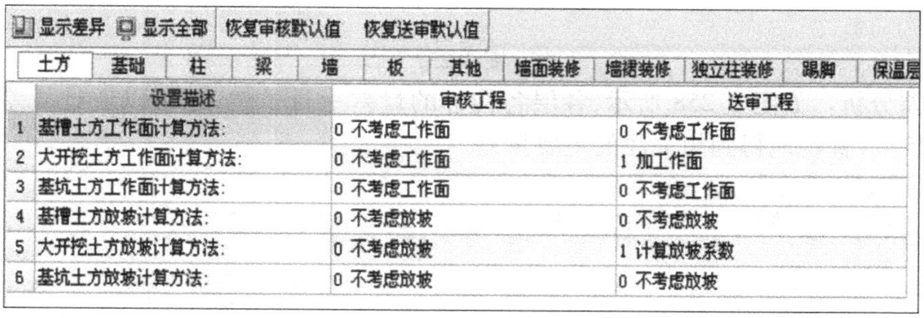

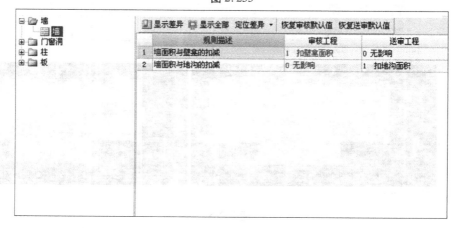

图 2.255

图 2.256

注意:在对比计算之前需先定义基准点,否则无法计算。

图 2.257

⑤量差分析。如图 2.258 所示,各层各构件的量差一目了然,还可以通过量差过滤排序(见图 2.259),直观地得到想关注的主要量差。

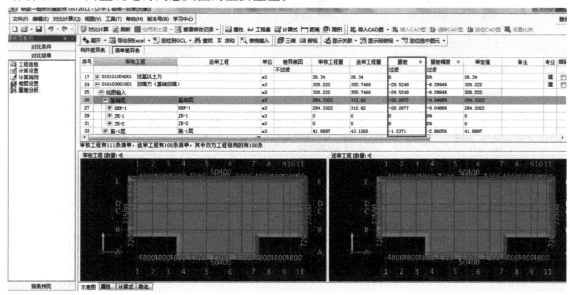

图 2.258

⑥对构件逐个进行差异原因分析。如图 2.260 所示为土方回填的差异分析。

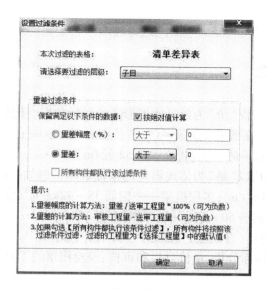

图 2.259

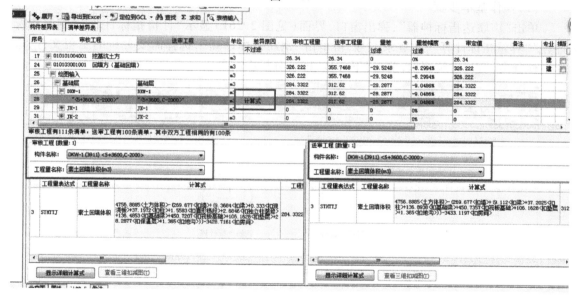

图 2.260

2.14 云指标应用

通过本节的学习,你将能够:

(1)了解"广联达指标神器"的基本功能;

(2)能够运用"广联达指标神器"分析钢筋、土建和计价工程指标计算。

一、基础知识

1)指标的基本概念

（1）造价指标的两种分类

①经济指标：衡量一切以"价"为最终体现形式的指标数据。例如：地上部分建筑工程，造价 1425.73 元/m^2；地上部分照明及防雷系统，造价 108.77 元/m^2；地上部分给排水系统，造价 134.20 元/m^2；地上部分水消防系统，造价 139.52 元/m^2。

②技术指标：衡量一切以"量"为体现形式的指标数据。例如：多层砌体住宅——钢筋 30 kg/m^2；混凝土 0.3～0.33m^3/m^2；多层框架——钢筋 38～42kg/m^2，混凝土 0.33～0.35m^3/m^2；小高层（11—12 层）——钢筋 50～52kg/m^2，混凝土 0.35m^3/m^2。

（2）"广联达指标神器"（客户端）

"指标神器"是提供指标分析、量价自检和审核、经验积累的工具。

2)软件功能介绍

（1）操作基本步骤

单击"广联达指标神器"，弹出窗口，界面（见图 2.261）显示"计价指标计算""钢筋指标计算""算量指标计算"，先登录账号，再单击"钢筋指标计算"，选择需要分析的工程文件，选择工程分类，填写建筑面积，单击"下一步"即可分析出结果。

图 2.261

（2）功能介绍

钢筋工程文件添加好后，单击"楼层详细指标表"，输入每层建筑建筑面积，单击"计算楼层指标"，弹出提示窗口，单击"确定计算"，即可查看每层的详细指标。分析出来的指标也可导出 Excel 报表，单击"导出指标表"，选择保存路径即可。

二、任务说明

完成钢筋工程量案例的指标分析。

三、任务分析

指标分析需要提供汇总计算好的工程建筑面积，所以钢筋案例工程先进行汇总计算保存，并计算出该工程总建筑面积和每层建筑面积。

四、任务实施

单击打开“广联达指标神器”，单击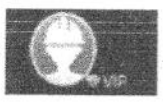登录，输入广联达云账号；单击“钢筋指标计算”，选择需要分析的钢筋工程文件，单击“打开”，在工程分类处选择相应类型，填写总建筑面积和地下建筑面积，单击“下一步”即可分析出结果，如图 2.262 所示。

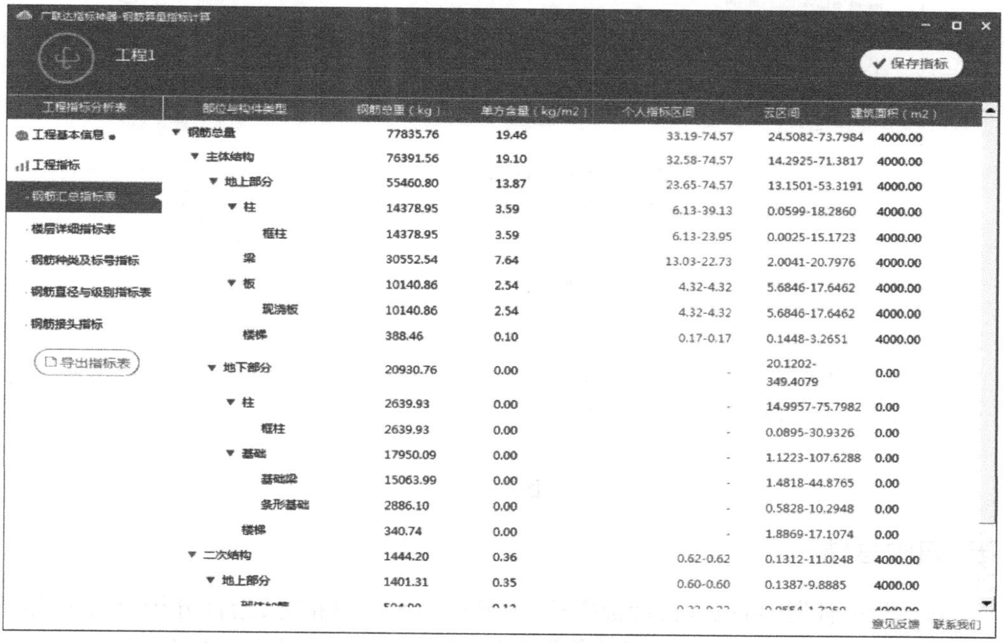

部位与构件类型	钢筋总重（kg）	单方含量（kg/m2）	个人指标区间	云区间	建筑面积（m2）
▼ 钢筋总量	77835.76	19.46	33.19-74.57	24.5082-73.7984	4000.00
▼ 主体结构	76391.56	19.10	32.58-74.57	14.2925-71.3817	4000.00
▼ 地上部分	55460.80	13.87	23.65-74.57	13.1501-53.3191	4000.00
▼ 柱	14378.95	3.59	6.13-39.13	0.0599-18.2860	4000.00
框柱	14378.95	3.59	6.13-23.95	0.0025-15.1723	4000.00
梁	30552.54	7.64	13.03-22.73	2.0041-20.7976	4000.00
▼ 板	10140.86	2.54	4.32-4.32	5.6846-17.6462	4000.00
现浇板	10140.86	2.54	4.32-4.32	5.6846-17.6462	4000.00
楼梯	388.46	0.10	0.17-0.17	0.1448-3.2651	4000.00
▼ 地下部分	20930.76	0.00	-	20.1202-349.4079	0.00
▼ 柱	2639.93	0.00	-	14.9957-75.7982	0.00
框柱	2639.93	0.00	-	0.0895-30.9326	0.00
▼ 基础	17950.09	0.00	-	1.1223-107.6288	0.00
基础梁	15063.99	0.00	-	1.4818-44.8765	0.00
条形基础	2886.10	0.00	-	0.5828-10.2948	0.00
楼梯	340.74	0.00	-	1.8869-17.1074	0.00
▼ 二次结构	1444.20	0.36	0.62-0.62	0.1312-11.0248	4000.00
▼ 地上部分	1401.31	0.35	0.60-0.60	0.1387-9.8885	4000.00

图 2.262

在分析结果界面单击“楼层详细指标表”，输入每层建筑建筑面积（见图 2.263），单击“计算楼层指标”。

弹出提示窗口，单击“确定计算”（见图 2.264），即可查看每层的详细指标。

“广联达指标神器”还可以分析钢筋种类及标号指标、钢筋直径与级别指标、钢筋接头指标。单击“保存指标”可以积累个人指标数据，在分析出来的数据中，软件提供“个人指标区间”和“云指标”。个人指标区间是和自己的经验数据对比，云指标是和业内的经验数据对比。分析出来的指标可导出 Excel 报表，单击“导出指标表”，选择保存路径即可。

图 2.263

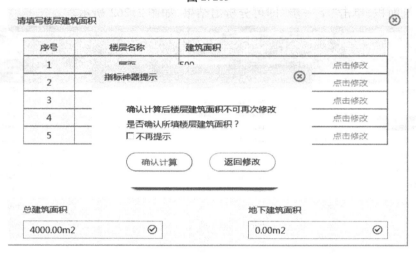

图 2.264

五、归纳总结

"广联达指标神器"可以分析计价指标、钢筋指标和算量指标,指标分析分为个人指标区间和云指标,个人指标是和自己的经验数据对比,云指标是和业内的经验数据对比,个人指标数据需要自己积累保存指标数据。

六、拓展延伸

"广联达指标神器"还提供了综合单价查询的功能。综合单价查询软件提供了万条清单综合单价指标数据,选择清单类型、地区、专业,输入要查找的项目特征或者项目编码,单击"搜索"即可查询出相应地区企业实际综合单价。启动"广联达指标神器"后,界面旁边会弹出综合单价查询的窗口,单击窗口,自动链接广联达指标网页进行综合单价查询。

2.15 测评和认证

2.15.1 广联达建设行业信息化应用技能考试测评

1)测评体系概述

为协助院校提高人才培养质量,促进修订教学质量考核标准,完善教学质量监控体系,广联达公司为院校提供《建设行业信息化应用技能考试测评服务》。通过先进的现代化网络手段快速准确地为院校学生提供结课测评,为院校的教学提供依据和方向,最终提高院校相关专业的教学水平。

(1)服务范围

①根据学校教学及比赛要求,每年不限次数地进行测评考试。

②提供智能考试系统及测评考试指导、答疑等相关服务。

③提供相应学习资料及考试指南。

④提供考试成绩分析报告及简要课改方案。

(2)双方内容

①广联达公司:

a.向院校开放智能考试系统使用权,对部分流程负责审核;

b.提供测评考试所需资料,包括考试系统、操作手册、考试流程、考务资料等;

c.指导院校完成测评考试整套流程实施,包含前期考试环境准备及考试过程的组织及实施;

d.考试系统中内置不少于两套测评试题供院校使用,并同时提供配套的图纸、答案、评分、成绩分析。

②院校:

a.使用广联达正版软件组织教学活动;

b.相关课程至少配备一位广联达软件授课讲师;

c.按照广联达测评考试相关要求进行考试环境的准备,包含机房及相关设备、考试用软件的安装与调试;

d.全力负责考试整个过程的组织和实施,广联达公司协助指导答疑。

2)适用专业

不限制专业,所有课程都可以使用。特别推荐使用的是工程造价专业,或者工程管理、建筑工程技术、房地产管理等设有工程造价方向的专业。

3)测评体系特点

测评体系包含对各种知识点的检测以及多种试题样式的测试的特点,试题类型分为单项选择、多项选择、判断、填空、范围填空、软件实操等多个题型。钢工程造价专业,设置一套从入门到专业的测试课程,由基础入门的 11G101 钢筋图集到全园统一的清单中土建、装饰装修、安装、市政、园林等理论知识的学习,从软件单构件建模到整体建筑工程的钢筋、土建、计价完整的考核,后续还将施工、审计以及 BIM 的考核加入,形成一套完成的从施工组织、造价控制的全面测评考试系统流程。

4)测评目标

①帮助院校及老师更快更准确地完成考试的全过程。

②掌握专业内容。

③提高理论与软件实操能力。

④全面的施工、造价能力测评。

5)测评考试流程

①老师——注册考试系统账号或者帮助学生批量注册,添加自己的试题,查看广联达共享的试题;建立考试,给考生发布考试安排;考试后可查看考生成绩和成绩分析,通过图表统计结论来关注本班级或整场考试的概况。

②学生——注册考试系统账号,按规定时间到老师规定地点参加考试;考后查阅成绩和成绩分析;参与广联达组织的在线开放性考试,如造价员线上模拟大赛等,提升专业技能水平。

6)智能考试系统

智能考试系统可针对广联达算量软件工程进行在线评分,实现批量、自动评分,对考生工程文件进行详细的成绩分析,找出问题所在,轻松提升算量技能。

系统里区分老师和学生角色,每个角色拥有不同的功能。

①老师——组织在线练习、在线考试、在线考证书、在线竞赛;针对广联达软件进行批量自动评分,并给出详细的评分报告;可人工组卷、智能组卷,从题库抽题、批量导入试题;拥有个人题库、广联达共享题库、其他院校共享题库;批量注册,并可自定义本校组织机构关系来管理学生。

②学生——登录即可参与老师组织的考试,无需任何操作;可查看每次考试的成绩分析,了解疑难问题提升成绩。

7)产品清单

考试测评体系包括以下产品:

①智能考试系统;

②广联达 BIM2013 钢筋算量软件;

③广联达 BIM2013 土建算量软件;

④广联达 GBQ4.0(赛事专版)。

2.15.2 广联达软件技能认证体系

1)认证体系概述

激烈的市场竞争和科技飞速发展使企业迫切需要信息化复合型人才,广联达作为推动中国建设行业信息化建设的企业之一,郑重向社会推出广联达建设行业信息化应用技能认证(Glodon Informatization Application Skills Certification for Construction,简称 GIAC)。GIAC 是由广联达软件股份有限公司推出,针对相关专业高校在校生和社会工程造价从业人员的专业软件技能、应用经验和业务能力的综合评估。

目前,GIAC 主要针对工程管理、工程造价相关专业的在校生和工程造价从业人员进行专业的技能认证。它针对建设工程行业工作岗位的特色性,进行有实际意义的建设工程造价系列软件的应用和考核评估。通过广联达认证的人员,具有了利用软件工具从事工程管理和工程造价相关工作的能力。

(1)认证等级划分

根据行业内实际应用的需求,目前 GIAC 分为高手级(superior)、能手级(expert)、熟手级(proficient)、基础级(basics)四个等级。目前科目共有广联达 BIM 土建算量软件、广联达 BIM 钢筋算量软件两个。

各等级能力如表 2.85 所示。

表 2.85 GIAC 各认证等级能力要求

等级划分	能力描述
高手级	能够对他人的工程进行有效的审核,能够较快速、准确检查计算过程中的主要错误点;针对一类工程及以下的所有工程类型,能够应用软件快速、准确完成建筑工程 BIM 模型建立、工程量计算及计价工作
能手级	能够编制各种类型的预算文件,具备一定的工程造价、过程结算与合同的管理能力;针对二类工程及以下的民用和工业建筑,熟练应用 CAD 导图,能够应用软件快速完成建筑工程 BIM 模型建立、工程量计算及计价工作,软件结果偏差率 ±3%
熟手级	掌握清单和平法的基础知识,具备一定的业务水平,能够编制基础的预算文件;针对三类工程中的民用建筑,掌握 CAD 导图基本功能,能够使用软件完成建筑工程 BIM 模型建立、工程量计算及计价工作,软件结果偏差率 ±5%
基础级	掌握建筑工程的识图知识;针对三类工程中的民用建筑,掌握软件基础功能,能够使用软件完成建筑工程 BIM 模型建立、工程量计算

广联达 BIM5D 技能认证目前只有两个级别:初级(基础级)、中级(熟手级)。各等级能力标准如表 2.86 所示。

表 2.86 BIM5D 认证等级及对应能力

等级	能力描述
初级 (基础级)	能够根据给定的模型和数据,掌握 BIM5D 软件基础操作,实现基于 BIM5D 软件功能的数据关联及提取
中级 (熟练级)	1.达到基础级水平 2.对数据进行应用分析,合理性判断 3.对计划进度与实际进度的清单、物资、资金数据应用分析 4.对概算、预算、结算中关于资金、物资的数据对比分析 5.对施工过程中计划材料采购及限额领料数据提取、应用 6.对现场质量及安全问题责任进行合理性判断 7.数据结果偏差在 5% 范围内

(2)授权认证考试中心

①授权认证考试中心的加盟资格。授权认证考试中心的加盟资格详见《广联达授权认证

考试中心资格说明》中的相关规定说明。

②授权认证考试中心职责。广联达建设行业信息化应用技能认证由各地区授权认证考试中心负责实施,负责认证考试过程中报名、缴费、组织、实施考试等工作及机房日常管理维护工作及软件的安装、调试、维护、安全保密等工作。

(3)广联达人才库

获得广联达建设行业信息化应用技能认证证书的考生,其信息将被录入广联达建设信息化人才平台。该考生将可登录广联达人才平台,查询或更新个人信息,上传个人简历,浏览相关企业招聘信息,也可浏览到关注自己的企业信息;另一方面,企业也可登陆此平台查看了解相关学生信息,挑选人才。

2)适用专业

工程造价以及工程管理、建筑工程技术、房地产管理等设有工程造价方向的专业。

3)认证体系特点

①认证内容专业。企业认可的认证标准、动态更新的认证题库。

②认证形式公正。先进的在线考试平台以及专业的测评方法,保障认证考试的便捷、公正。

③认证结果权威。行业高度认可的认证证书。

④人才服务优质。专业的人才信息互动平台(企业联盟、人才信息库)+就业推荐服务。

4)认证目标

①对于社会:建立造价软件技能应用人才的遴选标准。

②对于学生:提升造价软件应用技能,提高就业含金量。

③对于院校:提升教学水平,学生就业率。

④共赢:搭建建设行业人才平台,实现学校、企业、社会三方互动。

5)认证考试流程(见图2.265)

①老师——注册考试系统账号,建立考试,给考生发布考试安排,考试后可查看考生成绩。

②学生——注册考试系统账号,按规定时间携带考试所需证件及资料到规定地点参加考试,成绩合格者取得广联达技能认证证书。

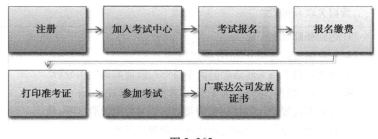

图2.265

6)智能认证系统

针对广联达算量软件工程进行在线评分,实现批量、自动评分,对考生工程文件进行详细的成绩分析,找出问题所在,轻松提升算量技能。

7）产品清单

认证体系包括以下产品：

①智能认证考试系统。

②针对大专院校在校学生，目前有基础级、熟手级两级认证标准。科目共三个，分别为：广联达 BIM 土建算量软件、广联达 BIM 钢筋算量软件、广联达 BIM5D。

基础级\熟手级对 BIM 算量软件能力的要求见表 2.85。基础级\熟手级别对广联达 BIM5D 软件能力的要求见表 2.86。

下 篇　建筑工程计价

第3章　招标控制价编制要求

通过本章学习,你将能够:

(1)了解工程概况及招标范围;

(2)了解招标控制价编制依据;

(3)了解造价编制要求;

(4)掌握工程量清单样表。

1)工程概况及招标范围

①工程概况:第一标段为广联达办公大厦1#,总面积为4560m²,地下一层面积为967m²,地上4层建筑面积为3593m²;第二标段为广联达办公大厦2#,总面积为4560m²,地下一层面积为967m²,地上4层建筑面积为3593m²。本项目现场面积为3000m²。

②工程地点:××市区。

③招标范围:第一标段及第二标段建筑施工图内除卫生间内装饰外的全部内容。

④本工程计划工期为180天,经计算定额工期210天,合同约定开工日期为2016年5月1日。(本教材以第一标段为例进行讲解)

2)招标控制价编制依据

该工程的招标控制价依据《建设工程工程量清单计价规范》(GB 50854—2013)、《云南省房屋建筑与装饰工程消耗量定额》(DBJ53/T-61—2013)及配套解释和相关规定,结合工程设计及相关资料、施工现场情况、工程特点及合理的施工方法,以及建设工程项目的相关标准、规范、技术资料编制。

3)造价编制要求

(1)价格约定

①除暂估材料及甲供材按给定除税价格计取外,未计价材料价格按除税市场价计取(增值税后除税的计价材料费=定额基价中的材料费×0.912,软件已按规则调整)。

②人工费按63.88×(1+15%)元/工日(根据云建标〔2016〕208号文,人工费调整的幅度为定额人工费的15%,调整的人工费用差额不作为计取其他费用的基础,仅计算税金,2016年5月1日起执行)。

③税金按增值税计算方式11.36%计取。

④安全文明、规费按规定计取。

⑤暂列金额为80万元。

(2)其他要求

①不考虑土方外运及买土费用。

②全部采用商品混凝土。

③不考虑总承包服务费及施工配合费。

4)甲供材一览表(见表3.1)

表3.1　甲供材一览表

序号	名称	规格型号	计量单位	除税单价/元
1	C20 商品混凝土,P8 抗渗	最大粒径 20mm	m³	325
2	C25 商品混凝土,P8 抗渗	最大粒径 20mm	m³	332
3	C30 商品混凝土,P8 抗渗	最大粒径 20mm	m³	345
4	C35 商品混凝土,P8 抗渗	最大粒径 20mm	m³	370

5)材料暂估单价表(见表3.2)

表3.2　材料暂估单价表

序号	名称	规格型号	计量单位	除税单价/元
1	全瓷墙面砖	300mm × 300mm	m²	18.5
2	全瓷墙面砖	400mm × 400mm	m²	18.5
3	陶瓷地面砖	400mm × 400mm	m²	120
4	大理石踢脚	高度 150mm	m²	50
5	大理石板		m²	160
6	花岗岩板		m²	220
7	铝合金条板		m²	35
8	石膏吸声板		m²	19.5
9	乙级钢制防火门		m²	545
10	甲级钢制防火门		m²	880

6)计日工表(见表3.3)

表3.3　计日工表

序号	名称	工程量	计量单位	除税单价/元	备注
1	人工				
	木工	10	工日	63.88 × 1.15	
	瓦工	10	工日	63.88 × 1.15	
	钢筋工	10	工日	63.88 × 1.15	
2	材料				
	砂子(特细)	5	m³	98	
	水泥	5	m³	497	
3	施工机械				
	载重汽车	1	台班	500	

7)评分办法(见表3.4)

表3.4 评分办法表

序号	评标内容	分值范围	说明
1	工程造价	70	不可竞争费单列(样表参考见《报价单》)
2	工程工期	5	按招标文件要求工期进行评定
3	工程质量	5	按招标文件要求质量进行评定
4	施工组织设计	20	按招标工程的施工要求、性质等进行评审

8)报价单(见表3.5)

表3.5 报价单

工程名称:	第_____标段_____(项目名称)		
工程控制价/万元			
其中	安全文明施工措施费/万元		
	税金/万元		
	规费/万元		
除不可竞争费外工程造价/万元			
措施项目费用合计(不含安全文明施工措施费)/万元			

9)工程量清单样表

工程量清单样表参见《建设工程工程量清单计价规范》(GB50500—2013)主要包括以下表格:

①封面:封-2;

②总说明:表-01;

③单项工程招标控制价汇总表:表-03;

④单位工程招标控制价汇总表:表-04;

⑤分部分项工程和单价措施项目清单与计价表:表-08;

⑥综合单价分析表:表-09;

⑦总价措施项目清单与计价表:表-11;

⑧其他项目清单与计价汇总表:表-12;

⑨暂列金额明细表:表-12-1;

⑩材料(工程设备)暂估单价及调整表;

⑪专业工程暂估价及结算表:表-12-3;

⑫计日工表:表-12-4;

⑬总承包服务费计价表:表-12-5;

⑭规费、税金项目计价表:表-13。

第4章　编制招标控制价

通过本章的学习,你将能够:
(1)了解算量软件导入计价软件的基本流程;
(2)掌握计价软件的常用功能;
(3)运用计价软件完成预算工作。

4.1　新建招标项目结构

通过本节的学习,你将能够:
(1)建立建设项目;
(2)建立单项工程;
(3)建立单位工程;
(4)按标段多级管理工程项目;
(5)修改工程属性。

一、任务说明

在计价软件中完成招标项目的建立。

二、任务分析

①招标项目的单项工程和单位工程分别是什么?
②单位工程的造价构成是什么? 各构成部分所包括的内容分别又是什么?

三、任务实施

①新建项目。鼠标左键单击"新建项目",如图4.1所示。

图4.1

②进入"新建标段工程",如图 4.2 所示。

本项目的计价方式:清单计价。

项目名称为:广联达办公大厦项目。

项目编号:20160101。

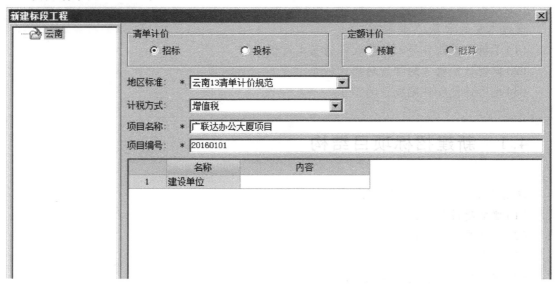

图 4.2

③新建单项工程。在"广联达办公大厦项目"中单击鼠标右键,选择"新建单项工程",如图 4.3 所示。

注:在建设项目下,可以新建单项工程;在单项工程下可以新建单位工程。

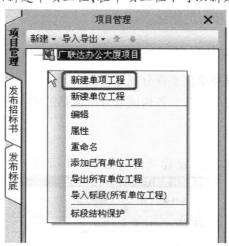

图 4.3

④新建单位工程。在"广联达办公大厦 1#"中单击鼠标右键,选择"新建单位工程",如图 4.4 所示。

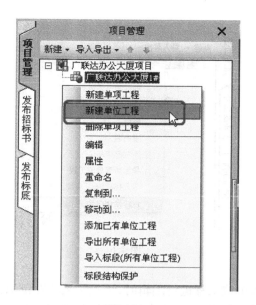

图 4.4

四、任务结果

结果参考如图 4.5 所示。

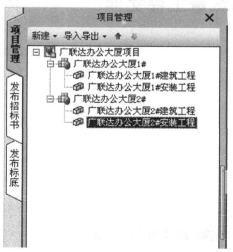

图 4.5

五、总结拓展

（1）标段结构保护

项目结构建立完成之后，为防止误操作更改项目结构内容，可右键单击项目名称，选择"标段结构保护"，对项目结构进行保护，如图 4.6 所示。

图 4.6

（2）编辑

①在项目结构中进入单位工程进行编辑时，可直接鼠标左键双击项目结构中的单位工程名称或者选中需要编辑的单位工程，单击右键，选择"编辑"即可。

②也可以直接鼠标左键双击"广联达办公大厦 1#"及单位工程进入。

4.2　导入图形算量工程文件

通过本节学习，你将能够：

（1）导入图形算量文件；

（2）整理清单项；

（3）项目特征描述；

（4）增加、补充清单项。

一、任务说明

①导入图形算量工程文件。

②添加钢筋工程清单和定额，以及相应的钢筋工程量。

③增补其他清单项和定额。

二、任务分析

①图形算量与计价软件的接口在哪里？

②分部分项工程中如何增加钢筋工程量？

三、任务实施

（1）导入图形算量文件

①进入单位工程界面，单击"导入导出"，选择"导入算量工程文件"，如图 4.7 所示。

②弹出如图 4.8 所示的"导入广联达算量工程文件"对话框，选择相应图形算量文件，然

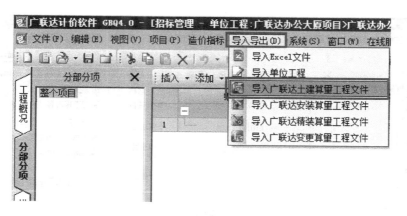

图 4.7

后再检查列是否对应,无误后单击"导入"按钮,完成图形算量文件的导入。

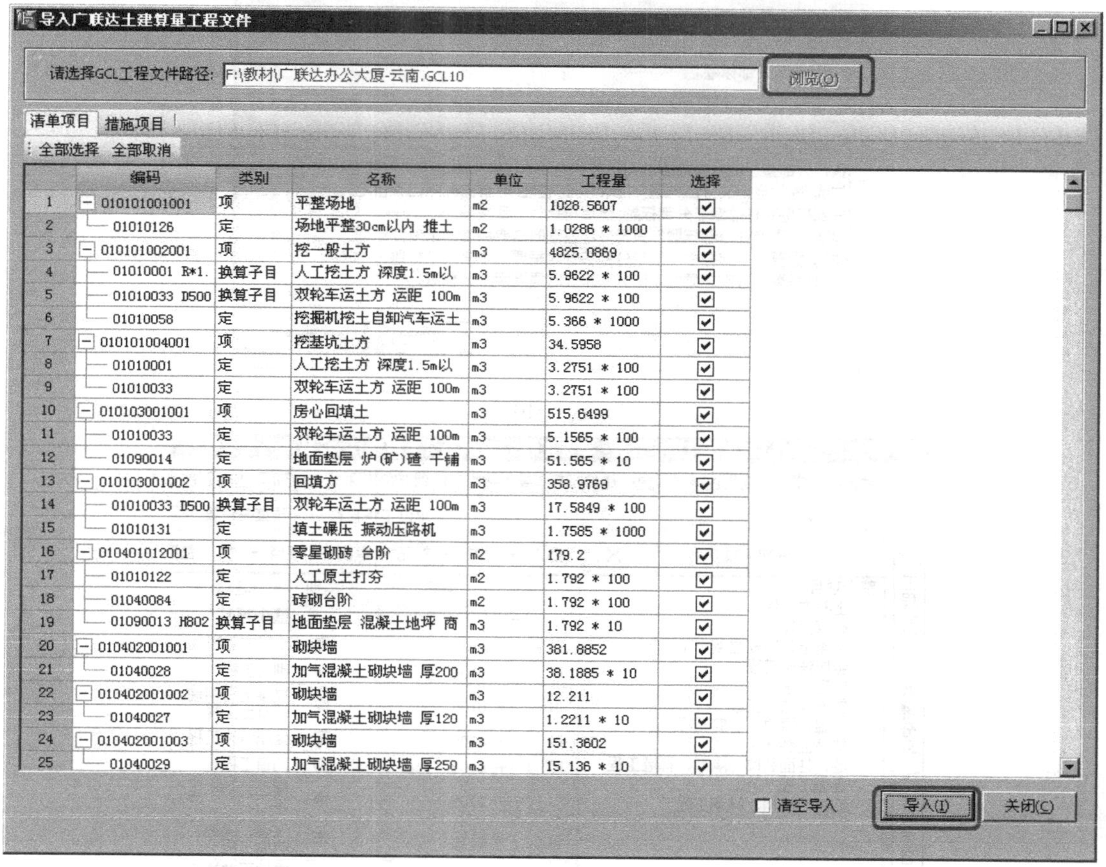

图 4.8

(2)整理清单

在分部分项界面进行分部分项整理清单项。

①单击"整理清单",选择"分部整理",如图 4.9 所示。

②弹出如图 4.10 所示的"分部整理"对话框,选择按章整理后,单击"确定"按钮。

③清单项整理完成后,如图 4.11 所示。

图 4.9

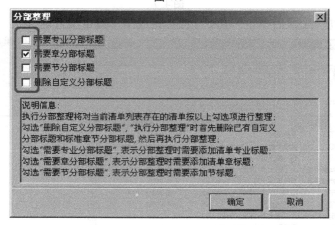

图 4.10

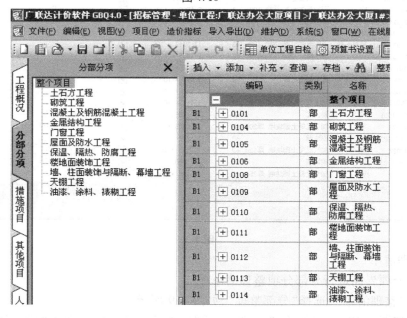

图 4.11

（3）项目特征描述

项目特征主要有3种方法：

①图形算量中已包含项目特征描述的,在"特征及内容"界面下选择"应用规则到全部清单项"即可,如图4.12所示。

图4.12

②选择清单项,可以在"特征及内容"界面进行添加或修改来完善项目特征,如图4.13所示。

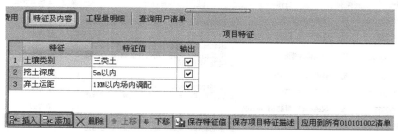

图4.13

③直接单击"项目特征"对话框,进行修改或添加,如图4.14所示。

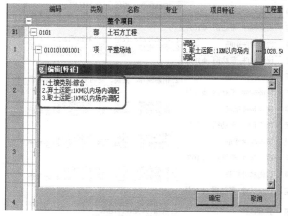

图4.14

（4）增补清单

完善分部分项清单，将项目特征补充完整，方法如下：

①单击"添加"，选择"添加清单项"和"添加子目"，如图4.15所示。

②右键单击选择"插入清单项"和"插入子目"，如图4.16所示。

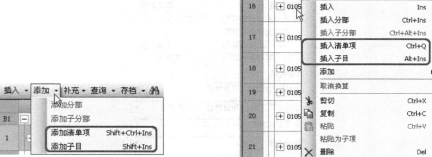

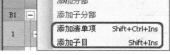

图4.15

图4.16

该工程需增补清单子目如下（仅供参考）：

①增补钢筋清单项，如图4.17所示。

编码	类别	名称	项目特征	单位	工程量表达	工程量
010515001001	项	现浇构件钢筋	1. 钢筋种类、规格：Φ10以内圆钢 2. 钢筋制作、安装、场内外运输：综合考虑	t	84.439	84.439
01050352	定	现浇构件 圆钢 Φ10内		t	84.439	84.439
010515001002	项	现浇构件钢筋	1. 钢筋种类、规格：Φ10以内圆钢 2. 钢筋制作、安装、场内外运输：综合考虑 3. 类型：砌体加筋	t	4.266	4.266
01050356	定	砖砌体加固钢筋		t	4.266	4.266
010515001003	项	现浇构件钢筋	1. 钢筋种类、规格：二级带肋钢Φ12 2. 钢筋制作、安装、场内外运输：综合考虑	t	80.755	80.755
01050355	定	现浇构件 带肋钢 Φ10外		t	80.755	80.755
010515001004	项	现浇构件钢筋	1. 钢筋种类、规格：二级带肋钢Φ14 2. 钢筋制作、安装、场内外运输：综合考虑	t	17.696	17.696
01050355	定	现浇构件 带肋钢 Φ10外		t	17.696	17.696
010515001005	项	现浇构件钢筋	1. 钢筋种类、规格：二级带肋钢Φ16 2. 钢筋制作、安装、场内外运输：综合考虑	t	9.097	9.097
01050355	定	现浇构件 带肋钢 Φ10外		t	9.097	9.097
010515001006	项	现浇构件钢筋	1. 钢筋种类、规格：二级带肋钢Φ18 2. 钢筋制作、安装、场内外运输：综合考虑	t	6.611	6.611
01050355	定	现浇构件 带肋钢 Φ10外		t	6.611	6.611
010515001007	项	现浇构件钢筋	1. 钢筋种类、规格：二级带肋钢Φ20 2. 钢筋制作、安装、场内外运输：综合考虑	t	48.874	48.874
01050355	定	现浇构件 带肋钢 Φ10外		t	48.874	48.874
010515001008	项	现浇构件钢筋	1. 钢筋种类、规格：二级带肋钢Φ22 2. 钢筋制作、安装、场内外运输：综合考虑	t	19.976	19.976
01050355	定	现浇构件 带肋钢 Φ10外		t	19.976	19.976
010515001009	项	现浇构件钢筋	1. 钢筋种类、规格：二级带肋钢Φ25 2. 钢筋制作、安装、场内外运输：综合考虑	t	97.177	97.177
01050355	定	现浇构件 带肋钢 Φ10外		t	97.177	97.177
010515001010	项	现浇构件钢筋	1. 钢筋种类、规格：二级带肋钢Φ28 2. 钢筋制作、安装、场内外运输：综合考虑	t	20.143	20.143
01050355	定	现浇构件 带肋钢 Φ10外		t	20.143	20.143
010515001011	项	现浇构件钢筋	1. 钢筋种类、规格：三级带肋钢Φ28 2. 钢筋制作、安装、场内外运输：综合考虑	t	0.532	0.532
01050355	定	现浇构件 带肋钢 Φ10外		t	0.532	0.532
010516002001	项	预埋铁件	1. 钢材种类：详见设计图纸 2. 规格：详见设计图纸 3. 铁件尺寸：详见设计图纸	t	0.48	0.48
01050372	定	预埋铁件 制安		t	0.48	0.48

图4.17

②增补雨水配件等清单项,如图 4.18 所示。

编码	类别	名称	项目特征	单位	工程量表达	工程量
☐ 010902004001	项	屋面排水管	1.排水管品种、规格:Φ100IPVC 2.做法:详见详见西南11J201-2b/51	m	145.8	145.8
⊞ 01080094	定	塑料排水管 单屋面排水管系统直径 Φ110		10m	145.8	14.58

图 4.18

③增补二层栏杆以及相应的装修清单,如图 4.19 所示。

编码	类别	名称	项目特征	单位	工程量表达	工程量
☐ 011503001001	项	金属扶手、栏杆、栏板	1.栏杆材料种类、规格:不锈钢栏杆 2.做法:详见L96J401/P17	m	77.0945	77.09
⊞ 01090194	定	不锈钢管栏杆 直线型 竖条式		100m	77.09	0.7709
☐ 011503001002	项	金属扶手、栏杆、栏板	1.钢材种类、规格、型号:不锈钢栏杆 2.部位:大厅上空栏杆	m	21.6	21.6
⊞ 01090194	定	不锈钢管栏杆 直线型 竖条式		100m	21.6	0.216

图 4.19

④补充钢筋接头清单,如图 4.20 所示。

编码	类别	名称	项目特征	单位	工程量表达	工程量
☐ 01B002	补项	直螺纹钢筋接头		个	4135	4135
01050384	定	直螺纹钢筋接头 Φ20内		10个	4135	413.5
☐ 01B003	补项	直螺纹钢筋接头		个	2549	2549
01050385	定	直螺纹钢筋接头 Φ30内		10个	2549	254.9

图 4.20

四、检查与整理

①对分部分项的清单与定额的套用做法进行检查,确认是否有误。
②查看整个分部分项中是否有空格,若有,则删除。
③按清单项目特征描述校核套用定额的一致性,并进行修改。
④查看清单工程量与定额工程量的数据的差别是否正确。

五、任务结果

详见报表实例。

4.3 计价中的换算

通过本节学习,你将能够:
(1)清单与定额的套定一致性;
(2)调整人材机系数;
(3)换算混凝土、砂浆等级标号;
(4)补充或修改材料名称。

一、任务说明

根据招标文件所述换算内容,完成对应换算。

二、任务分析

①图形算量与计价软件的接口在哪里?

②分部分项工程中如何换算混凝土、砂浆?

③清单描述与定额子目材料名称不同时如何修改?

三、任务实施

1)替换子目

根据清单项目特征描述校核套用定额的一致性,如果套用子目不合适,可单击"查询",选择相应子目进行"替换",如图4.21所示。

图4.21

2)子目换算

按清单描述进行子目换算时,主要包括3个方面的换算:

(1)调整人材机系数

下面以土方为例,介绍调整人材机系数的操作方法。若工程中使用机械挖土时需要人工辅助挖土,则人工挖土方定额中,综合人工乘以系数1.5,如图4.22所示。

⊟ 010101002001	项	挖一般土方	1.土壤类别:三类土 2.挖土深度:5m以内 3.弃土运距:1KM以内场内调配	m3	4825.09
01010001 R*1.5	换	人工挖土方 深度1.5m以内 三类土 机械挖土人工辅助开挖 人工*1.5		100m3	5.9622

图4.22

（2）混凝土、砂浆等级标号换算

换算混凝土、砂浆等级标号时，方法如下：

①标准换算。选择需要换算混凝土标号的定额子目，在标准换算界面下选择相应的混凝土标号，如图4.23所示。

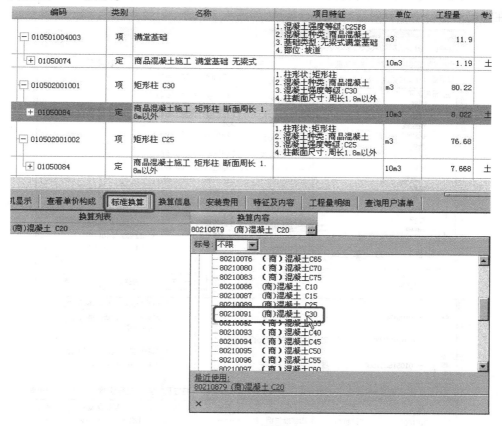

图4.23

②批量系数换算。若清单中的材料进行换算的系数相同时，可选中所有换算内容相同的清单项，单击常用功能中的"批量换算"对材料进行换算，如图4.24所示。

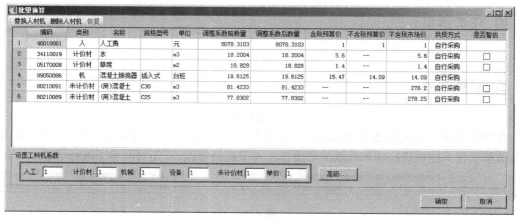

图4.24

（3）修改材料名称

当项目特征中要求材料与子目相对应的"人材机"材料不相符时，需要对材料进行修改，下面以钢筋工程按直径划分为例，介绍"人材机"中替换材料的方式。

选择需要修改的定额子目，在"工料机显示"操作界面下的"规格及型号"处双击鼠标左键，在弹出的窗口中找到对应材料进行替换，如图4.25所示。

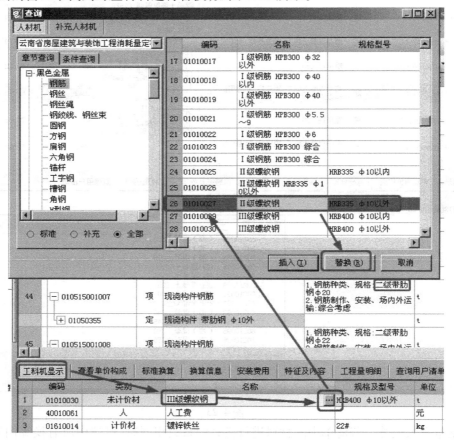

图4.25

四、任务结果

详见报表实例。

五、总结拓展

锁定清单

在所有清单补充完整之后，可运用"锁定清单"对所有清单项进行锁定（见图4.26），锁定之后的清单项将不能再进行添加或删除等操作。若要进行修改，需先对清单项进行解锁。

图4.26

4.4　其他项目清单

通过本节学习,你将能够:

(1)编制暂列金额;

(2)编制专业工程暂估价;

(3)编制工日表。

一、任务说明

①根据招标文件所述,编制其他项目清单。

②按本工程控制价编制要求,本工程暂列金额为 80 万(列入建筑工程专业)。

二、任务分析

①其他项目清单中哪几项内容不能变动?

②暂估材料价如何调整? 计日工是不是综合单价? 应如何计算?

三、任务实施

1)添加暂列金额

按招标文件要求暂列金额为 80 万元,在名称中输入"暂估工程价",在金额中输入"800000",选择"其他项目"→"暂列金额",如图 4.27 所示。

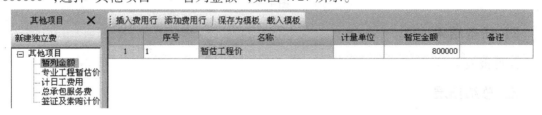

图 4.27

2)添加专业工程暂估价

选择"其他项目"→"专业工程暂估价",如图 4.28 所示。按招标文件内容,如有暂估工程价,则在专业工程暂估价中输入。

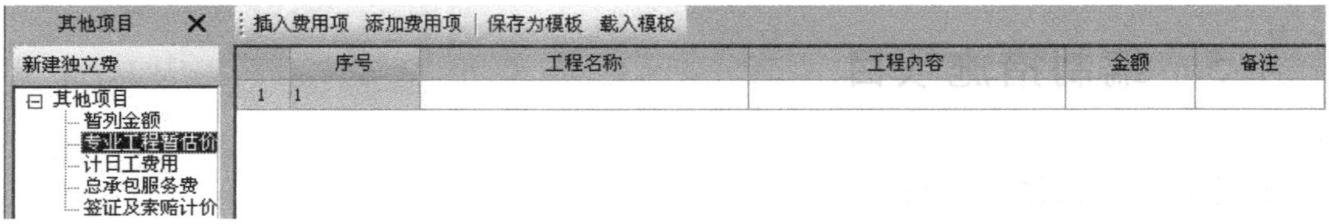

图 4.28

3）添加计日工

选择"其他项目"→"计日工费用"，如图4.29所示。按招标文件要求，本项目有计日工费用，需要添加计日工，人工为(63.88×1.15)元/日。

	序号	名称	单位	数量	单价	合价	综合单价	综合合价	取费文件	备注
1	⊟	计日工						6694.6		
2	⊟ 一	人工						3219.6	人工模板	
3	— 1	木工	工日	10	73.462	734.62	107.32	1073.2	人工模板	
4	— 2	瓦工	工日	10	73.462	734.62	107.32	1073.2	人工模板	
5	— 3	钢筋工	工日	10	73.462	734.62	107.32	1073.2	人工模板	

图4.29

添加材料时，如需增加费用行可用鼠标右键单击操作界面，选择"插入费用行"进行添加即可，如图4.30所示。

	序号	名称	单位	数量
1	⊟	计日工		
2	⊟ 一	人工		
3	— 1	木工	工日	10
4	— 2	瓦工	工日	10
5	— 3	钢筋工	工日	10
6	⊟ 二	材料		
7	— 1			
8	⊟ 三	施工机械		
9	— 1			

插入标题行
插入费用行
添加 ▶ 添加子标题行
添加费用行
✕ 删除 Del
查询人材机
取费文件
保存为模板
载入模板
其他 ▶

图4.30

四、任务结果

详见报表实例。

五、总结拓展

总承包服务费

在工程建设施工阶段实行施工总承包时，当招标人在法律、法规允许的范围内对工程进行分包和自行采购供应部分设备、材料时，要求总承包人提供相关服务（如分包人使用总包人脚手架、水电接剥等）和施工现场管理等所需的费用。

4.5 编制措施项目

通过本节学习，你将能够：
(1)编制安全文明措施费；
(2)编制脚手架、模板、大型机械等技术措施项目费。

一、任务说明

根据招标文件所述,编制措施项目:

①参照定额及造价文件计取安全文明施工费;

②编制垂直运输、脚手架、大型机械进退场费用。

二、任务分析

①措施项目中按项计算与按量计算有什么不同? 分别如何调整?

②安全文明施工费与其他措施费有什么不同?

三、任务实施

①本工程安全文明施工费足额计取,在对应的计算基数和费率一栏中填写即可。

②依据定额计算规则,选择对应的二次搬运费率和夜间施工增加费费率。本项目不考虑二次搬运、夜间施工及冬雨季施工。

③完成大型机械进退场、垂直运输和脚手架的编制,如图4.31所示。

序号			类别	名称	单位	项目特征	组价方式	工程量
14	□ 2			脚手架工程	项		清单组价	1
15		□ 011701002001		外脚手架	m2	1.搭设高度:16.95 2.脚手架材质:钢管	可计量清单	2346.79
		田 01150141	定	外脚手架 钢管架 24m以内 双排	100m2			23.4679
16		□ 011701003001		里脚手架	m2		可计量清单	3783.99
		田 01150159	定	里脚手架 钢管架	100m2			37.8399
17		□ 01B004		浇筑运输道	m2	1.材质:钢制 2.部位:板浇筑运输道	可计量清单	4657.5
		01150168	定	浇筑运输道 钢制 架子高度在 1m以内	100m2			46.575
18		□ 01B004		浇筑运输道	m2	1.材质:钢制 2.部位:基础浇筑运输道	可计量清单	1109.92
		田 01150169	定	浇筑运输道 钢制 架子高度在 3m以内	100m2			11.0992
19		□ 01B005		电梯井脚手架	座	1.电梯数量:2	可计量清单	2
		田 01150196	定	电梯井脚手架 结构用 搭设高度在 20m以内	座			2
20		□ 01B006		安全网	m2	1.挑出式安全网 2.外挑1m,网宽3.5m	可计量清单	518.81
		田 01150192	定	安全网 挑出式 钢管挑出(外墙高度在) 30m以内	100m2			5.1681
21		□ 01B007		安全网	m2	1.首层网 2.外挑1m,网宽2m 3.平挂式安全网	可计量清单	296.46
		01150191	定	安全网 平挂式	100m2			2.9646
22		□ 01B008		安全网	m2	1.层间网 2.外挑1m,网宽2m 3.平挂式安全网	可计量清单	296.46
		01150191	定	安全网 平挂式	100m2			2.9646
23		□ 01B009		安全网	m2	1.随层网 2.外挑1m,网宽2m 3.平挂式安全网	可计量清单	296.46
		01150191	换	安全网 平挂式	100m2	4.安全网材料乘以系数0.07		2.9646
24	田 3			模板及支架工程	项		清单组价	1
45	□ 4			垂直运输	项		清单组价	1
46		□ 011703001001		垂直运输	m2	1.建筑物建筑类型及结构形式:现浇框架 2.建筑物檐口高度:16.9m	可计量清单	3569.06
		01150465	定	建筑物垂直运输 设计室外地坪以上,20m(6层)以内 现浇框架 塔式起重机	100m2			35.6906
47		□ 011703001002		垂直运输	m2	1.建筑物建筑类型及结构形式:现浇框架 地下一层	可计量清单	967.15
		01150458	定	建筑物垂直运输 设计室外地坪以下 层数 一层	100m2			9.6715
48	5			超高增加费	项		清单组价	1
49	□ 6			大型机械进退场费	项		清单组价	1
50		□ 011705001001		大型机械设备进出场及安拆	台次	1.机械设备名称:塔式起重机及垂直电梯	可计量清单	1
		田 01150619	定	大型机械进退场费 塔重机基础费用 固定式基础	每座带配			1
		01150824	定	大型机械进退场费 安装拆卸费用 施工电梯提升高度 75m以内	座			1
		01150652	定	大型机械进退场费 场外运输费用 施工电梯 75m	台次			1
		01150649	定	大型机械进退场费 场外运输费 自升式塔式起重机 1000kNm以内	台次			1
		01150621	定	大型机械进退场费 安装拆卸费用 自升式塔式起重机 1000kNm以内	座			1

图 4.31

四、任务结果

详见报表实例。

4.6　调整人材机

通过本节学习,你将能够:

(1)调整材料价格;

(2)增加甲供材;

(3)添加暂估材料。

一、任务说明

根据招标文件所述导入信息价,按招标要求修正人材机价格:

①材料价格按市场价调整;

②根据招标文件,编制甲供材及暂估材料。

二、任务分析

①有效信息价是如何导入的? 哪些类型价格需要调整?

②甲供材料价格如何调整?

③暂估材料价格如何调整?

三、任务实施

①在"人材机汇总"界面下,参照招标文件要求对材料"市场价"进行调整,如图 4.32所示。

	编码	类别	名称	规格型号	单位	数量	含税预算价	不含税预算价	不含税市场价	价格来源	不含税市场价合计	价差
1	80210879	未计价材	(商)混凝土	C20	m3	6.7231	--	--	0		0	0
2	80210091	未计价材	(商)混凝土	C30	m3	786.8785	--	--	0		0	0
3	80210087	未计价材	(商)混凝土	C15	m3	138.3419	--	--	0		0	0
4	80210086	未计价材	(商)混凝土	C10	m3	200.9656	--	--	0		0	0
5	80210089	未计价材	(商)混凝土	C25	m3	647.4995	--	--	0		0	0
6	13030002	未计价材	177乳液涂料		kg	350.474	--	--	0		0	0
7	01010007	未计价材	I级钢筋	HPB300 φ10以内	t	90.6347	--	--	0		0	0
8	01010009	未计价材	I级钢筋	HPB300 φ10以外	t	0.1646	--	--	0		0	0
9	0101002701	未计价材	II级螺纹钢	HRB335 φ12	t	82.3701	--	--	0		0	0
10	0101002702	未计价材	II级螺纹钢	HRB335 φ14	t	18.0499	--	--	0		0	0
11	0101002703	未计价材	II级螺纹钢	HRB335 φ16	t	9.2769	--	--	0		0	0
12	0101002704	未计价材	II级螺纹钢	HRB335 φ18	t	6.7432	--	--	0		0	0
13	0101002705	未计价材	II级螺纹钢	HRB335 φ20	t	49.8515	--	--	0		0	0
14	0101002706	未计价材	II级螺纹钢	HRB335 φ22	t	20.3755	--	--	0		0	0
15	0101002707	未计价材	II级螺纹钢	HRB335 φ10以外	t	99.1205	--	--	0		0	0
16	0101002708	未计价材	II级螺纹钢	HRB335 φ28	t	20.5459	--	--	0		0	0
17	0101003001	未计价材	III级螺纹钢	HRB400 φ28	t	0.5426	--	--	0		0	0
18	03210010	未计价材	U型卡		百套	737.0328	--	--	0		0	0
19	1101001902	未计价材	丙级木质防火门		m2	22.3	--	--	0		0	0
20	15070006	未计价材	玻璃纤维布		m2	891.8704	--	--	0		0	0
21	1705009001	未计价材	不锈钢管扶手	φ31.8*1.5	m	561.8422	--	--	0		0	0
22	03030009	未计价材	不锈钢门夹		个	3.969	--	--	0		0	0
23	11010019	未计价材	成品木门(带门套)		m2	137.55	--	--	0		0	0
24	08010001	未计价材	大理石(踢脚线)	h=150	m2	203.6858	--	--	0		0	0
25	08010003	未计价材	大理石板		m2	2283.831	--	--	0		0	0

图 4.32

②按照招标文件的要求,对于甲供材料可以在供货方式处选择"完全甲供",如图 4.33 所示。

	编码	类别	名称 ▲	规格型号	单位	数量	含税预算价	不含税预算价	不含税市场价	价格来源	供货方式	甲供数量
6	13030002	未计价材	177乳液涂料		kg	350.474	--	--	10.5		自行采购	0
7	01010007	未计价材	Ⅰ级钢筋	HPB300 φ10以内	t	90.6347			4390		▼	90.6347
8	01010009	未计价材	Ⅰ级钢筋	HPB300 φ10以外	t	0.1646	--	--	4390		自行采购	0
9	0101002701	未计价材	Ⅱ级螺纹钢	HRB335 φ12	t	82.3701	--	--	3850		完全甲供	0
10	0101002702	未计价材	Ⅱ级螺纹钢	HRB335 φ14	t	18.0499	--	--	3850		部分甲供 甲定乙供	0
11	0101002703	未计价材	Ⅱ级螺纹钢	HRB335 φ16	t	9.2789	--	--	3652		自行采购	0

图 4.33

③按照招标文件要求,对于暂估材料表中要求的暂估材料,可以在人材机汇总中将暂估材料选中,如图 4.34 所示。

	编码	类别	名称	规格型号	单位	是否暂估	数量
226	06050003	未计价材	钢化玻璃	δ=12	m2	☐	6.6226
227	06210001	未计价材	热反射玻璃		m2	☐	417.4635
228	07030018	未计价材	全瓷墙面砖	300*300	m2	☑	1490.0392
229	07030019	未计价材	全瓷墙面砖	400*400	m2	☑	1904.7392
230	07050012	未计价材	陶瓷地面砖	400*400	m2	☑	1783.7563
231	07050016	未计价材	陶瓷地砖		m2	☐	220.4984
232	08010001	未计价材	大理石(踢脚线)	h=150	m2	☑	203.6858
233	08010003	未计价材	大理石板		m2	☑	2283.831
234	08030020	未计价材	花岗岩板	δ=20	m2	☑	5.883
235	09010005	未计价材	石膏吸音板	δ=10	m2	☑	1060.5105
236	09050012	未计价材	铝合金条板(100宽)	δ=0.6	m2	☑	1723.6399
237	10010060	未计价材	轻钢龙骨不上人型(平面	400*500	m2	☐	3015.4839

图 4.34

四、任务结果

详见报表实例。

五、总结拓展

1)市场价锁定

对于招标文件要求的内容,如甲供材料表、暂估材料表中涉及的材料价格是不能进行调整的。为了避免在调整其他材料价格时出现操作失误,可使用"市场价锁定"对修改后的材料价格进行锁定,如图 4.35 所示。

	编码	类别	名称	规格型号	单位	市场价锁定
132	80050033	计价材	界面砂浆	DB	m3	☐
133	80110034	计价材	素水泥浆		m3	☐
134	80210031	商砼(计价材)	(商)防水混凝土C20		m3	☑
135	80210032	商砼(计价材)	(商)防水混凝土C25		m3	☐
136	80210033	商砼(计价材)	(商)防水混凝土C30		m3	☐
137	80210034	商砼(计价材)	(商)防水混凝土C35		m3	☐
138	80210092	商砼(计价材)	(商)混凝土C35		m3	☐
139	80210100	商砼(计价材)	(商)细石混凝土C20		m3	☐

图 4.35

2）显示对应子目

对于人材机汇总中出现材料名称或数量异常的情况,可直接右键单击相应材料,选择显示相应子目,在分部分项中对材料进行修改,如图 4.36 所示。

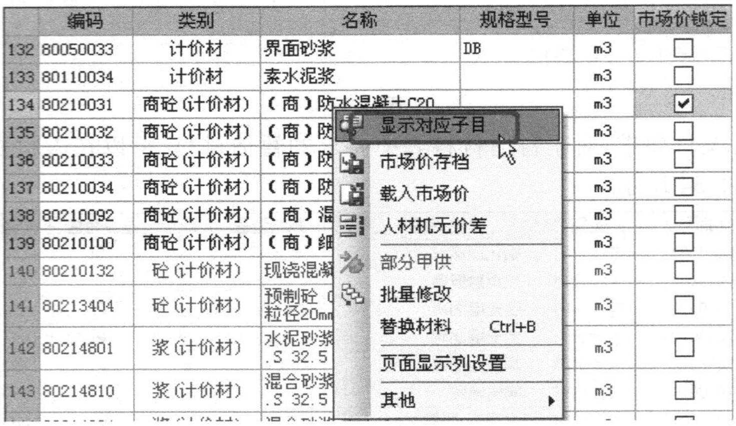

编码	类别	名称	规格型号	单位	市场价锁定
132 80050033	计价材	界面砂浆	DB	m3	☐
133 80110034	计价材	素水泥浆		m3	☐
134 80210031	商砼 (计价材)	（商）防水混凝土C20		m3	☑
135 80210032	商砼 (计价材)	（商）防		m3	☐
136 80210033	商砼 (计价材)	（商）防		m3	☐
137 80210034	商砼 (计价材)	（商）防		m3	☐
138 80210092	商砼 (计价材)	（商）混		m3	☐
139 80210100	商砼 (计价材)	（商）细		m3	☐
140 80210132	砼 (计价材)	现浇混凝		m3	☐
141 80213404	砼 (计价材)	预制砼 0 粒径20mm		m3	☐
142 80214801	浆 (计价材)	水泥砂浆 .S 32.5		m3	☐
143 80214810	浆 (计价材)	混合砂浆 .S 32.5		m3	☐

右键菜单：显示对应子目 / 市场价存档 / 载入市场价 / 人材机无价差 / 部分甲供 / 批量修改 / 替换材料 Ctrl+B / 页面显示列设置 / 其他 ▶

图 4.36

3）市场价存档

对于同一个项目的多个标段,发包方会要求所有标段的材料价保持一致,在调整好一个标段的材料价后,可利用"市场价存档"将此材料价运用到其他标段,如图 4.37 所示。

图 4.37

在其他标段的人材机汇总中使用该市场价文件时,可运用"载入市场价",如图 4.38 所示。

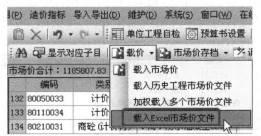

图 4.38

在导入 Excel 市场价文件时按如图 4.39 所示顺序进行操作。

导入 Excel 市场价文件之后,需要识别材料号、名称、规格、单位、单价等信息,如图 4.40 所示。

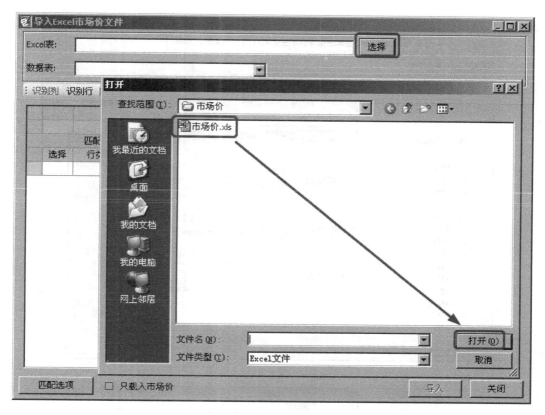

图 4.39

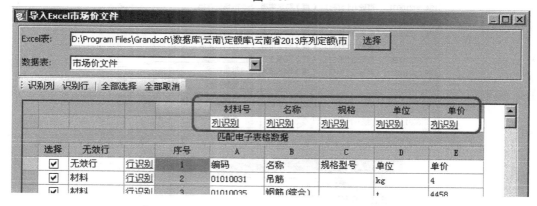

图 4.40

　　识别完所需要的信息之后,需要选择"匹配选项",然后单击"导入"按钮即可,如图 4.41 所示。

4)批量修改人材机属性

　　在修改材料供货方式、市场价锁定、主要材料类别等材料属性时,可同时选中多个,单击鼠标右键,选择"批量修改",如图 4.42 所示。在弹出的"批量设置人材机属性"对话框中,选择需要修改的人材机属性内容进行修改,如图 4.43 所示。

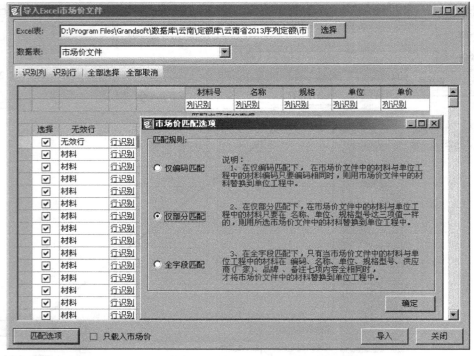

图 4.41

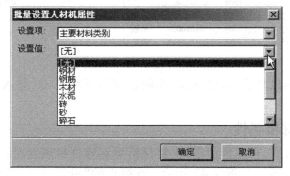

图 4.42

图 4.43

4.7 计取规费和税金

通过本节学习,你将能够:
(1)载入模板;
(2)修改报表样式;
(3)调整费率。

一、任务说明

在预览报表状态下对报表格式及相关内容进行调整和修改,根据招标文件所述内容和定额规定计取规费和税金。

二、任务分析

①规费都包含哪些项目?
②税金是如何确定的?

三、任务实施

①在"费用汇总"界面,查看"工程费用构成"。按增值税计算方式,税金率为:市区 −11.36%、县城/镇 −11.301%、其他地区 −11.18%。本工程按市区费率计取 11.36%,如图 4.44 所示。

序号		费用代号	名称	计算基数	基数说明	费率(%)	金额	费用类别	备注	输出
1	1	A	分部分项工程	FBFXHJ	分部分项合计		7,006,389.62	分部分项合计	Σ(分部分项清单工程量*相应清单项目综合单价)	✓
2	1.1	A1	定额人工费	FBFX_DERGF	分部分项定额人工费		1,158,297.45	人工费	Σ(分部分项工程中定额人工费)	✓
3			人工费调整	FBFX_DERGF	分部分项定额人工费	15	173,444.62	人工调整及价差		✓
4	1.2	A2	材料费	CLF_HSJ*0.912+CLF_BHSJ+ZCF	计价材料费_含税*0.912+计价材料费_不含税+分部分项未计价材料费		4,920,398.03			✓
5	1.3	A3	设备费	SBF	分部分项设备费		0.00			✓
6	1.4	A4	机械费	FBFX_DEJXF	分部分项定额机械费		137,603.22			✓
7	1.5	A5	管理费和利润	FBFX_GLF+FBFX_LR	分部分项管理费+分部分项利润		618,687.36			✓
8	2	B	措施项目	CSXMHJ	措施项目合计		1,535,427.98	措施项目费		✓
9	2.1	B1	单价措施项目	JSCSF	单价措施项目合计		1,283,287.01		Σ(单价措施项目清单工程量*清单综合单价)	✓
10	2.1.1	B11	定额人工费	JSCS_DERGF	单价措施定额人工费		347,365.49	人工费	Σ(单价措施项目中定额人工费)	✓
11			人工费调整	JSCS_DERGF	单价措施定额人工费	15	52,104.82	人工调整及价差		✓
12	2.1.2	B12	材料费	JSCS_CLF_HSJ*0.912+JSCS_CLF_BHSJ+JSCS_ZCF+JSCS_SBF	单价措施项目计价材料费_含税*0.912+单价措施项目计价材料费_不含税+单价措施项目未计价材料费+单价措施项目设备费		491,696.00			✓
13	2.1.3	B13	机械费	JSCS_DEJXF	单价措施定额机械费		210,361.97			✓
14	2.1.4	B14	管理费和利润	CSXM_GLF+CSXM_LR	措施项目管理费+措施项目利润		181,719.08			✓
15	2.2	B2	总价措施项目	ZZCSF	总价措施项目合计		252,140.97		Σ(总价措施项目费)	✓
16	2.2.1	B21	安全文明施工费	AQWMSGF	安全文明施工措施费		182,685.47	安全文明施工费		✓
17	2.2.1.	B211	临时设施费	LSSSF	临时设施费		63,969.10			✓
18	2.2.2	B22	其他总价措施项目费	ZZCSF-AQWMSGF	总价措施项目合计-安全及文明施工措施费		69,455.50			✓
19	3	C	其他项目	QTXMHJ	其他项目合计		806,694.60	其他项目费	Σ(其他项目费)	✓
20	3.1	C1	暂列金额	暂列金额	暂列金额		800,000.00			✓
21	3.2	C2	专业工程暂估价	专业工程暂估价	专业工程暂估价		0.00			✓
22	3.3	C3	计日工	计日工	计日工		6,694.60			✓
23	3.4	C4	总承包服务费	总承包服务费	总承包服务费		0.00			✓
24	3.5	C5	其他	QT	其他		0.00			✓
25	4	D	规费	D1 + D2 + D3	社会保险费、住房公积金、残疾人就业保障金+危险作业意外伤害险+工程排污费		406,506.42	规费	<4.1>+<4.2>+<4.3>	✓
26	4.1	D1	社会保险费、住房公积金、残疾人就业保证金	FBFX_DERGF+JSCS_DERGF+JBG_GRSL*63.88	分部分项定额人工费+单价措施定额人工费+计日工_工日数量*63.88	26	391,450.63	规费细项		☐
27	4.2	D2	危险作业意外伤险	FBFX_DERGF+JSCS_DERGF+JBG_GRSL*63.88	分部分项定额人工费+单价措施定额人工费+计日工_工日数量*63.88	1	15,055.79	规费细项		☐
28	4.3	D3	工程排污费					规费细项	按有关规定计取	☐
29		E	不计税工程设备费							☐
30	5	F	税金	A+B+C+D-E	分部分项工程+措施项目+其他项目+规费-不计税工程设备费	11.36	1,108,170.12	税金	市区:11.36 县城、镇:11.3 不在市区、县城、镇:11.18	✓
31	6	G	单位工程造价	A + B + C + D + F	分部分项工程+措施项目+其他项目+规费+税金		10,863,188.74	工程造价	<1>+<2>+<3>+<4>+<5>	✓

图 4.44

②进入"报表"界面,选择"招标控制价",单击需要输出的报表,单击右键选择"报表设计",如图4.45所示;或直接单击"报表设计器",进入"报表设计器"后,调整列宽及行距,如图4.46所示。

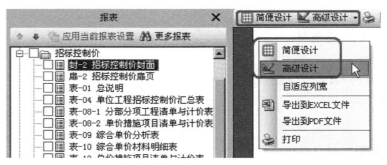

图4.45

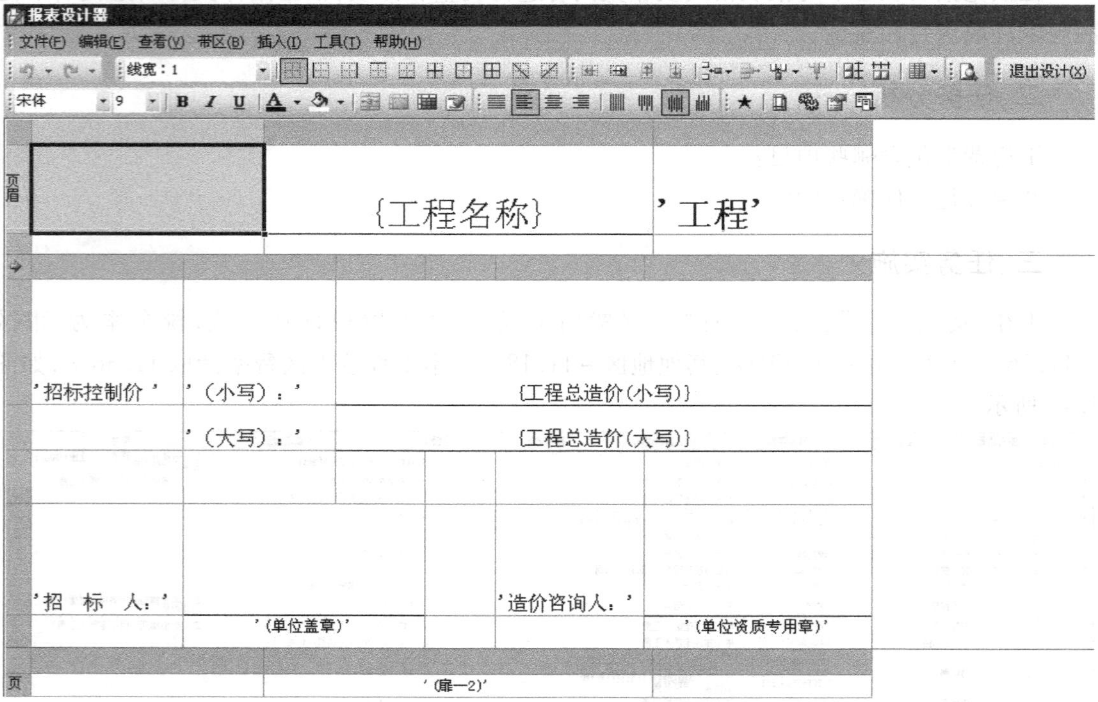

图4.46

③单击文件,选择"报表设计预览"。如需修改,关闭预览,重新调整。

四、任务结果

详见报表实例。

五、总结拓展

调整费率

如果招标文件对费率有特别要求的,可在费率一栏中进行调整,如图4.47所示。本项目没有特别要求,按软件默认设置即可。

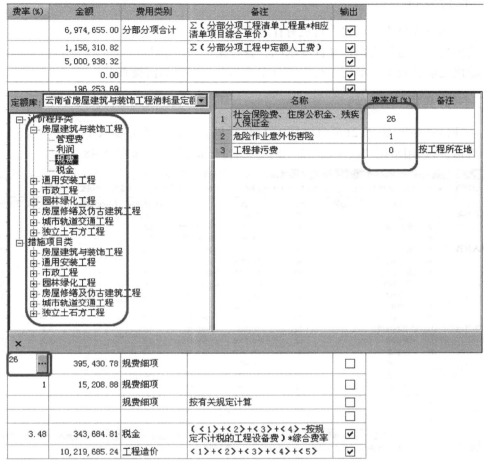

图 4.47

4.8　统一调整人材机及输出格式

通过本节学习,你将能够:

(1)调整多个工程人材机;

(2)调整输出格式。

一、任务说明

①将 1#工程数据导入 2#工程。

②统一调整 1#和 2#的人材机。

③统一调整 1#和 2#的规费。

根据招标文件所述内容统一调整人材机和输出格式。

二、任务分析

①统一调整人材机与调整人材机有什么不同?
②输出格式一定符合招标文件要求吗? 各种模板如何载入?
③输出之前检查工作如何进行? 综合单价与项目编码如何检查?

三、任务实施

①在项目管理界面,在2#项目中导入1#楼数据。假设在甲方要求下需调整混凝土及钢筋市场价格,可运用常用功能中的“统一调整人材机”进行调整,如图4.48所示。

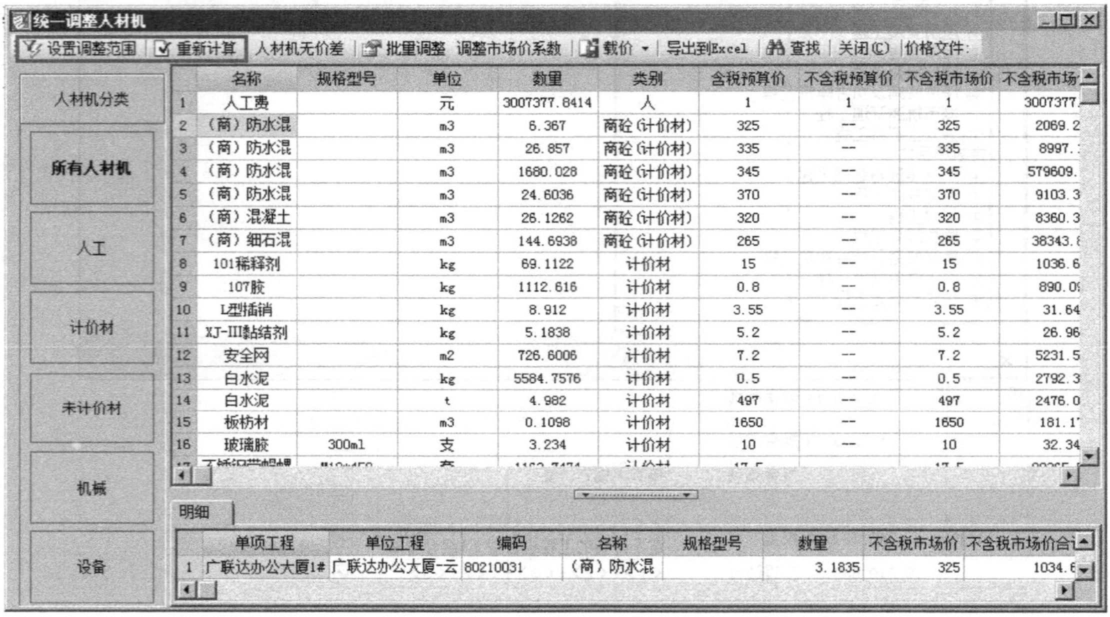

	名称	规格型号	单位	数量	类别	含税预算价	不含税预算价	不含税市场价	不含税市场
1	人工费		元	3007377.8414	人	1	1	1	3007377.
2	(商)防水混		m3	6.367	商砼(计价材)	325	--	325	2069.2
3	(商)防水混		m3	26.857	商砼(计价材)	335	--	335	8997.
4	(商)防水混		m3	1680.028	商砼(计价材)	345	--	345	579609.
5	(商)防水混		m3	24.6036	商砼(计价材)	370	--	370	9103.3
6	(商)混凝土		m3	26.1262	商砼(计价材)	320	--	320	8360.3
7	(商)细石混		m3	144.6938	商砼(计价材)	265	--	265	38343.
8	101稀释剂		kg	69.1122	计价材	15	--	15	1036.6
9	107胶		kg	1112.616	计价材	0.8	--	0.8	890.0
10	L型插销		kg	8.912	计价材	3.55	--	3.55	31.64
11	XJ-III黏结剂		kg	5.1838	计价材	5.2	--	5.2	26.96
12	安全网		m2	726.6006	计价材	7.2	--	7.2	5231.5
13	白水泥		kg	5584.7576	计价材	0.5	--	0.5	2792.3
14	白水泥		t	4.982	计价材	497	--	497	2476.0
15	板枋材		m3	0.1098	计价材	1650	--	1650	181.1
16	玻璃胶	300ml	支	3.234	计价材	10	--	10	32.34

	单项工程	单位工程	编码	名称	规格型号	数量	不含税市场价	不含税市场价合计
1	广联达办公大厦1#	广联达办公大厦-云	80210031	(商)防水混		3.1835	325	1034.6

图4.48

②统一调整取费。根据招标文件要求,可同时调整两个标段的取费,在“项目管理”界面下运用常用功能中的“统一浮动费率/统一调整费率”进行调整,如图4.49所示。

四、任务结果

详见报表实例。

五、总结拓展

1)检查项目编码

所有标段的数据整理完毕之后,可运用“检查项目编码”对项目编码进行校核,如图4.50所示。如果检查结果中提示有重复的项目编码,可“统一调整项目清单编码”。

2）检查清单综合单价

调整好所有的人材机信息之后，可运用常用功能中的"检查清单综合单价"对清单综合单价进行检查，如图4.51所示。

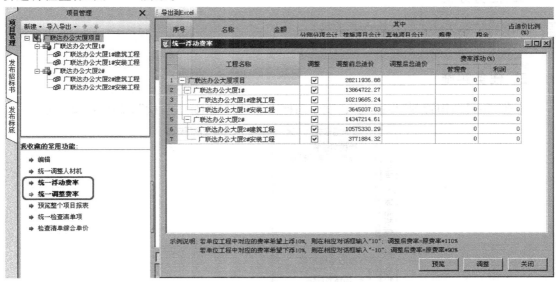

图4.49

图4.50

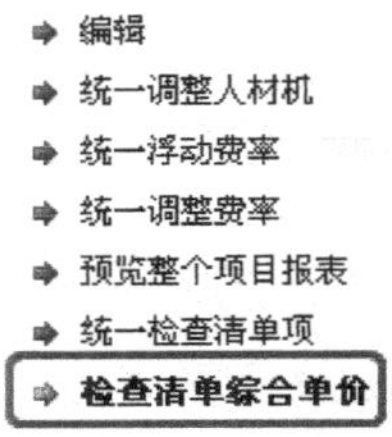

⇒ 编辑
⇒ 统一调整人材机
⇒ 统一浮动费率
⇒ 统一调整费率
⇒ 预览整个项目报表
⇒ 统一检查清单项
⇒ **检查清单综合单价**

图4.51

4.9　生成电子招标文件

通过本节学习，你将能够：
（1）运用"招标书自检"并修改；
（2）运用软件生成招标书。

一、任务说明

根据招标文件所述内容生成招标书。

二、任务分析

①输出招标文件之前有检查要求吗？
②输出的文件是什么类型？如何使用？

三、任务实施

①在"项目结构管理"界面进入"发布招标书"，选择"招标书自检"，如图4.52所示。

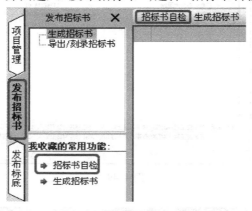

图4.52

②在"设置检查项"界面选择需要检查的项目名称，如图4.53所示。

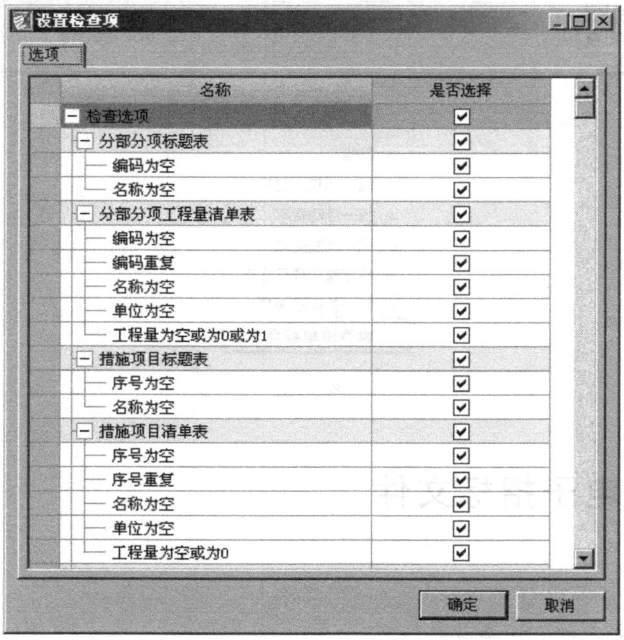

图4.53

③根据生成的"标书检查报告"对单位工程中的内容进行修改,检查报告如图 4.54 所示。

标书检查报告
广联达办公大厦1#广联达办公大厦1#建筑工程
行号
检查的内容

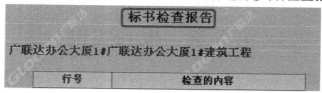

图 4.54

四、任务结果

详见报表实例。

五、总结拓展

在生成招标书之后,若需要单独备份此份标书,可运用"导出招标书"对标书进行单独备份,如图 4.55 所示。

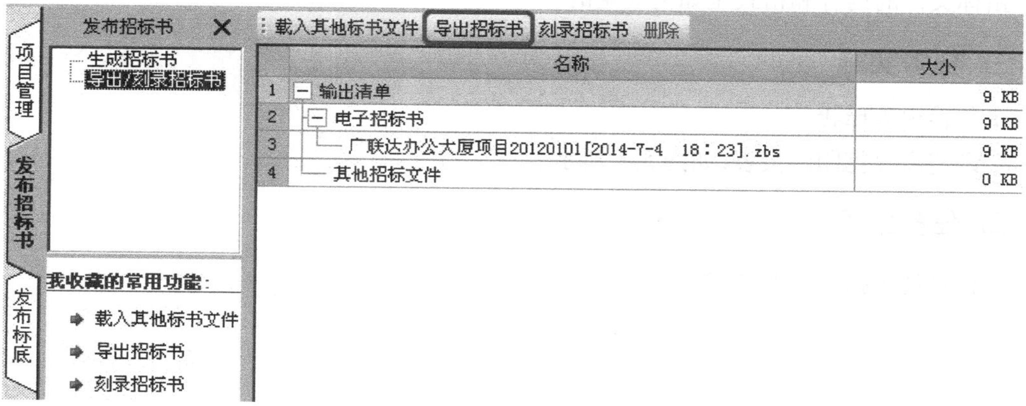

发布招标书
生成招标书
导出/刻录招标书
项目管理
发布招标书
发布标底
我收藏的常用功能:
载入其他标书文件
导出招标书
刻录招标书
载入其他标书文件
导出招标书
刻录招标书
删除
名称
大小
1 输出清单 9 KB
2 电子招标书 9 KB
3 广联达办公大厦项目20120101[2014-7-4 18:23].zbs 9 KB
4 其他招标文件 0 KB

图 4.55

第5章 报表实例

通过本章学习,你将能够:
熟悉编制招标控制价时需要打印的表格。

一、任务说明

按照招标文件的要求,打印相应的报表,并装订成册。

二、任务分析

招标文件的内容和格式是如何规定的?

三、任务实施

①检查报表样式。
②设定需要打印的报表,如图5.1所示。

四、任务结果

工程量清单招标控制价实例。

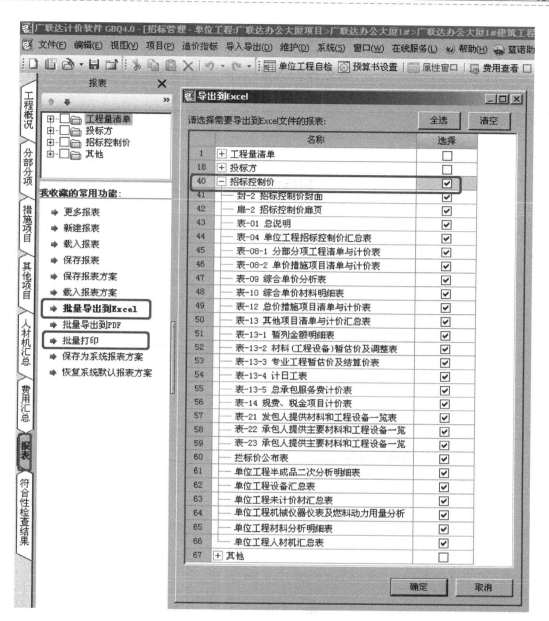

图 5.1

<u>　　　广联达办公大厦-云南　　　</u>工程

招标控制价

招　标　人：<u>　　　　　　　　　　　　　　　</u>

　　　　　　　　　　　（单位盖章）

造价咨询人：<u>　　　　　　　　　　　　　　</u>

　　　　　　　　　　　（单位盖章）

年　　月　　日

封-2

广联达办公大厦-云南 工程

招标控制价

招标控制价（小写）： 10 863 188.74

（大写）： 壹仟零捌拾陆万叁仟壹佰捌拾捌元柒角肆分

招 标 人： _____
（单位盖章）

造 价
咨 询 人： _____
（单位资质专用章）

法定代表人
或其授权人： _____
（签字或盖章）

法定代表人
或其授权人： _____
（签字或盖章）

编 制 人： _____
（造价人员签字盖专用章）

复 核 人： _____
（造价工程师签字盖专用章）

编 制 时 间： 年 月 日

复 核 时 间： 年 月 日

总说明

工程名称:广联达办公大厦-云南

（表-01）

单项工程招标控制价汇总表

工程名称:广联达办公大厦-云南　　　　　　标段:　　　　　　　　　第1页 共1页

序号	汇总内容	金额/元	其中:暂估价/元
1	分部分项工程	7006389.62	755034.82
1.1	定额人工费	1156297.45	
	人工费调整	173444.62	
1.2	材料费	4920398.03	
1.3	设备费		
1.4	机械费	137603.22	
1.5	管理费和利润	618687.36	
2	措施项目	1535427.98	
2.1	单价措施项目	1283287.01	
2.1.1	定额人工费	347365.49	
	人工费调整	52104.82	
2.1.2	材料费	491696	
2.1.3	机械费	210361.97	
2.1.4	管理费和利润	181719.08	
2.2	总价措施项目费	252140.97	
2.2.1	安全文明施工费	182685.47	
2.2.1.1	临时设施费	63969.1	
2.2.2	其他总价措施项目费	69455.5	
3	其他项目	806694.6	
3.1	暂列金额	800000	
3.2	专业工程暂估价		
3.3	计日工	6694.6	
3.4	总承包服务费		
3.5	其他		
4	规费	406506.42	
5	税金	1108170.12	
	招标控制价合计=1+2+3+4+5	10863188.74	755034.82

注:①本表适用于单位工程招标控制价或投标报价的汇总,如无单位工程划分,单项工程也使用本表汇总。

　②本表中材料费不包括设备费。

(表-04)

分部分项工程量清单计价表

工程名称:广联达办公大厦-云南　　　　　　　标段:　　　　　　　第 1 页 共 21 页

序号	项目编码	项目名称	项目特征描述	计量单位	工程量	金额/元				
						综合单价	合价	其中		
								人工费	机械费	暂估价
	0101	土石方工程					288725.82	110110.98	63991.55	
1	010101001001	平整场地	1. 土壤类别:综合 2. 弃土运距:1km 以内场内调配 3. 取土运距:1km 以内场内调配	m²	1028.56	0.6	617.14	72	493.71	
2	010101002001	挖一般土方	1. 土壤类别:三类土 2. 挖土深度:5m 以内 3. 弃土运距:1km 以内场内调配	m³	4825.09	22.24	107310	35898.67	52352.23	
3	010101004001	挖基坑土方	1. 土壤类别:三类土 2. 挖土深度:5m 以内 3. 弃土运距:1km 以内场内调配	m³	34.6	635.39	21984.49	15048.93		
4	010103001001	房心回填土	1. 土质要求:综合考虑 2. 密实度要求:满足设计及规范要求 3. 填方粒径要求:综合考虑 4. 运距:1km 以内场内调配	m³	515.65	156.46	80678.6	28185.42	2774.2	
5	010103001002	回填方	1. 填方粒径要求:综合 2. 土质要求:综合 3. 夯填(碾压):夯填 4. 运输距离:1km 以内	m³	358.98	217.66	78135.59	47421.26	8371.41	
	0104	砌筑工程					217835.36	45393.13	804.23	
6	010401012001	零星砌砖 台阶	1. 面层:1:2水泥砂浆粉20mm厚(单列项) 2. 台阶材料、种类:M5 水泥砂浆砌砖 3. 垫层材料种类、厚度:100mm厚 C15 混凝土 4. 地基处理:素土夯实 5. 做法:详见西南 11J812-1a/7	m²	179.2	146.49	26251.01	7486.98	188.16	
		本页小计					314976.83	134113.26	64179.71	

分部分项工程量清单计价表

工程名称:广联达办公大厦-云南　　　　　　标段:　　　　　　　　　　　第2页　共21页

序号	项目编码	项目名称	项目特征描述	计量单位	工程量	金额/元				
						综合单价	合价	其中		
								人工费	机械费	暂估价
7	010402001001	砌块墙	1.砌块品种、规格、强度等级:轻质加气混凝土砌块 强度大于5MPa 2.砂浆强度等级:M5 混合砂浆 3.墙体类型:直形外墙和内隔墙 4.墙体厚度:200mm	m³	381.89	337.11	128738.94	30272.42	412.44	
8	010402001002	砌块墙	1.砌块品种、规格、强度等级:轻质加气混凝土砌块 强度大于5MPa 2.砂浆强度等级:M5 混合砂浆 3.墙体类型:直形外墙和内隔墙 4.墙体厚度:120mm	m³	12.21	388.53	4743.95	1397.44	13.06	
9	010402001003	砌块墙	1.砌块品种、规格、强度等级:轻质加气混凝土砌块 强度大于5MPa 2.砂浆强度等级:M5 混合砂浆 3.墙体类型:直形外墙和内隔墙 4.墙体厚度:250mm	m³	151.36	329.28	49839.82	11190.04	163.47	
10	010402001004	砌块墙	1.砌块品种、规格、强度等级:轻质加气混凝土砌块 强度大于5MPa 2.砂浆强度等级:M5 混合砂浆 3.墙体类型:女儿墙 4.墙体厚度:250mm	m³	25.09	329.28	8261.64	1854.91	27.1	
		本页小计					191584.35	44714.81	616.07	

分部分项工程量清单计价表

工程名称:广联达办公大厦-云南　　　　　　标段:　　　　　　　　

序号	项目编码	项目名称	项目特征描述	计量单位	工程量	综合单价	合价	人工费	机械费	暂估价
	0105	混凝土及钢筋混凝土工程					2921811.46	349957.07	43828.67	
11	010501001001	垫层	1.混凝土强度等级:C15 2.部位:基础垫层 3.混凝土种类:商品混凝土	m³	110.89	343.88	38132.85	5579.99	148.59	
12	010501004001	满堂基础	1.混凝土种类:商品混凝土 2.混凝土强度等级:C30P8 3.基础类型:集水坑	m³	53.3	391.96	20891.47	2474.72	57.56	
13	010501004002	满堂基础	1.混凝土强度等级:C30P8 2.混凝土种类:商品混凝土 3.基础类型:有梁式满堂基础	m³	594.44	391.97	233002.65	27599.85	647.94	
14	010501004003	满堂基础	1.混凝土强度等级:C25P8 2.混凝土种类:商品混凝土 3.基础类型:无梁式满堂基础 4.部位:坡道	m³	11.9	368.11	4380.51	437.09	12.85	
15	010502001001	矩形柱 C30	1.柱形状:矩形柱 2.混凝土种类:商品混凝土 3.混凝土强度等级:C30 4.柱截面尺寸:周长1.8m以外	m³	80.22	369.43	29635.67	4749.83	141.19	
16	010502001002	矩形柱 C25	1.柱形状:矩形柱 2.混凝土种类:商品混凝土 3.混凝土强度等级:C25 4.柱截面尺寸:周长1.8m以外	m³	76.68	371.51	28487.39	4540.22	134.96	
17	010502001003	矩形柱 C30	1.柱形状:梯柱 2.混凝土种类:商品混凝土 3.混凝土强度等级:C30 4.柱截面尺寸:周长1.2m以内	m³	1.19	392.66	467.27	88.82	2.09	
		本页小计					354997.81	45470.52	1145.18	

分部分项工程量清单计价表

工程名称:广联达办公大厦-云南　　　　　　标段:　　　　　　　　第4页 共21页

序号	项目编码	项目名称	项目特征描述	计量单位	工程量	金额/元				
						综合单价	合价	人工费	机械费	暂估价
								其中		
18	010502001004	矩形柱 C25	1.柱形状:梯柱 2.混凝土种类:商品混凝土 3.混凝土强度等级:C25 4.柱截面尺寸:周长1.2m以内	m³	0.78	394.74	307.9	58.22	1.37	
19	010502002001	构造柱	1.混凝土种类:商品混凝土 2.混凝土强度等级:C25	m³	57.5	416.83	23967.73	5187.66	101.2	
20	010502003001	异形柱 C30	1.柱形状:圆柱 2.混凝土种类:商品混凝土 3.混凝土强度等级:C30 4.柱截面尺寸:直径0.5m以外	m³	12.97	380.72	4937.94	868.99	22.83	
21	010502003002	异形柱 C30	1.柱形状:圆柱 2.混凝土种类:商品混凝土 3.混凝土强度等级:C30 4.柱截面尺寸:直径0.5m以内	m³	7.66	396.79	3039.41	597.09	13.48	
22	010503004001	圈梁	1.混凝土种类:商品混凝土 2.混凝土强度等级:C25	m³	25.02	448.33	11217.22	2683.4	44.04	
23	010503005001	过梁	1.混凝土种类:商品混凝土 2.混凝土强度等级:C25	m³	0.23	485.21	111.6	30.43	0.41	
24	010504001001	直形墙 C25	1.墙类型:混凝土墙 2.混凝土种类:商品混凝土 3.混凝土强度等级:C25 4.墙厚度:250mm	m³	135.01	430.66	58143.41	13290.39	237.62	
25	010504001003	直形墙 C30	1.墙类型:混凝土墙 2.混凝土种类:商品混凝土 3.混凝土强度等级:C30 4.墙厚度:250mm	m³	157.45	428.58	67479.92	15499.38	277.11	
		本页小计					169205.13	38215.56	698.06	

分部分项工程量清单计价表

工程名称:广联达办公大厦-云南　　　　标段:　　　　　　　　第5页 共21页

序号	项目编码	项目名称	项目特征描述	计量单位	工程量	综合单价	合价	人工费	机械费	暂估价
							金额/元			
								其中		
26	010504001006	直形墙 C30	1.墙类型:电梯井壁 2.混凝土种类:商品混凝土 3.混凝土强度等级:C30	m³	30.95	441.21	13655.45	3281.01	54.47	
27	010504001007	直形墙 C25	1.墙类型:混凝土墙 2.混凝土种类:商品混凝土 3.混凝土强度等级:C25 4.墙厚度:200mm	m³	3.28	432.68	1419.19	332.04	5.77	
28	010504001005	直形墙 C30	1.墙类型:电梯井壁 2.混凝土种类:商品混凝土 3.混凝土强度等级:C25	m³	25.62	443.29	11357.09	2715.97	45.09	
29	010504004001	挡土墙	1.墙类型:挡土墙 2.混凝土种类:商品混凝土 3.混凝土强度等级:C30P8	m³	179.86	433.24	77922.55	13449.94	316.55	
30	010505001001	有梁板 C25	1.混凝土种类:商品混凝土 2.混凝土强度等级:C25	m³	299.89	354.82	106406.97	12733.33	527.81	
31	010505001002	有梁板 C30	1.混凝土种类:商品混凝土 2.混凝土强度等级:C30	m³	467.07	352.74	164754.27	19831.79	822.04	
32	010505003001	平板	1.混凝土种类:商品混凝土 2.混凝土强度等级:C30	m³	0.61	351.6	214.48	25.23	1.07	
33	010505003002	平板	1.混凝土种类:商品混凝土 2.混凝土强度等级:C25	m³	0.61	353.69	215.75	25.23	1.07	
34	010505008001	雨篷、悬挑板、阳台板	1.混凝土种类:商品混凝土 2.混凝土强度等级:C30	m³	0.71	22.79	16.18	3.97	0.1	
35	010506001001	直形楼梯 C30	1.混凝土种类:商品混凝土 2.混凝土强度等级:C30	m²	70.92	86.79	6155.15	1474.42	39.01	
		本页小计					382117.08	53872.93	1812.98	

分部分项工程量清单计价表

工程名称:广联达办公大厦-云南　　　　　标段:　　　　　　第 6 页 共 21 页

序号	项目编码	项目名称	项目特征描述	计量单位	工程量	综合单价	合价	人工费	机械费	暂估价
							金额/元		其中	
36	010506001002	直形楼梯 C25	1.混凝土种类:商品混凝土 2.混凝土强度等级:C25	m²	43.37	87.19	3781.43	901.66	23.85	
37	010507001001	散水、坡道	1.混凝土种类:商品混凝土 2.面层:60mm 厚 C15 混凝土提浆抹面 3.填塞材料种类:散水与外墙接缝处做 15mm 宽 1:1沥青砂浆或油膏嵌缝;当散水长度超过 20m 时设散水伸缩缝,内填1:1沥青砂浆或油膏嵌缝(单列项) 4.垫层材料种类、厚度:100mm 厚碎砖(石、卵石)黏土夯实垫层 5.地基处理:素土夯实	m²	101.82	49.27	5016.67	1503.88	42.76	
38	010507003001	地沟	1.基础、垫层:材料品种、厚度:见详图 2.盖板材质、规格:铸铁盖板 3.沟截面:见详图 4.混凝土强度等级:C25P8 5.混凝土种类:商品混凝土	m	7.4	179.1	1325.34	180.86	3.77	
39	010507005001	扶手、压顶	1.混凝土种类:商品混凝土 2.混凝土强度等级:C25	m³	8.14	525.22	4275.29	1233.05	22.95	
40	010507007001	其他构件	1.构件的类型:花岗岩窗台 2.部位:不锈钢栏杆底座 3.混凝土种类:细石混凝土 4.混凝土强度等级:C20	m³	0.56	499.74	279.85	83.35	1.58	
41	010508001001	后浇带	1.混凝土强度等级:C35P8,掺水泥用量的8% HEA型膨胀剂 2.混凝土种类:商品混凝土 3.部位:基础	m³	10.4	427.63	4447.35	574.6	11.23	
		本页小计					19125.93	4477.4	106.14	

分部分项工程量清单计价表

工程名称:广联达办公大厦-云南　　　　　　标段:　　　　　　

序号	项目编码	项目名称	项目特征描述	计量单位	工程量	金额/元				
						综合单价	合价	其中		
								人工费	机械费	暂估价
42	010508001002	后浇带	1.混凝土强度等级:C35,掺水泥用量的 8% HEA 型膨胀剂 2.混凝土种类:商品混凝土 3.部位:2 层以下有梁板	m³	8.15	386.87	3152.99	447.19	14.34	
43	010508001003	后浇带	1.混凝土强度等级:C35P8,掺水泥用量的 8% HEA 型膨胀剂 2.混凝土种类:商品混凝土 3.部位:挡土墙	m³	1.72	513.21	882.72	195.46	3.03	
44	010508001004	后浇带	1.混凝土强度等级:C30,掺水泥用量的 8% HEA 型膨胀剂 2.混凝土种类:商品混凝土 3.部位:3 层以上有梁板	m³	4.72	390.31	1842.26	271.16	8.31	
45	010512001001	风井盖板	1.构件尺寸:见详图 2.安装高度:见详图 3.混凝土强度等级:C20 商品混凝土 4.部位:风井盖板	m³	0.24	372.87	89.49	21.44	6.32	
46	010515001001	现浇构件钢筋	1.钢筋种类、规格:φ10 以内圆钢 2.钢筋制作、安装、场内外运输:综合考虑	t	84.439	6181.62	521969.81	91494.72	3767.67	
47	010515001002	现浇构件钢筋	1.钢筋种类、规格:φ10 以内圆钢 2.钢筋制作、安装、场内外运输:综合考虑 3.类型:砌体加筋	t	4.266	6213.62	26507.3	4848.1	285.27	
		本页小计					554444.57	97278.07	4084.94	

分部分项工程量清单计价表

工程名称:广联达办公大厦-云南　　　　　　　标段:　　　　　　　第 8 页　共 21 页

序号	项目编码	项目名称	项目特征描述	计量单位	工程量	金额/元				
						综合单价	合价	其中		
								人工费	机械费	暂估价
48	010515001003	现浇构件钢筋	1. 钢筋种类、规格:二级带肋钢 φ12 2. 钢筋制作、安装、场内外运输:综合考虑	t	80.755	4912.62	396718.63	43484.95	9626	
49	010515001004	现浇构件钢筋	1. 钢筋种类、规格:二级带肋钢 φ14 2. 钢筋制作、安装、场内外运输:综合考虑	t	17.696	4912.62	86933.72	9528.95	2109.36	
50	010515001005	现浇构件钢筋	1. 钢筋种类、规格:二级带肋钢 φ16 2. 钢筋制作、安装、场内外运输:综合考虑	t	9.097	4710.66	42852.87	4898.55	1084.36	
51	010515001006	现浇构件钢筋	1. 钢筋种类、规格:二级带肋钢 φ18 2. 钢筋制作、安装、场内外运输:综合考虑	t	6.611	4710.66	31142.17	3559.89	788.03	
52	010515001007	现浇构件钢筋	1. 钢筋种类、规格:二级带肋钢 φ20 2. 钢筋制作、安装、场内外运输:综合考虑	t	48.874	4710.66	230228.8	26317.67	5825.78	
53	010515001008	现浇构件钢筋	1. 钢筋种类、规格:二级带肋钢 φ22 2. 钢筋制作、安装、场内外运输:综合考虑	t	19.976	4710.66	94100.14	10756.67	2381.14	
54	010515001009	现浇构件钢筋	1. 钢筋种类、规格:二级带肋钢 φ25 2. 钢筋制作、安装、场内外运输:综合考虑	t	97.177	4710.66	457767.81	52327.87	11583.5	
55	010515001010	现浇构件钢筋	1. 钢筋种类、规格:二级带肋钢 φ28 2. 钢筋制作、安装、场内外运输:综合考虑	t	20.143	4710.66	94886.82	10846.6	2401.05	
		本页小计					1434630.96	161721.15	35799.22	

分部分项工程量清单计价表

工程名称:广联达办公大厦-云南　　　　　　　标段:　　　　　　　第 9 页 共 21 页

序号	项目编码	项目名称	项目特征描述	计量单位	工程量	金额/元				
						综合单价	合价	其中		
								人工费	机械费	暂估价
56	010515001011	现浇构件钢筋	1.钢筋种类、规格:三级带肋钢 φ28 2.钢筋制作、安装、场内外运输:综合考虑	t	0.532	5473.58	2911.94	286.46	63.41	
57	010516002001	预埋铁件	1.钢材种类:详见设计图纸 2.规格:详见设计图纸 3.铁件尺寸:详见设计图纸	t	0.48	9120.91	4378.04	1132.61	118.74	
	0106	金属结构工程					44574.05	12892.56	672.12	
58	010607005001	砌块墙钢丝网加固		m²	3055.11	14.59	44574.05	14817.28	672.12	
	0108	门窗工程					293241.8	18341.5	607.68	21576
59	010801001001	木质夹板门	1.门类型:成品木质夹板门 2.框截面尺寸、单扇面积:综合考虑	m²	137.55	549.68	75608.48	3546.04	56.4	
60	010801004001	木质丙级防火检修门	1.门类型:成品木质丙级防火检修门 2.框截面尺寸、单扇面积:综合考虑	m²	22.3	583.78	13018.29	574.9	9.14	
61	010802001001	铝塑平开门	1.门类型:成品铝塑平开门,透明中空玻璃(6+9A+6) 2.框材质、外围尺寸:综合考虑	m²	6.3	393.22	2477.29	217.29	2.65	
62	010802003001	钢质乙级防火门	1.门类型:成品钢质乙级防火门 2.框材质、外围尺寸:综合考虑	m²	27.72	609.65	16899.5	992.65	7.76	15107.4
63	010802003002	钢质甲级防火门	1.门类型:成品钢质甲级防火门 2.框材质、外围尺寸:综合考虑	m²	5.88	944.65	5554.54	210.56	1.65	5174.4
64	010805005001	玻璃推拉门	1.门类型:成品玻璃推拉门,透明中空玻璃(6+9A+6) 2.框材质、外围尺寸:综合考虑	m²	6.3	591.45	3726.14	651.86		
		本页小计					169148.27	22429.65	931.87	20282

分部分项工程量清单计价表

工程名称:广联达办公大厦-云南　　　　　　　标段:　　　　　　　第 10 页 共 21 页

序号	项目编码	项目名称	项目特征描述	计量单位	工程量	金额/元				
						综合单价	合价	其中		
								人工费	机械费	暂估价
65	010807001001	铝塑上悬窗	1. 窗类型:成品铝塑上悬窗,透明中空玻璃(6+9A+6) 2. 框材质、外围尺寸:综合考虑	m²	500.04	321.87	160947.87	13521.08	480.04	
66	010807003001	金属百叶窗	1. 窗类型:成品金属百叶窗 2. 框材质、外围尺寸:综合考虑	m²	0.94	271.04	254.78	28.38	2.61	
67	010807007001	铝塑平开飘窗	1. 窗类型:成品铝塑平开飘窗,透明中空玻璃(6+9A+6) 2. 框材质、外围尺寸:综合考虑	m²	40.5	321.87	13035.74	1095.13	38.88	
68	010809004001	石材窗台板	1. 构件的类型:花岗岩窗台 2. 部位:不锈钢栏杆底座	m²	5.55	309.76	1719.17	256.24	8.55	1294.26
	0109	屋面及防水工程					416259.2	48633.01	453.02	
69	010902001001	屋面卷材防水	1. 卷材品种、规格、厚度:高分子卷材 1 道,同材性胶粘剂 2 道 2. 部位:上人屋面	m²	896.51	134.89	120930.23	13609.02	367.57	
70	010902003001	屋面刚性层	1. 混凝土种类:40mm 厚细石混凝土加 5% 防水剂 2. 混凝土强度等级:C20 3. 部位:不上人屋面	m²	152.26	21.3	3243.14	982.08	7.61	
71	010902004001	屋面排水管	1. 排水管品种、规格:φ100IPVC 2. 做法:详见西南 11J201-2b/51	m	145.8	63.61	9274.34	3095.34		
		本页小计					309405.27	32587.27	905.26	1294.26

分部分项工程量清单计价表

工程名称:广联达办公大厦-云南　　　　　标段:　　　　　

序号	项目编码	项目名称	项目特征描述	计量单位	工程量	综合单价	合价	人工费	机械费	暂估价
							金额/元			
								其中		
72	010903001001	墙面卷材防水	1. 卷材品种:3.0mm 厚两层 SBS 高聚物改性沥青防水卷材 2. 防水做法:60mm 厚泡沫聚苯板保温板 3. 部位:挡土墙	m²	822.14	146.5	120443.51	14255.91		
73	010904001001	地下室底板防水	1. 卷材品种:3.0mm 厚两层 SBS 高聚物改性沥青防水卷材 2. 防水做法:50mm 厚 C20 细石混凝土保护层	m²	1049.08	126.51	132719.11	20876.69	73.44	
74	010904001002	地下室底板防水	1. 卷材品种:3.0mm 厚两层 SBS 高聚物改性沥青防水卷材 2. 防水做法:50mm 厚 C20 细石混凝土保护层	m²	62.79	129.28	8117.49	1249.52	4.4	
75	010904002001	楼(地)面涂膜防水	1. 防水层:改性沥青一布四涂防水层	m²	248.82	77.86	19373.13	1219.21		
76	010904004001	散水变形缝	1. 材料品种、规格:散水与外墙接缝处做 15mm 宽 1:1 沥青砂浆或油膏嵌缝;当散水长度超过 20m 时设散水伸缩缝,内填 1:1 沥青砂浆或油膏嵌缝	m	133.39	16.18	2158.25	644.28		
	0110	保温、隔热、防腐工程					37635.49	3146.75		
77	011001001001	保温隔热屋面	1. 保温隔热材料品种、规格、厚度:60mm 厚挤塑聚苯板 2. 部位:上人屋面	m²	896.51	41.98	37635.49	3621.9		
	0111	楼地面装饰工程					1039075.6	152027.6	5030.24	589648
		本页小计					320446.98	41867.51	77.84	

分部分项工程量清单计价表

工程名称:广联达办公大厦-云南　　　　标段:　　　　第 12 页 共 21 页

序号	项目编码	项目名称	项目特征描述	计量单位	工程量	综合单价	合价	人工费	机械费	暂估价
78	011101001001	水泥砂浆地面	1. 面层:20mm 厚 1:2 水泥砂浆面层铁板赶光 2. 结合层:水泥浆水灰比0.4~0.5 结合层1道 3. 垫层做法:100mm 厚C10 混凝土垫层 4. 基层处理:素土夯实基土 5. 做法:详见西南 11J312-3102D(b) 6. 部位:库房、弱电室、排烟机房、配电室	m²	344.79	54.92	18935.87	5040.83	168.95	
79	011101001002	水泥砂浆坡道	1. 面层:20mm 厚1:2水泥砂浆,木抹搓平 2. 结合层:素水泥浆结合层1道 3. 混凝土垫层:60mm 厚C15 混凝土 4. 灰土垫层:300mm 厚3:7灰土 5. 基础处理:素土夯实	m²	7.4	30.41	225.03	64.08	1.11	
80	011101003001	细石混凝土地面	1. 面层:40mm 厚 C20 细石混凝土(有敷管时为50mm 厚),表面撒1:1水泥砂子随打随抹光 2. 结合层:水泥浆水灰比0.4~0.5 结合层1道 3. 垫层做法:100mm 厚 C10混凝土垫层 4. 基层处理:素土夯实基土 5. 做法:详见西南11J312-3114D(b) 6. 部位:自行车库	m²	474.22	57.02	27040.02	6283.41	184.95	
		本页小计					46200.92	11388.32	355.01	

分部分项工程量清单计价表

工程名称:广联达办公大厦-云南　　　　　　　标段:　　　　　　　第 13 页 共 21 页

序号	项目编码	项目名称	项目特征描述	计量单位	工程量	综合单价	合价	人工费	机械费	暂估价
							金额/元			
								其中		
81	011101003002	细石混凝土不上人屋面	1. 类型:不上人屋面 2. 面层:40mm 厚 C20 细石混凝土加 5% 防水剂,提浆压光(单列项) 3. 隔离层:刷沥青玛蹄脂 1 道 4. 找平层:20mm 厚 1:3 水泥砂浆找平层 5. 结构层:现浇混凝土屋面板 6. 做法:详见西南 11J201-2103	m²	147.58	25.38	3745.58	1043.39	41.32	
82	011102001001	大理石楼面(800mm×800mm)	1. 面层:20mm 厚石材面层,水泥浆擦缝 2. 结合层:20mm 厚 1:2 干硬性水泥砂浆黏合层,上撒 1~2mm 厚干水泥并洒清水适量 3. 结合层:水泥浆水灰比 0.4~0.5 结合层 1 道 4. 找平层:50mm 厚 C10 细石混凝土敷管找平层 5. 做法:详见西南 11J312-3145L 6. 部位:接待室、会议室、办公室、档案室、走廊等	m²	2259.4	235.54	532179.08	82671.45	1920.49	365413
83	011102003001	防滑地砖地面	1. 面层:普通地砖面层 1:1 水泥砂浆擦缝 2. 结合层:20mm 厚 1:2 干硬性水泥砂浆黏合层,上撒 1~2mm 厚干水泥并洒清水适量 3. 找平层:20mm 厚 1:3 水泥砂浆找平层 4. 垫层做法:100mm 厚 C10 混凝土垫层找坡表面赶光 5. 基层处理:素土夯实基土 6. 做法:详见西南 11J312-3121D(b1) 7. 部位:电梯厅、楼梯间	m²	46.81	207.6	9717.76	1459.07	60.38	5729.3
		本页小计					545642.42	85173.91	2022.19	371142.3

分部分项工程量清单计价表

工程名称:广联达办公大厦-云南　　　　　　　标段:　　　　　　　第 14 页　共 21 页

序号	项目编码	项目名称	项目特征描述	计量单位	工程量	综合单价	合价	人工费	机械费	暂估价
								金额/元		
									其中	
84	011102003002	铺地面砖上人屋面	1. 面层:35mm 厚590mm×590mm 钢筋混凝土预制板或铺地面砖 2. 结合层:10mm 厚 1:2.5 水泥砂浆结合层 3. 保护层:20mm 厚 1:3 水泥砂浆保护层 4. 防水层:高分子卷材 1 道,同材性胶粘剂 2 道(单列项) 5. 结合层:20mm 厚 1:3 水泥砂浆(单列项) 6. 防水层:改性沥青卷材 1 道,胶粘剂 2 道,刷底胶漆 1 道,材性同防水材料(单列项) 7. 找平层:20mm 厚 1:3 水泥砂浆找平层 8. 保温层:60mm 厚挤塑聚苯板(单列项) 9. 结合层:20mm 厚 1:3 水泥砂浆 10. 隔离层:改性沥青卷材 1 道 11. 找平层:20mm 厚 1:3 水泥砂浆找平层 12. 结构层:现浇混凝土屋面板 13. 做法:详见西南 11J201-2206(a)	m²	896.51	264.21	236866.91	37680.31	1550.96	110271
		本页小计					236866.91	37680.31	1550.96	110271

分部分项工程量清单计价表

工程名称:广联达办公大厦-云南　　　　　　　　标段:　　　　　　　　第 15 页 共 21 页

序号	项目编码	项目名称	项目特征描述	计量单位	工程量	金额/元				
						综合单价	合价	其中		
								人工费	机械费	暂估价
85	011102003003	防滑地砖楼面（400mm×400mm）	1. 面层:防滑地砖面层1:1水泥砂浆擦缝 2. 结合层:20mm 厚 1:2干硬性水泥砂浆黏合层,上撒1~2mm厚干水泥并洒清水适量 3. 找平层:20mm 厚 1:3水泥砂浆找平层 4. 基层处理:水泥浆水灰比0.4~0.5结合层1道 5. 做法:详见西南11J312-3121L(2) 6. 部位:电梯厅、门厅、楼梯间	m²	604.28	172.46	104214.13	15143.26	616.37	73935.3
86	011102003006	防滑地砖防水楼面（400mm×400mm）	1. 面层:防滑地砖面层1:1水泥砂浆擦缝 2. 结合层:20mm 厚 1:2干硬性水泥砂浆黏合层,上撒1~2mm厚干水泥并洒清水适量 3. 防水层:改性沥青一布四涂防水层(单列项) 4. 找坡层:1:3水泥砂浆找坡层,最薄处20mm 厚 5. 结合层:水泥浆水灰比0.4~0.5结合层1道 6. 做法:详见西南11J312-3122L(2) 7. 部位:卫生间、清洁间	m²	197.26	172.31	33989.87	4939.39	199.23	24115.38
		本页小计					138204	20082.65	815.6	98050.68

分部分项工程量清单计价表

工程名称:广联达办公大厦-云南　　　　　　标段:　　　　　　　　　第 16 页 共 21 页

序号	项目编码	项目名称	项目特征描述	计量单位	工程量	金额/元				
						综合单价	合价	其中		
								人工费	机械费	暂估价
87	011105001001	水泥砂浆踢脚线	1. 踢脚线高度:100mm 高 2. 底层厚度、砂浆配合比:13mm 厚1:3水泥砂浆打底 3. 基层厚度、砂浆配合比:7mm 厚1:3水泥砂浆基层 4. 面层材料品种、规格、颜色:6mm 厚1:2水泥砂浆面层铁板赶光 5. 做法:详见西南11J312-4104T(b1) 6. 部位:自行车库、库房等	m	410.3	6.38	2617.71	1505.8	16.41	
88	011105003001	地砖踢脚线	1. 踢脚线高度:100mm 2. 底层厚度、砂浆配合比:25mm 厚1:2.5 水泥砂浆基层 3. 粘贴层厚度、材料种类:4mm 厚纯水泥浆粘贴层(425 号水泥中掺20% 白乳胶) 4. 面层材料品种、规格、颜色:5 ~ 10mm 厚地砖面层,水泥砂浆擦缝 5. 做法:详见西南11J312-4107T(a1) 6. 部位:电梯厅、门厅、楼梯间等	m²	54.04	173.08	9353.24	1699.01	30.26	
89	011105003002	大理石踢脚线	1. 踢脚线高度:100mm 2. 底层厚度、砂浆配合比:25mm 厚1:2.5 水泥砂浆灌注 3. 粘贴层厚度、材料种类:4mm 厚纯水泥浆粘贴层(425 号水泥中掺20% 白乳胶) 4. 面层材料品种、规格、颜色:20mm 厚石材面层,水泥砂浆擦缝 5. 做法:详见西南11J312-4109T(a1) 6. 部位:走廊、接待室、会议室、办公室等	m	1331.28	17.16	22844.76	7947.74	39.94	10184.29
		本页小计					34815.71	11152.55	86.61	10184.29

分部分项工程量清单计价表

工程名称:广联达办公大厦-云南　　　　　　标段:　　　　　　第 17 页 共 21 页

序号	项目编码	项目名称	项目特征描述	计量单位	工程量	金额/元				
						综合单价	合价	其中		
								人工费	机械费	暂估价
90	011106002001	防滑地砖楼梯面层	1. 基层处理:水泥浆水灰比 0.4~0.5 结合层 1 道 2. 底层厚度、砂浆配合比:20mm 厚 1:3水泥砂浆找平层 3. 粘贴层厚度、材料种类:20mm 厚 1:2干硬性水泥砂浆黏合层,上撒 1~2mm 厚干水泥并洒清水适量 4. 面层材料品种、规格、颜色:防滑地砖面层 1:1水泥砂浆擦缝 5. 做法:详见西南 11J312-3121L(2) 6. 部位:楼梯	m²	114.29	262.21	29967.98	5653.93	137.15	
91	011107004001	水泥砂浆台阶面	1. 面层:1:2水泥砂浆粉 20mm 厚	m²	179.2	41.17	7377.66	3696.9	62.72	
	0112	墙、柱面装饰与隔断、幕墙工程					903302.76	252266.23	8404.49	62803.41
92	011201001001	水泥砂浆墙面	1. 墙体类型:砖墙、混凝土墙 2. 底层厚度、砂浆配合比:7mm 厚 1:3水泥砂浆打底扫毛 3. 面层厚度、砂浆配合比:6mm 厚 1:3水泥砂浆垫层,5mm 厚 1:2.5 水泥砂浆罩面压光 4. 装饰面材料种类:满刮腻子 1 道砂磨平,刷乳胶漆(单列项) 5. 做法:详见西南 11J515-N08	m²	5564.84	24.2	134669.13	69671.8	1446.86	
93	011203001001	零星项目一般抹灰	1. 部位:集水坑和地沟内侧面 2. 底层厚度、砂浆配合比:20mm 厚 1:2.5 防水水泥砂浆	m²	43.09	15.62	673.07	248.2	12.07	
		本页小计					172687.84	79270.83	1658.8	

分部分项工程量清单计价表

工程名称:广联达办公大厦-云南   标段:

序号	项目编码	项目名称	项目特征描述	计量单位	工程量	综合单价	合价	人工费	机械费	暂估价
							金额/元			
									其中	
94	011204003001	面砖饰面	1. 墙体类型:砖墙外墙面 2. 基层处理:基层清扫干净,填补缝隙缺损均匀润湿,刷界面处理剂 3. 底层厚度、砂浆配合比:14mm 厚 1:3水泥砂浆打底,两次成活,扫毛或划出纹道 4. 结合层:8mm 厚 1:0.15:2水泥石灰砂浆(内掺建筑胶或专业黏结剂) 5. 装饰面材料种类:贴外墙砖 1:1水泥砂浆勾缝 6. 做法:详见西南 11J516-5409	m²	1350.44	110.51	149237.12	74652.32	661.72	25982.47
95	011204003002	面砖饰面	1. 墙体类型:混凝土墙外墙面 2. 基层处理:刷界面处理剂 3. 底层厚度、砂浆配合比:14mm 厚 1:3水泥砂浆打底,两次成活,扫毛或划出纹道 4. 结合层:8mm 厚 1:0.15:2水泥石灰砂浆(内掺建筑胶或专业黏结剂) 5. 装饰面材料种类:贴外墙砖 1:1水泥砂浆勾缝 6. 做法:详见西南 11J516-5408	m²	481.04	115.13	55382.14	28001.33	235.71	9255.21
		本页小计					204619.26	102653.65	897.43	35237.68

分部分项工程量清单计价表

工程名称:广联达办公大厦-云南　　　　标段:　　　　　　第 19 页 共 21 页

序号	项目编码	项目名称	项目特征描述	计量单位	工程量	综合单价	合价	人工费	机械费	暂估价
							金额/元		其中	
96	011204003003	瓷砖墙面	1. 墙体类型:砖墙、混凝土墙 2. 底层厚度、砂浆配合比:9mm 厚1:3水泥砂浆打底扫毛,分两次抹 3. 结合层:8mm 厚1:2水泥砂浆黏结层(加建筑胶适量) 4. 装饰面材料种类:4～4.5mm 厚陶瓷锦砖,色浆或瓷砖勾缝剂擦缝(面层用200mm×300mm 高级面砖) 5. 做法:详见西南11J515-N12	m²	1433.08	99.22	142190.2	69246.42	630.56	27565.73
97	011209002001	全玻(无框玻璃)幕墙	1. 幕墙类型:透明中空玻璃(6+9A+6) 2. 框材质、外围尺寸:综合考虑	m²	437.96	961.62	421151.1	48258.82	5417.57	
	0113	天棚工程					456104.09	96251.89	693.72	81007.35
98	011301001002	天棚抹灰	1. 基层:基层处理 2. 基础处理:刷水泥浆 1 道(加建筑胶适量) 3. 找平层:10～15mm 厚1:1:4水泥石灰砂浆打底找平(现浇基层 10mm 厚,预制基层 15mm 厚)两次成活 4. 找平层:4mm 厚1:0.3:3水泥石灰砂浆找平层 5. 刮腻子要求:满刮腻子找平磨光(单列项) 6. 涂料品种、喷刷遍数:刷乳胶漆(单列项) 7. 做法:详见西南11J515-P08	m²	1537.51	22.57	34701.6	18926.75	307.5	
		本页小计					598042.9	136431.99	6355.63	27566.73

分部分项工程量清单计价表

工程名称:广联达办公大厦-云南　　　　　标段:　　　　　第 20 页 共 21 页

序号	项目编码	项目名称	项目特征描述	计量单位	工程量	综合单价	合价	人工费	机械费	暂估价
							金额/元			
								其中		
99	011302001001	铝合金条板吊顶	1.基层材料种类、规格:钢筋混凝土内预留 φ8 吊杆,双向吊点,中距900 ~ 1200mm 2.吊杆规格、高度:φ8 钢筋吊杆,双向吊点,中距900 ~ 1200mm 3.龙骨材料种类、规格、中距:次龙骨(专用),中距 <300 ~ 600mm 4.吊顶形式:0.5 ~ 0.8mm厚铝合金条板,中距200mm 5.做法:详见西南 11J515-P10	m²	1960.91	157.78	309392.38	59356.74	254.92	60327.4
100	011302001002	穿孔石膏吸声板吊顶	1.基层材料种类、规格:钢筋混凝土内预留φ6.5 吊杆,双向吊点,中距 900 ~ 1200mm 2.吊杆规格、高度:φ6.5 钢筋吊杆,双向吊点,中距 900 ~ 1200mm 3.龙骨材料种类、规格、中距(主):承载(主)龙骨匚50 × 15 × 12,中距小于1200mm 4.龙骨材料种类、规格、中距(次):复面(次)龙骨 U50 × 19 × 0.5 中距等于板材宽度小于1200mm 5.龙骨材料种类、规格、中距(横撑次):复面横撑(次)龙骨 U50 × 19 × 0.5 中距等于板材宽度小于2400mm 6.吊顶形式:9mm 厚穿孔吸声板自攻螺丝拧牢,腻子勾板缝,钉眼用腻子补平,石膏板规格600mm × 600mm ×9mm 7.面层材料品种、规格:刷涂料,无光油漆、乳胶漆等 8.做法:详见西南 11J515-P15	m²	1010.01	110.9	112010.11	32421.32	131.3	20679.95
		本页小计					421402.49	91778.06	386.22	81007.35

分部分项工程量清单计价表

工程名称:广联达办公大厦-云南　　　　　标段:　　　　　

序号	项目编码	项目名称	项目特征描述	计量单位	工程量	金额/元				
						综合单价	合价	其中		
								人工费	机械费	暂估价
	0114	油漆、涂料、裱糊工程					127810.58	40573.76	411.84	
101	011407001001	墙面喷刷涂料	1.刮腻子要求:满刮腻子1道砂磨平 2.涂料品种、喷刷遍数:刷乳胶漆	m²	5564.84	15.12	84140.38	33667.28		
102	011407002001	天棚喷刷涂料	1.刮腻子要求:满刮腻子找平磨光 2.涂料品种、喷刷遍数:刷乳胶漆	m²	1525.33	28.63	43670.2	12995.82	411.84	
	0115	其他装饰工程					135598.09	5124.97	870.44	
103	011503001001	金属扶手、栏杆、栏板	1.栏杆材料种类、规格:不锈钢栏杆 2.做法:详见L96J401/P17	m	77.09	1373.98	105920.12	4603.81	679.93	
104	011503001002	金属扶手、栏杆、栏板	1.钢材种类、规格、型号:不锈钢栏杆 2.部位:大厅上空栏杆	m	21.6	1373.98	29677.97	1289.95	190.51	
		补充分部					124415.32	21578	11835.22	
105	01B002	直螺纹钢筋接头	1.接头类型:钢筋连接方式按相关设计规范 2.接头直径:φ20 内	个	4135	18.08	74760.8	14389.8	6533.3	
106	01B003	直螺纹钢筋接头	1.接头类型:钢筋连接方式按相关设计规范 2.接头直径:φ30 内	个	2549	19.48	49654.52	10399.92	5301.92	
		本页小计					387823.99	77346.58	13117.5	
		合计					7006389.62	1329706.98	137603.22	755035

单价措施项目清单与计价表

工程名称:广联达办公大厦-云南　　　　　　标段:　　　　　　第1页　共3页

序号	项目编码	项目名称	项目特征描述	计量单位	工程量	综合单价	合价	人工费	机械费	暂估价
						金额/元			其中	
1		土石方及桩基工程		项	1					
2		脚手架工程		项	1	191231.47	191231.47	43283.34	1988.11	
1	011701002001	外脚手架	1.搭设高度:16.95m 2.脚手架材质:钢管	m²	2346.79	44.45	104314.82	13235.89	1501.95	
2	011701003001	里脚手架		m²	3783.99	4.04	15287.32	8362.62	302.72	
3	01B004	浇灌运输道	1.材质:钢制 2.部位:板浇灌运输道	m²	4657.5	5.83	27153.23	14205.38		
4	01B004	浇灌运输道	1.材质:钢制 2.部位:基础浇灌运输道	m²	1109.92	28.37	31488.43	5893.67		
5	01B005	电梯井脚手架	1.电梯数量:2	座	2	2372.27	4744.54	949.12	105.62	
6	01B006	安全网	1.挑出式安全网 2.外挑1m,网宽3.5m	m²	518.81	12.14	6298.35	503.25	77.82	
7	01B007	安全网	1.首层网 2.外挑1m,网宽2m 3.平挂式安全网	m²	296.46	2.84	841.95	44.47		
8	01B008	安全网	1.层间网 2.外挑1m,网宽2m 3.平挂式安全网	m²	296.46	2.84	841.95	44.47		
9	01B009	安全网	1.随层网 2.外挑1m,网宽2m 3.平挂式安全网 4.安全网材料乘以系数0.07	m²	296.46	0.88	260.88	44.47		
3		模板及支架工程		项	1	882950.41	882950.41	337753.07	28190.84	
10	011702001001	基础	1.基础类型:集水坑 2.模板类型:木模板	m²	116.23	61.55	7153.96	2559.38	197.59	
11	011702001002	基础	1.基础类型:有梁式满堂基础 2.模板类型:组合钢模板	m²	427.62	45.11	19289.94	8398.46	598.67	
12	011702001003	基础	1.基础类型:基础垫层	m²	85.42	32.05	2737.71	805.51	38.44	
		本页小计					220413.08	55046.69	2822.81	

单价措施项目清单与计价表

工程名称:广联达办公大厦-云南　　　　　标段:　　　　　　　　　第2页 共3页

序号	项目编码	项目名称	项目特征描述	计量单位	工程量	综合单价	合价	人工费	机械费	暂估价
							金额/元			
								其中		
13	011702001004	基础	1.基础类型:无梁式满堂基础 2.模板类型:组合钢模板	m²	6.43	45.95	295.46	135.41	9	
14	011702002001	矩形柱	1.模板类型:组合钢模板 2.部位:矩形柱	m²	999.57	64.26	64232.37	25738.93	1939.17	
15	011702003001	构造柱	1.模板类型:组合钢模板 2.部位:构造柱	m²	587.63	52.29	30727.17	13386.21	799.18	
16	011702004001	异形柱	1.模板类型:木模板 2.部位:圆形柱	m²	114.63	98.05	11239.47	5130.84	201.75	
17	011702008001	圈梁	1.模板类型:组合钢模板 2.部位:圈梁	m²	205.17	65.97	13535.06	4651.2	455.48	
18	011702009001	过梁	1.模板类型:组合钢模板 2.部位:过梁	m²	2.61	95.68	249.72	96.08	4.12	
19	011702011001	直形墙	1.模板类型:组合钢模板 2.部位:直形墙	m²	3465.69	48.44	167878.02	60095.07	5649.07	
20	011702013001	短肢剪力墙、电梯井壁	1.模板类型:组合钢模板 2.部位:墙、电梯井壁	m²	654.57	51.71	33847.81	14557.63	962.22	
21	011702014001	有梁板	1.模板类型:组合钢模板 2.部位:有梁板	m²	6052.31	75.1	454528.48	161596.68	16643.85	
22	011702016001	平板	1.模板类型:组合钢模板 2.部位:平板	m²	15.72	63.31	995.23	354.49	35.68	
23	011702016002	平板	1.模板类型:组合钢模板 2.部位:预制平板	m²	4.72	107.72	508.44	213.25	43.19	
24	011702023001	雨篷、悬挑板、阳台板	1.模板类型:组合钢模板 2.部位:雨篷	m²	8.03	170.68	1370.56	691.39	23.37	
25	011702024001	楼梯	1.楼梯类型:板式 2.模板类型:组合钢模板 3.部位:楼梯	m²	114.29	302.6	34584.15	18118.4	508.59	
		本页小计					813991.94	304765.58	27274.67	

单价措施项目清单与计价表

工程名称:广联达办公大厦-云南　　　　　标段:　　　　　　　　　　第3页　共3页

序号	项目编码	项目名称	项目特征描述	计量单位	工程量	综合单价	合价	人工费	机械费	暂估价
26	011702025001	其他现浇构件	1. 模板类型:木模板 2. 部位:混凝土线条 3. 计算方式:按定额计算规则	m³	0.56	1498.06	838.91	466.89	1.41	
27	011702025002	其他现浇构件	1. 模板类型:木模板 2. 部位:压顶	m²	63.54	612.81	38937.95	20757.25	80.06	
4		垂直运输		项	1	118573.05	118573.05		113763.74	
28	011703001001	垂直运输	1. 建筑物建筑类型及结构形式:现浇框架 2. 建筑物檐口高度、层数:16.9m	m²	3569.06	23.73	84693.79		81267.5	
29	011703001002	垂直运输	1. 建筑物建筑类型及结构形式:现浇框架 地下一层	m²	967.15	35.03	33879.26		32496.24	
5		超高增加费		项	1					
6		大型机械进退场费		项	1	90532.08	90532.08	18438.96	66419.28	
30	011705001001	大型机械设备进出场及安拆	1. 机械设备名称:塔式起重机及垂直电梯	台次	1	90532.08	90532.08	18438.96	66419.28	
7		施工排水、降水		项	1					
		本页小计					248881.99	39663.1	180264.49	
		合计					1283287.01	399475.37	210361.97	

综合单价分析表

工程名称:广联达办公大厦-云南　　标段:

清单综合单价组成明细

序号	项目编码	项目名称	计量单位	定额编号	定额名称	定额单位	数量	单价/元				合价/元				综合单价/元
								人工费	材料费	机械费	未计价材料费	人工费	材料费+未计价材料费	机械费	管理费和利润	
1	010101001001	平整场地	m²	01010126	场地平整 30cm 以内 推土机	1000m²	0.001	73.46	0	475.95	0	0.07	0	0.48	0.05	0.6
					小计							0.07	0	0.48	0.05	
2	010101002001	挖一般土方	m³	01010001 R×1.5	人工挖土方 深度1.5m 以内 三类土 机械挖土人工辅助开挖人工×1.5	100m³	0.0012	2913.72	0	0	0	3.6	0	0	1.66	22.24
				01010033 换	双轮车运土方 运距100m 以内 实际运距(m):500	100m³	0.0012	2652.53	0	0	0	3.28	0	0	1.51	
				01010058	挖掘机挖土自卸汽车运土 运距 1km 以内	1000m³	0.0011	505.13	61.29	9755.37	0	0.56	0.07	10.85	0.72	
					小计							7.44	0.07	10.85	3.89	
3	010101004001	挖基坑土方	m³	01010001	人工挖土方 深度1.5m 以内 三类土	100m³	0.0947	1942.48	0	0	0	183.87	0	0	84.74	635.39
				01010033 换	双轮车运土方 运距100m 以内 实际运距(m):500	100m³	0.0947	2652.53	0	0	0	251.08	0	0	115.71	
					小计							434.95	0	0	200.45	

注:数量栏填写本项清单中所包含的该定额的工程量/清单工程量。

综合单价分析表

工程名称:广联达办公大厦-云南　　标段:

清单综合单价组成明细

序号	项目编码	项目名称	计量单位	定额编号	定额名称	定额单位	数量	单价/元				合价/元				综合单价/元
								人工费	材料费	机械费	未计价材料费	人工费	材料费+未计价材料费	机械费	管理费和利润	
4	010103001001	房心回填土	m³	01010033换	双轮车运土方 运距100m以内 实际运距(m):500	100m³	0.01	2652.53	0	0	0	26.53	0	0	12.22	156.46
				01090014换	地面垫层 炉(矿)渣 干铺	10m³	0.1	281.36	710.03	53.77	0	28.14	71	5.38	13.2	
					小计							54.67	71	5.38	25.42	
5	010103001002	回填方	m³	01010033换	双轮车运土方 运距100m以内 实际运距(m):500	100m³	0.049	2652.53	0	0	0	129.94	0	0	59.88	217.66
				01010131	填土碾压 振动压路机	1000m³	0.0049	440.77	76.61	4760.85	0	2.16	0.38	23.32	1.98	
					小计							132.1	0.38	23.32	61.86	
6	010401012001	零星砌砖 台阶	m²	01010122	人工原土打夯	100m²	0.01	104.32	0	13.97	0	1.04	0	0.14	0.49	146.49
				01040084换	砖砌台阶	100m²	0.01	3570.26	1118.68	77.47	4641.17	35.7	57.6	0.77	16.49	
				01090013	地面垫层 混凝土地坪 商品混凝土 换为[商品混凝土 C15]	10m²	0.01	503.22	25.54	13.42	2649.74	5.03	26.75	0.13	2.32	
					小计							41.77	84.35	1.04	19.3	

注:数量栏填写本项清单中所包含的该定额的工程量/清单工程量。

综合单价分析表

工程名称：广联达办公大厦-云南 标段： 第 3 页 共 28 页

清单综合单价组成明细

序号	项目编码	项目名称	计量单位	定额编号	定额名称	定额单位	数量	单价/元				合价/元				综合单价/元
								基价			未计价材料费	人工费	材料费+未计价材料费	机械费	管理费和利润	
								人工费	材料费	机械费						
7	010402001001	砌块墙	m³	01040028 换	加气混凝土砌块墙 厚200mm	10m³	0.1	792.66	2125.86	10.81	75.93	79.27	220.18	1.08	36.58	337.11
					小计							79.27	220.18	1.08	36.58	
8	010402001002	砌块墙	m³	01040027 换	加气混凝土砌块墙 厚120mm	10m³	0.1	1144.54	2124.68	10.73	77.48	114.45	220.22	1.07	52.79	388.53
					小计							114.45	220.22	1.07	52.79	
9	010402001003	砌块墙	m³	01040029 换	加气混凝土砌块墙 厚250mm	10m³	0.1	739.39	2127.03	10.81	74.37	73.94	220.14	1.08	34.12	329.28
					小计							73.94	220.14	1.08	34.12	
10	010402001004	砌块墙	m³	01040029 换	加气混凝土砌块墙 厚250mm	10m³	0.1	739.39	2127.03	10.81	74.37	73.94	220.14	1.08	34.12	329.28
					小计							73.94	220.14	1.08	34.12	
11	010501001001	垫层	m³	01050068	商品混凝土施工 基础垫层 混凝土	10m³	0.1	503.22	26.94	13.42	2662.85	50.32	268.98	1.34	23.25	343.88
					小计							50.32	268.98	1.34	23.25	
12	010501004001	满堂基础	m³	01050073 换	商品混凝土施工 满堂基础 有梁式 换为【(商)防水混凝土 C30】	10m³	0.1	464.28	3230.14	10.85	0	46.43	323.01	1.09	21.44	391.96
					小计							46.43	323.01	1.09	21.44	

注：数量栏填写本项清单中所包含的该定额的工程量/清单工程量。

综合单价分析表

工程名称：广联达办公大厦-云南

标段：

清单综合单价组成明细

序号	项目编码	项目名称	计量单位	定额编号	定额名称	定额单位	数量	单价/元					合价/元				综合单价/元
								基价			未计价材料费	人工费	材料费+未计价材料费	机械费	管理费和利润	
								人工费	材料费	机械费						
13	010501004002	满堂基础	m³	01050073 换	商品混凝土施工 有梁式 满堂基础 换 为 [（商）防水混凝土 C30]	10m³	0.1	464.28	3230.14	10.85	0	46.43	323.01	1.09	21.44	391.97
					小计							46.43	323.01	1.09	21.44	
14	010501004003	满堂基础	m³	01050074 换	商品混凝土施工 无梁式 满堂基础 换 为 [（商）防水混凝土 C25]	10m³	0.1	367.31	3133.2	10.85	0	36.73	313.32	1.09	16.97	368.11
					小计							36.73	313.32	1.09	16.97	
15	010502001001	矩形柱 C30	m³	01050084	商品混凝土施工 矩形柱 断面周长 1.8m 以外 换 为 [（商）混凝土 C30]	10m³	0.1	592.1		17.61	2803.43	59.21	281.09	1.76	27.36	369.43
					小计							59.21	281.09	1.76	27.36	
16	010502001002	矩形柱 C25	m³	01050084	商品混凝土施工 矩形柱 断面周长 1.8m 以外 换 为 [（商）混凝土 C25]	10m³	0.1	592.1		17.61	2824.24	59.21	283.17	1.76	27.36	371.51
					小计							59.21	283.17	1.76	27.36	

注：数量栏填写本项清单中所包含的该定额的工程量/清单工程量。

综合单价分析表

工程名称:广联达办公大厦-云南　　标段:

清单综合单价组成明细

序号	项目编码	项目名称	计量单位	定额编号	定额名称	定额单位	数量	单价/元				合价/元				综合单价/元
								基价			未计价材料费	人工费	材料费+未计价材料费	机械费	管理费和利润	
								人工费	材料费	机械费						
17	010502001003	矩形柱 C30	m³	01050082	商品混凝土施工 矩形柱 断面周长 1.2m以内 换为【(商)混凝土 C30】	10m³	0.1	746.37	14.48	17.61	2803.43	74.64	281.79	1.76	34.47	392.66
					小计							74.64	281.79	1.76	34.47	
18	010502001004	矩形柱 C25	m³	01050082	商品混凝土施工 矩形柱 断面周长 1.2m以内 换为【(商)混凝土 C25】	10m³	0.1	746.37	14.48	17.61	2824.24	74.64	283.87	1.76	34.47	394.74
					小计							74.64	283.87	1.76	34.47	
19	010502002001	构造柱	m³	01050088	商品混凝土施工 构造柱 换为【(商)混凝土 C25】	10m³	0.1	902.12	7.84	17.61	2824.24	90.21	283.21	1.76	41.65	416.83
					小计							90.21	283.21	1.76	41.65	
20	010502003001	异形柱 C30	m³	01050086	商品混凝土施工 圆形柱 直径 0.5m以外 换为【(商)混凝土 C30】	10m³	0.1	669.98	6.63	17.61	2803.43	67	281.01	1.76	30.95	380.72
					小计							67	281.01	1.76	30.95	
21	010502003002	异形柱 C30	m³	01050085	商品混凝土施工 圆形柱 直径 0.5m以内 换为【(商)混凝土 C30】	10m³	0.1	779.44	7.46	17.61	2803.43	77.94	281.09	1.76	36	396.79
					小计							77.94	281.09	1.76	36	

注:数量栏填写本项清单中所包含的该定额的工程量/清单工程量。

综合单价分析表

工程名称：广联达办公大厦-云南   标段：

清单综合单价组成明细

序号	项目编码	项目名称	计量单位	定额编号	定额名称	定额单位	数量	单价/元				合价/元				综合单价/元
								基价			未计价材料费	人工费	材料费+未计价材料费	机械费	管理费和利润	
								人工费	材料费	机械费						
22	010503004001	圈梁	m³	01050096	商品混凝土施工 圈梁 换为【（商）混凝土 C25】	10m³	0.1	1072.55	73.99	17.61	2824.24	107.26	289.82	1.76	49.51	448.33
					小计							107.26	289.82	1.76	49.51	
23	010503005001	过梁	m³	01050097	商品混凝土施工 过梁 换为【（商）混凝土 C25】	10m³	0.1	1323.05	76.52	17.61	2824.24	132.31	290.08	1.76	61.05	485.21
					小计							132.31	290.08	1.76	61.05	
24	010504001001	直形墙 C25	m³	01050104	商品混凝土施工 混凝土直（弧）形墙 厚500mm以内	10m³	0.1	984.39	25.97	17.61	2824.24	98.44	285.02	1.76	45.44	430.66
					小计							98.44	285.02	1.76	45.44	
25	010504001002	直形墙 C30	m³	01050104	商品混凝土施工 钢筋混凝土直（弧）形墙 厚500mm以内 换为【（商）混凝土 C30】	10m³	0.1	984.39	25.97	17.61	2803.43	98.44	282.94	1.76	45.44	428.58
					小计							98.44	282.94	1.76	45.44	
26	010504001003	直形墙 C30	m³	01050106	商品混凝土施工 电梯井壁 换为【（商）混凝土 C30】	10m³	0.1	1060.06	41.65	17.61	2803.43	106.01	284.51	1.76	48.93	441.21
					小计							106.01	284.51	1.76	48.93	

注：数量栏填写为本项清单中所包含的该定额的工程量/清单工程量。

工程名称：广联达办公大厦-云南

综合单价分析表

标段：

清单综合单价组成明细

序号	项目编码	项目名称	计量单位	定额编号	定额名称	定额单位	数量	单价/元				合价/元				综合单价/元
								基价			未计价材料费	人工费	材料费+未计价材料费	机械费	管理费和利润	
								人工费	材料费	机械费						
27	010504001004	直形墙 C30	m³	01050103	商品混凝土施工 钢筋混凝土直(弧)形墙厚200mm以内 换为【(商)混凝土 C30】	10m³	0.1	1012.31	26.2	17.61	2803.43	101.23	282.96	1.76	46.73	432.68
					小计							101.23	282.96	1.76	46.73	
28	010504001005	直形墙 C25	m³	01050106	商品混凝土施工 电梯井壁 换为【(商)混凝土 C25】	10m³	0.1	1060.06	41.65	17.61	2824.24	106.01	286.59	1.76	48.93	443.29
					小计							106.01	286.59	1.76	48.93	
29	010504004001	挡土墙	m³	01050101 换为【】	商品混凝土施工 挡土墙 混凝土及钢筋混凝土换为【(商)防水混凝土 C30】	10m³	0.1	747.85	3221.66	17.61	0	74.79	322.17	1.76	34.54	433.24
					小计							74.79	322.17	1.76	34.54	
30	010505001001	有梁板 C25	m³	01050109	商品混凝土施工 有梁板 换为【(商)混凝土 C25】	10m³	0.1	424.61	85.47	17.61	2824.24	42.46	290.96	1.76	19.64	354.82
					小计							42.46	290.96	1.76	19.64	
31	010505001002	有梁板 C30	m³	01050109	商品混凝土施工 有梁板 换为【(商)混凝土 C30】	10m³	0.1	424.61	85.47	17.61	2803.43	42.46	288.88	1.76	19.64	352.74
					小计							42.46	288.88	1.76	19.64	

注：数量栏以填写本项清单中所包含的该定额的工程量/清单工程量。

综合单价分析表

工程名称：广联达办公大厦-云南

标段：

清单综合单价组成明细

序号	项目编码	项目名称	计量单位	定额编号	定额名称	定额单位	数量	单价/元				合价/元				综合单价/元
								基价			未计价材料费	人工费	材料费+未计价材料费	机械费+未计价材料费	管理费和利润	
								人工费	材料费	机械费						
32	010505003001	平板	m³	01050111	商品混凝土施工 平板 换为[（商）混凝土C30]	10m³	0.1	413.59	90.07	17.61	2803.43	41.36	289.35	1.76	19.14	351.6
					小计							41.36	289.35	1.76	19.14	
33	010505003002	平板	m³	01050111	商品混凝土施工 平板 换为[（商）混凝土C25]	10m³	0.1	413.59	90.07	17.61	2824.24	41.36	291.43	1.76	19.14	353.69
					小计							41.36	291.43	1.76	19.14	
34	010505008001	雨蓬、悬挑板、阳台板	m³	01050124	商品混凝土施工 雨蓬（板式）换为[（商）混凝土C30]	10m²	0.0662	84.48	11.39	2.09	207.15	5.59	14.47	0.14	2.58	22.79
					小计							5.59	14.47	0.14	2.58	
35	010506001001	直形楼梯C30	m²	01050121	商品混凝土施工 楼梯 换为[（商）混凝土C30]	10m²	0.1	207.9	11.54	5.5	546.88	20.79	55.84	0.55	9.6	86.79
					小计							20.79	55.84	0.55	9.6	
36	010506001002	直形楼梯C25	m²	01050121	商品混凝土施工 楼梯 换为[（商）混凝土C25]	10m²	0.1	207.9	11.54	5.5	550.94	20.79	56.25	0.55	9.6	87.19
					小计							20.79	56.25	0.55	9.6	

注：数量栏应填写本项清单中所包含的该定额的工程量/清单工程量。

综合单价分析表

工程名称:广联达办公大厦-云南　　标段:　　

清单综合单价组成明细

序号	项目编码	项目名称	计量单位	定额编号	定额名称	定额单位	数量	单价/元 基价 人工费	材料费	机械费	未计价材料费	合价/元 人工费	材料费+未计价材料费	机械费	管理费和利润	综合单价/元
37	010507001001	散水、坡道	m²	01010122	人工原土打夯	100m²	0.01	104.32	0	13.97	0	1.04	0	0.14	0.49	
				01090003	地面垫层 土夹石	10m³	0.01	478.24	2.76	19.96	600.6	4.78	6.03	0.2	2.21	49.27
				01090041换	散水面层（商品混凝土）混凝土厚60mm	100m²	0.01	894.33	257	7.6	1865.31	8.94	21.22	0.08	4.13	
					小计							14.76	27.25	0.42	6.83	
38	010507003001	地沟	m	01040096换	沟箅子 铸铁	m²	0.5	7.2	172.13	0	0	3.6	86.07	0	1.66	
				01050135	商品混凝土施工	10m³	0.0059	708.91	3159.86	28.18	0	4.22	18.79	0.17	1.95	179.1
				01050136换	商品混凝土施工 电缆沟、排水沟 沟壁换为【（商）防水混凝土C25】	10m³	0.012	1381.82	3160.28	28.18	0	16.62	38.01	0.34	7.67	
					小计							24.44	142.87	0.51	11.28	
39	010507005001	扶手、压顶	m³	01050129	商品混凝土施工 压顶 换为【（商）混凝土C25】	10m³	0.1	1514.79	185.65	28.18	2824.24	151.48	300.99	2.82	69.93	525.22
					小计							151.48	300.99	2.82	69.93	
40	010507007001	其他构件	m³	01050127	商品混凝土施工 混凝土线条	10m³	0.1	1488.34	49.95	28.18	2743.55	148.83	279.35	2.82	68.71	499.74
					小计							148.83	279.35	2.82	68.71	

注:数量栏填写本项清单中所包含的该定额的工程量/清单工程量。

综合单价分析表

工程名称：广联达办公大厦-云南　　标段：

清单综合单价组成明细

序号	项目编码	项目名称	计量单位	定额编号	定额名称	定额单位	数量	单价/元 人工费	单价/元 材料费	单价/元 机械费	单价/元 未计价材料费	合价/元 人工费	合价/元 材料费+未计价材料费	合价/元 机械费	合价/元 管理费和利润	综合单价/元
41	010508001001	后浇带	m³	01050077换	商品混凝土施工 基础后浇带 换为[(商)防水混凝土 C35]	10m³	0.1	552.44	3457.96	10.85	0	55.24	345.8	1.09	25.51	427.63
					小计							55.24	345.8	1.09	25.51	
42	010508001002	后浇带	m³	01050098换	商品混凝土施工 梁后浇带 换为[(商)混凝土C35]	10m³	0.0231	815.43	3015.5	17.61	0	18.81	69.56	0.41	8.69	386.87
				01050114换	商品混凝土施工 板后浇带 换为[(商)混凝土C35]	10m³	0.0769	468.68	3058.75	17.61	0	36.06	235.32	1.35	16.68	
					小计							54.87	304.88	1.76	25.37	
43	010508001003	后浇带	m³	01050107换	商品混凝土施工 墙后浇带 换为[(商)防水混凝土 C35]	10m³	0.1	1136.45	3453.57	17.61	0	113.65	345.36	1.76	52.45	513.21
					小计							113.65	345.36	1.76	52.45	
44	010508001004	后浇带	m³	01050098换	商品混凝土施工 梁后浇带 换为[(商)混凝土C35]	10m³	0.0305	815.43	3015.5	17.61	0	24.88	92	0.54	11.49	390.31
				01050114换	商品混凝土施工 板后浇带 换为[(商)混凝土C35]	10m³	0.0695	468.68	3058.75	17.61	0	32.57	212.56	1.22	15.06	
					小计							57.45	304.56	1.76	26.55	

注：数量栏填写本项清单中所包含的该定额的工程量/清单工程量。

综合单价分析表

工程名称：广联达办公大厦-云南　　　　标段：　　　　　　　　　　　　　　　　　　　清单综合单价组成明细

序号	项目编码	项目名称	计量单位	定额编号	定额名称	定额单位	数量	单价/元					合价/元				综合单价/元
								基价			未计价材料费	人工费	材料费+未计价材料费	机械费	管理费和利润	
								人工费	材料费	机械费						
45	010512001001	风井盖板	m³	01050161 换	预制混凝土 平板 换为【预制混凝土 C20 碎石（最大粒径 20mm）P·S 42.5】	10m³	0.1	893.3	2149.16	263.44	0	89.33	214.92	26.34	42.29	372.87
					小计							89.33	214.92	26.34	42.29	
46	010515001001	现浇构件钢筋	t	01050352	现浇构件 圆钢 φ10 内	t	1	1083.56	74.37	44.62	4477.8	1083.56	4552.17	44.62	501.27	6181.62
					小计							1083.56	4552.17	44.62	501.27	
47	010515001002	现浇构件钢筋	t	01050356	砖砌体加固钢筋	t	1	1136.45	5.91	66.87	4477.8	1136.45	4483.71	66.87	526.59	6213.62
					小计							1136.45	4483.71	66.87	526.59	
48	010515001003	现浇构件钢筋	t	01050355	现浇构件 带肋钢 φ10 外	t	1	538.48	74.71	119.2	3927	538.48	4001.71	119.2	253.23	4912.62
					小计							538.48	4001.71	119.2	253.23	
49	010515001004	现浇构件钢筋	t	01050355	现浇构件 带肋钢 φ10 外	t	1	538.48	74.71	119.2	3927	538.48	4001.71	119.2	253.23	4912.62
					小计							538.48	4001.71	119.2	253.23	
50	010515001005	现浇构件钢筋	t	01050355	现浇构件 带肋钢 φ10 外	t	1	538.48	74.71	119.2	3725.04	538.48	3799.75	119.2	253.23	4710.66
					小计							538.48	3799.75	119.2	253.23	

注：数量栏填写本项清单中所包含的该定额的工程量/清单工程量。

综合单价分析表

工程名称：广联达办公大厦·云南

标段：

清单综合单价组成明细

序号	项目编码	项目名称	计量单位	定额编号	定额名称	定额单位	数量	单价/元				合价/元				综合单价/元
								基价			未计价材料费					
								人工费	材料费	机械费		人工费	材料费＋未计价材料费	机械费	管理费和利润	
51	010515001006	现浇构件钢筋	t	01050355	现浇构件 带肋钢 φ10 外	t	1	538.48	74.71	119.2	3725.04	538.48	3799.75	119.2	253.23	4710.66
					小计							538.48	3799.75	119.2	253.23	4710.66
52	010515001007	现浇构件钢筋	t	01050355	现浇构件 带肋钢 φ10 外	t	1	538.48	74.71	119.2	3725.04	538.48	3799.75	119.2	253.23	4710.66
					小计							538.48	3799.75	119.2	253.23	4710.66
53	010515001008	现浇构件钢筋	t	01050355	现浇构件 带肋钢 φ10 外	t	1	538.48	74.71	119.2	3725.04	538.48	3799.75	119.2	253.23	4710.66
					小计							538.48	3799.75	119.2	253.23	4710.66
54	010515001009	现浇构件钢筋	t	01050355	现浇构件 带肋钢 φ10 外	t	1	538.48	74.71	119.2	3725.04	538.48	3799.75	119.2	253.23	4710.66
					小计							538.48	3799.75	119.2	253.23	4710.66
55	010515001010	现浇构件钢筋	t	01050355	现浇构件 带肋钢 φ10 外	t	1	538.48	74.71	119.2	3725.04	538.48	3799.75	119.2	253.23	4710.66
					小计							538.48	3799.75	119.2	253.23	4710.66
56	010515001011	现浇构件钢筋	t	01050355	现浇构件 带肋钢 φ10 外	t	1	538.48	74.71	119.2	4488	538.48	4562.71	119.2	253.23	5473.58
					小计							538.48	4562.71	119.2	253.23	

注：数量栏填写本项清单中所包含的该定额的工程量/清单工程量。

综合单价分析表

工程名称：广联达办公大厦-云南　　标段：

清单综合单价组成明细

序号	项目编码	项目名称	计量单位	定额编号	定额名称	定额单位	数量	单价/元				合价/元				综合单价/元
								基价			未计价材料费	人工费	材料费+未计价材料费	机械费	管理费和利润	
								人工费	材料费	机械费						
57	010516002001	预埋铁件	t	01050372换	预埋铁件 制安	t	1	2359.6	3471.2	247.38	1944.77	2359.6	5415.97	247.38	1097.95	9120.91
					小计							2359.6	5415.97	247.38	1097.95	
58	010607005001	砌块墙钢丝网加固	m²	01040081	结构结合部分防裂构造（钢丝网片）	m²	1	4.85	2.02	0.22	5.25	4.85	7.27	0.22	2.25	14.59
					小计							4.85	7.27	0.22	2.25	
59	010801001001	木质夹板门	m²	01070012换	木门安装 成品木门（带门套）	100m²	0.01	2578.52	1158.87	40.83	50000	25.79	511.59	0.41	11.9	549.68
					小计							25.79	511.59	0.41	11.9	
60	010801004001	木质丙级防火检修门	m²	01070012换	木门安装 成品木门（带门套）	100m²	0.01	2578.52	1158.87	40.83	53410	25.79	545.69	0.41	11.9	583.78
					小计							25.79	545.69	0.41	11.9	
61	010802001001	铝塑平开门	m²	01070071	铝合金门（成品）安装 平开门	100m²	0.01	3449.05	1240.53	42.06	33000	34.49	342.41	0.42	15.91	393.22
					小计							34.49	342.41	0.42	15.91	
62	010802003001	钢质乙级防火门	m²	01070089	塑钢门窗（成品）安装 塑钢门	100m²	0.01	3581.27	1204.38	28.37	54500	35.81	557.04	0.28	16.52	609.65
					小计							35.81	557.04	0.28	16.52	

注：数量栏填写本项清单中所包含的该定额的工程量/清单工程量。

综合单价分析表

工程名称：广联达办公大厦-云南　　标段：

序号	项目编码	项目名称	计量单位	定额编号	定额名称	定额单位	数量	单价/元				合价/元				综合单价/元
								基价			未计价材料费	人工费	材料费+未计价材料费	机械费	管理费和利润	
								人工费	材料费	机械费						
63	010802003002	钢质甲级防火门	m²	01070089	塑钢门窗（成品）安装 塑钢门	100m²	0.01	3581.27	1204.38	28.37	88000	35.81	892.04	0.28	16.52	944.65
					小计							35.81	892.04	0.28	16.52	
64	010805005001	玻璃推拉门	m²	01070087	无框全玻璃门制作安装	100m²	0.01	10347.1	281.51	0	43748.1	103.47	440.3	0	47.69	591.45
					小计							103.47	440.3	0	47.69	
65	010807001001	铝塑上悬窗	m²	01070073	铝合金窗（成品）安装 平开窗	100m²	0.01	2704.13	1353.34	96.13	26784	27.04	281.37	0.96	12.5	321.87
					小计							27.04	281.37	0.96	12.5	
66	010807003001	金属百叶窗	m²	01070027 换	钢窗安装 钢百页窗	100m²	0.0101	2987.92	368.34	274.34	21797.31	30.2	224.01	2.77	14.03	271.04
					小计							30.2	224.01	2.77	14.03	
67	010807007001	铝塑平开飘窗	m²	01070073	铝合金窗（成品）安装 平开窗	100m²	0.01	2704.13	1353.34	96.13	26784	27.04	281.37	0.96	12.5	321.87
					小计							27.04	281.37	0.96	12.5	
68	010809004001	石材窗台板	m²	01100094 换	花岗岩（水泥砂浆粘贴）零星项目 换为【水泥砂浆 1:2.5】	100m²	0.01	4617.83	750.83	153.81	23320	46.18	240.71	1.54	21.35	309.76
					小计							46.18	240.71	1.54	21.35	

注：数量栏填写本项清单中所包含的该定额的工程量/清单工程量。

综合单价分析表

工程名称：广联达办公大厦-云南　　标段：　　　　　　　　　　　　　　　　　　　　　第 15 页 共 28 页

清单综合单价组成明细

序号	项目编码	项目名称	计量单位	定额编号	定额名称	定额单位	数量	单价/元				合价/元				综合单价/元
								基价			未计价材料费	人工费	材料费+未计价材料费	机械费	管理费和利润	
								人工费	材料费	机械费						
69	010902001001	屋面卷材防水	m²	01080046	高聚物改性沥青防水卷材 满铺	100m²	0.01	636.18	1238.56	0	3953.45	6.36	51.92	0	2.93	
				01080074	合成高分子防水卷材 聚氯乙烯卷材防水 灰(绿)色PVC	100m²	0.01	357.77	357.05	5.8	4962.4	3.58	53.19	0.06	1.65	134.89
				01090018换	找平层 水泥砂浆 填充料上 20mm	100m²	0.01	523.78	716.59	35.65	0	5.24	7.17	0.36	2.43	
					小计							15.18	112.28	0.42	7.01	
70	010902003001	屋面刚性层	m²	01080039换	屋面刚性防水 细石混凝土 商品混凝土 40mm	100m²	0.01	645	91.64	5.44	1092.01	6.45	11.84	0.05	2.97	21.3
					小计							6.45	11.84	0.05	2.97	
71	010902004001	屋面排水管	m	01080094换	塑料排水管 单屋面排水管系统直径 φ110	10m	0.1	212.3	321.23	0	4.8	21.23	32.6	0	9.78	63.61
					小计							21.23	32.6	0	9.78	

注：数量栏中填写与本项清单所包含的该定额的工程量/清单工程量。

综合单价分析表

工程名称:广联达办公大厦-云南　　标段:

清单综合单价组成明细

序号	项目编码	项目名称	计量单位	定额编号	定额名称	定额单位	数量	单价/元				合价/元				综合单价/元
								基价			未计价材料费			机械费	管理费和利润	
								人工费	材料费	机械费		人工费	材料费+未计价材料费			
72	010903001001	墙面卷材防水	m²	01080130	高聚物改性沥青防水卷材冷粘 楼地面、墙面 立面	100m²	0.01	723.6	1060.04	0	3554.93	7.24	45.95	0	3.33	146.5
				01080132	高聚物改性沥青防水卷材冷粘 每增一层 立面	100m²	0.01	606.8	378.12	0	3534.93	6.07	39.13	0	2.8	
				01080202	防水、抗裂保护层 聚乙烯泡沫塑料板 50mm	100m²	0.01	404.04	667.58	0	2940	4.04	36.08	0	1.86	
					小计							17.35	121.16	0	7.99	
73	010904001001	地下室底板防水	m²	01080129	高聚物改性沥青防水卷材冷粘 楼地面、墙面 平面	100m²	0.01	636.18	1060.04	0	3534.93	6.36	45.95	0	2.93	126.51
				01080131	高聚物改性沥青防水卷材冷粘 每增一层 平面	100m²	0.01	540.68	378.12	0	3534.93	5.41	39.13	0	2.49	
				01090023换	找平层 商品细石混凝土硬基层面上厚30mm 实际厚度(mm):50 换为【(商)细石混凝土C20】	100m²	0.01	812.48	1228.38	6.82	0	8.12	12.28	0.07	3.75	
					小计							19.89	97.36	0.07	9.17	

注:数量栏填写本项清单中所包含的该定额的工程量/清单工程量。

综合单价分析表

工程名称：广联达办公大厦-云南　　标段：

序号	项目编码	项目名称	计量单位	定额编号	定额名称	定额单位	数量	单价/元 基价 人工费	单价/元 基价 材料费	单价/元 机械费	单价/元 未计价材料费	合价/元 人工费	合价/元 材料费+未计价材料费	合价/元 机械费	合价/元 管理费和利润	综合单价/元
74	010904001002	地下室底板防水	m²	01080129	高聚物改性沥青防水卷材冷粘 楼地面,墙面平面	100m²	0.01	636.18	1060.04	0	3534.93	6.36	45.95	0	2.93	129.28
				01080131	高聚物改性沥青防水卷材冷粘 每增一层 平面	100m²	0.01	540.68	378.12	0	3534.93	5.41	39.13	0	2.49	
				01090023 换	找平层商品细石混凝土 硬基层面上 厚30mm 实际厚度(mm):50 换为【(商)防水混凝土 C20】	100m²	0.01	812.48	1505.81	6.82	0	8.12	15.06	0.07	3.75	
					小计							19.89	100.14	0.07	9.17	
75	010904002001	楼(地)面涂膜防水	m²	01080084	改性沥青防水涂料 水溶型 二布六涂	100m²	0.01	788.24	226.36	0	4894.16	7.88	51.21	0	3.63	77.86
				01080085 ×(-1)	改性沥青防水涂料 水溶型 每增减一布二涂 子目乘以系数 -1	100m²	0.01	-298.25	0	0	1950	-2.98	19.5	0	-1.37	
					小计							4.9	70.71	0	2.26	
76	010904004001	散水变形缝	m	01080214 换	填缝 沥青砂浆	100m	0.01	483.38	911.12	0	0	4.83	9.11	0	2.23	16.18
					小计							4.83	9.11	0	2.23	

注：数量栏填写本项清单中所包含的该定额的工程量/清单工程量。

综合单价分析表

工程名称：广联达办公大厦-云南　　　　标段：

清单综合单价组成明细

序号	项目编码	项目名称	计量单位	定额编号	定额名称	定额单位	数量	单价/元				合价/元				综合单价/元
								人工费	基价		未计价材料费	人工费	材料费+未计价材料费	机械费	管理费和利润	
									材料费	机械费						
77	011001001001	保温隔热屋面	m²	01080202	防水、抗裂保护层 聚乙烯泡沫塑料板 50mm	100m²	0.01	404.04	667.58	0	2940	4.04	36.08	0	1.86	41.98
					小计							4.04	36.08	0	1.86	
78	011101001001	水泥砂浆地面	m²	01010122	人工原土打夯	100m²	0.01	104.32	0	13.97	0	1.04	0	0.14	0.49	54.92
				01090013	地面垫层 混凝土地坪 商品混凝土	10m³	0.01	503.22	25.54	13.42	2559.85	5.03	25.85	0.13	2.32	
				01090025换	水泥砂浆 面层 20mm厚	100m²	0.01	854.36	719.85	21.12	0	8.54	7.2	0.21	3.95	
					小计							14.61	33.05	0.48	6.76	
79	011101001002	水泥砂浆坡道	m²	01090038换	混凝土加浆赶光（商品混凝土）厚 40mm 实际厚度(mm):60	100m²	0.01	866.39	164.88	14.77	1595.09	8.66	17.6	0.15	4	30.41
					小计							8.66	17.6	0.15	4	
80	011101003001	细石混凝土地面	m²	01010122	人工原土打夯	100m²	0.01	104.32	0	13.97	0	1.04	0	0.14	0.49	57.02
				01090013	地面垫层 混凝土地坪 商品混凝土	10m³	0.01	503.22	25.54	13.42	2559.85	5.03	25.85	0.13	2.32	
				01090038换	混凝土加浆赶光（商品混凝土）厚 40mm 换为【(商)细石混凝土 C20】	100m²	0.01	716.84	1141.27	12.03	0	7.17	11.41	0.12	3.31	
					小计							13.24	37.26	0.39	6.12	

注：数量栏应填写本项清单所包含的该定额的工程量/清单工程量。

综合单价分析表

工程名称：广联达办公大厦-云南　　标段：

序号	项目编码	项目名称	计量单位	定额编号	定额名称	定额单位	数量	清单综合单价组成明细								综合单价/元
								单价/元				合价/元				
								人工费	材料费	机械费	未计价材料费	人工费	材料费+未计价材料费	机械费	管理费和利润	
									基价							
81	011101003002	细石混凝土不上人屋面	m²	01080175换	石油沥青玛蹄脂1遍平面	100m²	0.01	130.03	901.42	0	0	1.3	9.01	0	0.6	25.38
				01090019换	找平层 水泥砂浆 硬基层上 20mm 换为【水泥砂浆1:3】	100m²	0.01	576.68	573.87	28.47	0	5.77	5.74	0.28	2.67	
					小计							7.07	14.75	0.28	3.27	
82	011102001001	大理石楼面（800×800）	m²	01090023换	找平层 商品细石混凝土 硬基层面上厚30mm 实际厚度(mm):50 换为【（商）混凝土C10】	100m²	0.0099	812.48	3.06	6.82	1284.99	8.05	12.76	0.07	3.71	235.54
				01090062换	大理石楼地面 周长3200mm以内单色 换为【勾缝用白水泥砂浆1:1】换为【水泥砂浆1:2】	100m²	0.0099	2880.44	677.4	78.69	16320	28.54	168.44	0.78	13.19	
					小计							36.59	181.2	0.85	16.9	

注：数量栏填写本项清单中所包含的该定额的工程量/清单工程量。

综合单价分析表

工程名称:广联达办公大厦-云南

标段:

清单综合单价组成明细

序号	项目编码	项目名称	计量单位	定额编号	定额名称	定额单位	数量	单价/元				合价/元				综合单价/元
								基价			未计价材料费	人工费	材料费+未计价材料费	机械费	管理费和利润	
								人工费	材料费	机械费						
83	011102003001	防滑地砖地面	m²	01010122	人工原土打夯	100m²	0.01	104.32	0	13.97	0	1.04	0	0.14	0.49	207.6
				01090013	地面垫层 混凝土地坪 商品混凝土	10m³	0.01	503.22	25.54	13.42	2559.85	5.03	25.85	0.13	2.32	
				01090019换	找平层 水泥砂浆 硬基层上 20mm	100m²	0.01	576.68	573.87	28.47	0	5.77	5.74	0.28	2.67	
				01090106换	陶瓷地砖 楼地面 周长在1600mm以内 换【勾缝用白水泥砂浆1:1】换为【水泥砂浆1:2】	100m²	0.01	1942.34	676.77	73.63	12300	19.33	129.13	0.73	8.94	
					小计							31.17	160.72	1.28	14.42	

注:数量栏填写本项清单中所包含的该定额的工程量/清单工程量。

综合单价分析表

工程名称：广联达办公大厦-云南　　标段：

清单综合单价组成明细

序号	项目编码	项目名称	计量单位	定额编号	定额名称	定额单位	数量	单价/元				合价/元				综合单价/元
								基价			未计价材料费		材料费+未计价材料费			
								人工费	材料费	机械费		人工费		机械费	管理费和利润	
84	011102003002	铺地面砖上人屋面	m²	01080046	高聚物改性沥青防水卷材 满铺	100m²	0.01	636.18	1238.56	0	3953.45	6.36	51.92	0	2.93	264.21
				01090018换	找平层 水泥砂浆 填充料上:20mm 换为【水泥砂浆1:3】	100m²	0.01	523.78	716.59	35.65	0	5.24	7.17	0.36	2.43	
				01090018换	找平层 水泥砂浆 填充料上:20mm 换为【水泥砂浆1:3】	100m²	0.01	523.78	677.14	35.65	0	5.24	6.77	0.36	2.43	
				01090019换	找平层 水泥砂浆 硬基层上:20mm 换为【水泥砂浆1:3】	100m²	0.01	576.68	573.87	28.47	0	5.77	5.74	0.28	2.67	
				01090106换	陶瓷地砖 楼地面 周长在1600mm以内	100m²	0.01	1942.34	640.85	73.63	12300	19.42	129.41	0.74	8.98	
					小计							42.03	201.01	1.74	19.44	
85	011102003003	防滑地砖楼面（400mm×400mm）	m²	01090019换	找平层 水泥砂浆 硬基层上:20mm 换为【水泥砂浆1:3】	100m²	0.0099	576.68	573.87	28.47	0	5.74	5.71	0.28	2.66	172.46
				01090106换	陶瓷地砖 楼地面 周长在1600mm以内 勾缝用白水泥砂浆1:1 换为【水泥砂浆1:2】	100m²	0.0099	1942.34	676.77	73.63	12300	19.32	129.08	0.73	8.94	
					小计							25.06	134.79	1.01	11.6	

注：数量栏必填写本项清单中所包含的该定额的工程量/清单工程量。

综合单价分析表

工程名称:广联达办公大厦-云南 　　标段:

序号	项目编码	项目名称	计量单位	定额编号	定额名称	定额单位	数量	单价/元 基价 人工费	单价/元 基价 材料费	单价/元 基价 机械费	单价/元 未计价材料费	合价/元 人工费	合价/元 材料费+未计价材料费	合价/元 机械费	合价/元 管理费和利润	综合单价/元
									清单综合单价组成明细							
86	011102003004	防滑地砖防水楼面(400mm×400mm)	m²	01090019换	找平层 水泥砂浆 硬基层上 20mm 换为【水泥砂浆 1:3】	100m²	0.0099	576.68	573.87	28.47	0	5.73	5.7	0.28	2.65	
				01090106换	陶瓷地砖 楼地面 周长在 1600mm 以内 换【勾缝用白水泥砂浆 1:1】换为【水泥砂浆 1:2】	100m²	0.0099	1942.34	676.77	73.63	12300	19.31	128.98	0.73	8.93	172.31
					小计							25.04	134.68	1.01	11.58	
87	011105001001	水泥砂浆踢脚线	m	01090029换	水泥砂浆 踢脚线	100m	0.01	367.31	97.29	4.22	0	3.67	0.97	0.04	1.69	
					小计							3.67	0.97	0.04	1.69	6.38
88	011105003001	地砖踢脚线	m²	01090111换	陶瓷地砖 踢脚线 换为【水泥砂浆 1:2.5】	100m²	0.01	3144.17	416.14	56.06	12240	31.44	126.56	0.56	14.51	
					小计							31.44	126.56	0.56	14.51	173.08
89	011105003002	大理石踢脚线	m	01090077换	成品踢脚线 大理石 换【水泥砂浆 换为【水泥砂浆 1:2.5】	100m	0.01	596.52	75.92	3.38	765	5.97	8.41	0.03	2.75	
					小计							5.97	8.41	0.03	2.75	17.16

注:数量栏应填写本项清单中所包含的该定额的工程量清单工程量。

综合单价分析表

工程名称：广联达办公大厦-云南　　　标段：　　　　　　　　　　　　　　　　　　　　　

清单综合单价组成明细

序号	项目编码	项目名称	计量单位	定额编号	定额名称	定额单位	数量	单价/元				合价/元				综合单价/元
								基价			未计价材料费	人工费	材料费+未计价材料费	机械费	管理费和利润	
								人工费	材料费	机械费						
90	011106002001	防滑地砖楼梯面层	m²	01090019换	找平层 水泥砂浆 硬 基层上 20mm 换为【水泥砂浆1:3】	100m²	0.01	576.68	573.87	28.47	0	5.77	5.74	0.28	2.67	262.21
				01090113换	陶瓷地砖 楼梯 换为【水泥砂浆1:2】	100m²	0.01	4370.99	931.31	91.11	17364	43.71	182.95	0.91	20.18	
					小计							49.48	188.69	1.19	22.85	
91	011107004001	水泥砂浆台阶面	m²	01090028换	水泥砂浆 台阶 20mm厚	100m²	0.01	2063.55	1066.92	35.48	0	20.64	10.67	0.35	9.53	41.17
					小计							20.64	10.67	0.35	9.53	
92	011201001001	水泥砂浆墙面	m²	01100008换	一般抹灰 水泥砂浆抹灰 内墙面砖,混凝土 基层(7+6+5)mm 换为【水泥砂浆1:2.5】换为【水泥砂浆1:3】	100m²	0.01	1251.8	564.01	25.85	0	12.52	5.64	0.26	5.78	24.2
					小计							12.52	5.64	0.26	5.78	
93	011203001001	零星项目一般抹灰	m²	01090019	找平层 水泥砂浆 硬 基层上 20mm 换为【水泥砂浆(防水)1:2.5】	100m²	0.01	576.68	35.68	28.47	654.94	5.77	6.91	0.28	2.67	15.62
					小计							5.77	6.91	0.28	2.67	

注：数量栏填写本项清单中所包含的该定额的工程量/清单工程量。

综合单价分析表

工程名称:广联达办公大厦-云南　　　标段:

序号	项目编码	项目名称	计量单位	定额编号	定额名称	定额单位	数量	单价/元				合价/元				综合单价/元
								人工费	材料费 基价	机械费	未计价材料费	人工费	材料费+未计价材料费	机械费	管理费和利润	
94	011204003001	面砖饰面	m²	011000001 换	一般抹灰 水泥砂浆抹灰 外墙面(7+7+6)mm 砖基层 换为【水泥砂浆1:3】	100m²	0.01	1800.04	657	32.52	0	18	6.57	0.33	8.31	110.51
				011000148 换	外墙面 水泥砂浆粘贴 面砖 周长1600mm以内	100m²	0.01	3728.13	343.5	16.03	1924	37.28	22.68	0.16	17.19	
					小计							55.28	29.25	0.49	25.5	
95	011204003002	面砖饰面	m²	011000003 换	一般抹灰 水泥砂浆抹灰 外墙面(7+7+6)mm 混凝土基层 换为【水泥砂浆1:3】	100m²	0.01	2093.6	690.67	32.52	0	20.94	6.91	0.33	9.66	115.13
				011000148 换	外墙面 水泥砂浆粘贴 面砖 周长1600mm以内	100m²	0.01	3728.13	343.5	16.03	1924	37.28	22.68	0.16	17.19	
					小计							58.22	29.59	0.49	26.85	

注:数量栏中填写本项清单中所包含的该定额的工程量清单工程量。

综合单价分析表

工程名称：广联达办公大厦-云南   标段：

清单综合单价组成明细

序号	项目编码	项目名称	计量单位	定额编号	定额名称	定额单位	数量	单价/元				合价/元				综合单价/元
								人工费	基价 材料费	机械费	未计价材料费	人工费	材料费+未计价材料费	机械费	管理费和利润	
96	01120400003003	瓷砖墙面	m²	01100008换	一般抹灰 水泥砂浆抹灰 内墙面 砖、混凝土基层(7+6+5)mm 换为【水泥砂浆1:3】	100m²	0.0099	1251.8	564.01	25.85	0	12.39	5.58	0.26	5.72	99.22
				01100031换	一般抹灰砂浆厚度调整 每增减1mm 换为【水泥砂浆1:3】 把人材机80215004替换为人材机80215005(含量乘以-4)	100m²	0.0099	27.91	31.98	1.69	0	0.28	0.32	0.02	0.13	
				01100164换	内墙面釉面砖粘贴(水泥砂浆粘贴)周长1200mm以内	100m²	0.01	3566.66	302.61	17.13	1924	35.66	22.26	0.17	16.44	
					小计							48.33	28.16	0.45	22.29	
97	01120900002001	全玻(无框玻璃)幕墙	m²	01100286	玻璃幕墙(玻璃规格1.6m×0.9m)明框	100m²	0.01	11019.39	767.03	1237.13	69007.9	110.19	787.75	12.37	51.31	961.62
					小计							110.19	787.75	12.37	51.31	

注：数量栏填写本项清单中所包含的该定额的工程量÷清单工程量。

综合单价分析表

工程名称：广联达办公大厦-云南　　标段：

清单综合单价组成明细

序号	项目编码	项目名称	计量单位	定额编号	定额名称	定额单位	数量	基价 人工费	基价 材料费	基价 机械费	未计价材料费	合价 人工费	合价 材料费+未计价材料费	合价 机械费	管理费和利润	综合单价/元
98	01130100101001	天棚抹灰	m²	01110005换	天棚抹灰 混凝土面 现浇 换为【混合砂浆 1:1:4】换为【混合砂浆 1:0.3:3】	100m²	0.01	1227.84	436.92	20.28	0	12.3	4.38	0.2	5.68	22.57
					小计							12.3	4.38	0.2	5.68	
99	01130200101001	铝合金条板吊顶	m²	01110033	装配式U形轻钢天棚龙骨(不上人型)龙骨间距400mm×500mm 平面	100m²	0.01	1785.12	425.13	12.89	3552.5	17.85	39.78	0.13	8.23	157.78
				01110144	天棚面层 铝合金条板 天棚闭缝	100m²	0.01	1241.8	2595.49	0	4768.36	12.42	73.64	0	5.72	
					小计							30.27	113.42	0.13	13.95	
100	01130200101002	穿孔石膏吸声板吊顶	m²	01110033	装配式U形轻钢天棚龙骨(不上人型)龙骨间距400mm×500mm 平面	100m²	0.01	1785.12	425.13	12.89	3552.5	17.85	39.78	0.13	8.23	110.9
				01110135	天棚面层 石膏吸声板	100m²	0.01	1164.23	62.93	0	2047.5	11.64	21.1	0	5.37	
				01120271	双飞粉面刷乳胶漆2遍 天棚抹灰面	100m²	0.01	260.79	2.74	0	297	2.61	3	0	1.2	
					小计							32.1	63.88	0.13	14.8	

注：数量栏填写本项清单中所包含的该定额的工程量/清单工程量。

综合单价分析表

工程名称：广联达办公大厦-云南　　标段：

清单综合单价组成明细

序号	项目编码	项目名称	计量单位	定额编号	定额名称	定额单位	数量	单价/元				合价/元				综合单价/元
								人工费	基价 材料费	机械费	未计价材料费	人工费	材料费+未计价材料费	机械费	管理费和利润	
101	011407001001	墙面喷刷涂料	m²	01120261	抹灰面乳胶漆墙面滚花	100m²	0.01	282.1	21.87	0	486.15	2.82	5.08	0	1.3	
				01120262	刮腻子2遍水泥砂浆混合砂浆墙面	100m²	0.01	323.23	103.97	0	16.06	3.23	1.2	0	1.49	15.12
					小计							6.05	6.28	0	2.79	
102	011407002001	天棚喷刷涂料	m²	01110003	天棚抹灰 混凝土面腻子现浇	100m²	0.01	589.82	47.16	27	1239.5	5.91	12.89	0.27	2.74	
				01120271	双飞粉面刷乳胶漆2遍 天棚抹灰面	100m²	0.01	260.79	2.74	0	297	2.61	3	0	1.2	28.63
					小计							8.52	15.89	0.27	3.94	
103	011503001001	金属扶手、栏杆	m	01090194	不锈钢管栏杆 直线型竖条式	100m	0.01	5972.46	2507.97	882.27	125246	59.72	1277.54	8.82	27.9	1373.98
					小计							59.72	1277.54	8.82	27.9	
104	011503001002	金属扶手、栏杆、栏板	m	01090194	不锈钢管栏杆 直线型竖条式	100m	0.01	5972.46	2507.97	882.27	125246	59.72	1277.54	8.82	27.9	1373.98
					小计							59.72	1277.54	8.82	27.9	
105	01B002	直螺纹钢筋接头	个	01050384	直螺纹钢筋接头 φ20内	10个	0.1	34.89	113.49	15.84	0	3.49	11.35	1.58	1.68	18.08
					小计							3.49	11.35	1.58	1.68	

注：数量栏填写本项清单中所包含的该定额的工程量/清单工程量。

综合单价分析表

工程名称:广联达办公大厦-云南

标段:

序号	项目编码	项目名称	计量单位	定额编号	定额名称	定额单位	数量	清单综合单价组成明细										综合单价/元
								单价/元				合价/元						
								基价			未计价材料费	人工费	材料费+未计价材料费	机械费	管理费和利润			
								人工费	材料费	机械费								
106	01B003	直螺纹钢筋接头	个	01050385	直螺纹钢筋接头 φ30 内	10 个	0.1	40.77	113.49	20.79	0	4.08	11.35	2.08	1.97			19.48
						小计						4.08	11.35	2.08	1.97			

注:数量栏填写本项清单中所包含的该定额的工程量/清单工程量。

总价措施项目清单与计价表

工程名称:广联达办公大厦-云南　　　　　　标段:　　　　　　　　　　　第1页 共1页

序号	项目编码	项目名称	计算基础	费率/%	金额/元	调整费率/%	调整后金额/元	备注
1	011707001001	安全文明施工费(建筑)			182685.47			
2	1.1	环境保护费、安全施工费、文明施工费(建筑)	建筑定额人工费+建筑定额机械费×8%	10.17	118716.37			
3	1.2	临时设施费(建筑)	建筑定额人工费+建筑定额机械费×8%	5.48	63969.1			
4	011707001002	安全文明施工费(独立土石方)						
5	2.1	环境保护费、安全施工费、文明施工费(独立土石方)	独立土石方定额人工费+独立土石方定额机械费×8%	1.6				
6	2.2	临时设施费(独立土石方)	独立土石方定额人工费+独立土石方定额机械费×8%	0.4				
7	011707002001	夜间施工增加费						
8	011707004001	二次搬运费						
9	011707005001	冬、雨季施工增加费,生产工具用具使用费,工程定位复测、工程点交、场地清理费	分部分项定额人工费+分部分项定额机械费×8%	5.95	69455.5			
10	011707007001	已完工程及设备保护费						
11	031301009001	特殊地区施工增加费	分部分项定额人工费+分部分项定额机械费	0				2500m<海拔≤3000m的地区,费率为8;3000m<海拔≤3500m的地区,费率为15;海拔>3500m的地区,费率为20
		合　计			252140.97			

编制人(造价人员):　　　　　　　　　　　　　　　　　复核人(造价工程师):

注:按施工方案计算的措施费,若无"计算基数"和"费率"的数值,也可只填"金额"数值,但应在备注栏说明施工方案出处或计算方法。

(表-12)

其他项目清单与计价汇总表

工程名称:广联达办公大厦-云南 标段: 第1页 共1页

序号	项目名称	金额/元	结算金额/元	备注
1	暂列金额	800000		详见明细表
2	暂估价			
2.1	材料(设备)结算价	755034.82		详见明细表
2.2	专业工程暂估价			详见明细表
3	计日工	6694.60		详见明细表
4	总承包服务费			详见明细表
5	其他			
5.1	人工费调差			
5.2	机械费调差			
5.3	风险费			
5.4	索赔与现场签证			详见明细表
	合 计	806694.60		

注:①材料(工程设备)暂估单价进入清单项目综合单价,此处不汇总。

②机械费中燃料动力价差列入5.2项中。

(表-13)

暂列金额明细表

工程名称:广联达办公大厦-云南　　　　　　　　　　　　　　　　　　　第 1 页 共 1 页

序号	子目名称	计量单位	暂列金额/元	备注
1	暂估工程价		800000	
	合　计		800000	—

注:此表由招标人填写,如不能详列,也可只列暂列金额总额,投标人应将上述暂列金额计入投标总价中。

（表-13-1）

材料(工程设备)暂估单价及调整表

工程名称:广联达办公大厦-云南　　　　标段:　　　　　　　第 1 页 共 1 页

序号	材料(工程设备)名称、规格、型号	计量单位	数量		暂估/元		确认/元		差额 ±/元		备注
			暂估	确认	单价	合价	单价	合价	单价	合价	
1	全瓷墙面砖 300mm × 300mm	m²	1490		18.5	27565.73					
2	全瓷墙面砖 400mm × 400mm	m²	1905		18.5	35237.68					
3	陶瓷地面砖 400mm × 400mm	m²	1784		120	214050.76					
4	大理石(踢脚线) $h = 150mm$	m²	203.7		50	10184.29					
5	大理石板	m²	2284		160	365412.96					
6	花岗岩板 $\delta = 20mm$	m²	5.883		220	1294.26					
7	石膏吸声板 $\delta = 10mm$	m²	1061		19.5	20679.95					
8	铝合金条板(100mm 宽)$\delta = 0.6mm$	m²	1724		35	60327.4					
9	乙级钢质防火门	m²	27.72		545	15107.4					
10	甲级钢质防火门	m²	5.88		880	5174.4					
	合　计					755034.83					

注:此表由招标人填写"暂估单价",并在备注栏说明暂估价的材料、工程设备拟用在哪些清单项目上,投标人应将上述材料、工程设备暂估单价计入工程量清单综合单价报价中。

(表-13-2)

计日工表

工程名称:广联达办公大厦-云南　　　　标段:　　　　　　　　第1页 共1页

编号	项目名称	单位	暂定数量	实际数量	综合单价/元	合价/元 暂定	合价/元 实际
一	人工						
1	木工	工日	10		107.32	734.62	
2	瓦工	工日	10		107.32	734.62	
3	钢筋工	工日	10		107.32	734.62	
	人工小计					2203.86	
二	材料						
1	砂子(特细)	m³	5		98	490	
2	水泥	m³	5		497	2485	
	材料小计					2975	
三	施工机械						
1	载重汽车	台班	1		500	500	
	施工机械小计					500	
四、企业管理费和利润						1015.74	
总　计						6694.6	

注:此表项目名称、暂定数量由招标人填写,编制招标控制价时,单价由招标人按有关计价规定确定;投标时,单价由投标人自主报价,按暂定数量计算合价计入投标总价中。结算时,按发包承包双方确认的实际数量计算合价。

（表-13-4）

规费、税金项目计价表

工程名称:广联达办公大厦-云南　　　　标段:　　　　　　　第 1 页 共 1 页

序号	项目名称	计算基础	计算基数	计算费率/%	金额/元
1	规费	定额人工费	406506.42		406506.42
1.1	社会保险费、住房公积金、残疾人保证金	定额人工费	1505579.34	26	391450.63
1.2	危险作业意外伤害险	定额人工费	1505579.34	1	15055.79
1.3	工程排污费				
2	税金	分部分项工程费+措施项目费+其他项目费+规费-不计税工程设备费	9755018.62	11.36	1108170.12
	合计				1514676.54

编制人(造价人员):　　　　　　　　　　　　　复核人(造价工程师):

(表-14)

单位工程未计价材汇总表

工程名称:广联达办公大厦-云南　　　　　标段:　　　　　　　　　第 1 页 共 2 页

序号	材料编码	材料名称	规格、型号	单位	单价/元	数量	单价来源
1	01010007	Ⅰ级钢筋	HPB300 φ10 以内	t	4390	90.635	
2	01010009	Ⅰ级钢筋	HPB300 φ10 以外	t	4390	0.165	
3	01010027	Ⅱ级螺纹钢	HRB335 φ12	t	3850	82.37	
4	01010027	Ⅱ级螺纹钢	HRB335 φ14	t	3850	18.05	
5	01010027	Ⅱ级螺纹钢	HRB335 φ16	t	3652	9.279	
6	01010027	Ⅱ级螺纹钢	HRB335 φ18	t	3652	6.743	
7	01010027	Ⅱ级螺纹钢	HRB335 φ20	t	3652	49.852	
8	01010027	Ⅱ级螺纹钢	HRB335 φ22	t	3652	20.376	
9	01010027	Ⅱ级螺纹钢	HRB335 φ10 以外	t	3652	99.121	
10	01010027	Ⅱ级螺纹钢	HRB335 φ28	t	3652	20.546	
11	01010030	Ⅲ级螺纹钢	HRB400 φ28	t	4400	0.543	
12	01510009	铝合金靠墙条板		m	58	571.997	
13	01510013	铝合金型材		kg	58	4377.147	
14	03030009	不锈钢门夹		个	11.5	3.969	
15	03030026	地弹簧		副	418	3.969	
16	03030037	高档门拉手	(不锈钢 φ50×25)	个	48	3.969	
17	03210010	U 形卡		百套·天	3.55	737.033	
18	03210110	防裂钢丝网		m²	5	3207.866	
19	03210324	土夹石(含石量约占50%)		m³	42	14.557	
20	04030006	矿渣硅酸盐水泥	P·S 42.5	t	370	3.268	
21	04050002	河砂		m³	120	0.685	
22	04150040	混凝土实心砌块	240mm×115mm×53mm	千块	389.36	32.421	
23	06050003	钢化玻璃	δ=12mm	m²	130	6.623	
24	06210001	热反射玻璃		m²	70	417.464	
25	07030018	全瓷墙面砖	300mm×300mm	m²	18.5	1490.039	
26	07030019	全瓷墙面砖	400mm×400mm	m²	18.5	1904.739	
27	07050012	陶瓷地面砖	400mm×400mm	m²	120	1783.756	
28	07050016	陶瓷地砖		m²	120	220.498	
29	08010001	大理石(踢脚线)	h=150mm	m²	50	203.686	
30	08010003	大理石板		m²	160	2283.831	
31	08030020	花岗岩板	δ=20mm	m²	220	5.883	
32	09010005	石膏吸声板	δ=10mm	m²	19.5	1060.511	
33	09050012	铝合金条板(100mm 宽)	δ=0.6mm	m²	35	1723.64	
34	10010060	轻钢龙骨不上人型(平面)	400mm×500mm	m²	35	3015.484	
35	11010019	成品木门(带门套)		m²	500	137.55	

单位工程未计价材汇总表

序号	材料编码	材料名称	规格、型号	单位	单价/元	数量	单价来源
36	11010019	丙级木质防火门		m²	534.1	22.3	
37	11090013	铝合金平开窗		m²	267.84	540.54	
38	11090014	铝合金平开门		m²	330	6.3	
39	11110005	乙级钢质防火门		m²	545	27.72	
40	11110005	甲级钢质防火门		m²	880	5.88	
41	11260010	钢百叶窗		m²	217	0.95	
42	13030002	177 乳液涂料		kg	10.5	350.474	
43	13030074	乳胶漆		kg	15	2060.299	
44	13330011	高聚物改性沥青防水卷材	$\delta=3mm$	m²	31.5	6576.05	
45	13330013	聚氯乙烯灰色 PVC 卷材	1.2	m²	40	1112.21	
46	13330033	改性沥青防水涂料		kg	6.8	1455.099	
47	13330035	耐水腻子(粉)		kg	6.7	2827.836	
48	14230013	滑石粉		kg	0.44	2030.524	
49	15030007	岩棉板	$\delta=30mm$	m²	480	39.854	
50	15070006	玻璃纤维布		m²	8	891.87	
51	15130029	聚乙烯泡沫塑料	$\delta=5mm$	m²	28	1804.583	
52	17010145	焊接钢管	$\phi48\times3.5$	t·天	5.29	17922.216	
53	17050090	不锈钢管扶手	$\phi31.8\times1.5$	m	220	561.842	
54	18150197	排水管伸缩接头		个	1.6	14.726	
55	18310120	排水管检查口		个	2.87	16.184	
56	35010007	组合钢模板综合		m²·天	0.35	224109.168	
57	35030001	对接扣件		百套·天	3.3	4536.224	
58	35030012	回转扣件		百套·天	5.2	1555.09	
59	35030038	直角扣件		百套·天	5	24270.239	
60	37330008	底座		百套·天	8.42	702.984	
61	80010019	水泥砂浆(防水)1:2.5		m³	324.23	0.87	
62	80210086	(商)混凝土	C10	m³	253.45	200.966	
63	80210087	(商)混凝土	C15	m³	262.35	138.342	
64	80210089	(商)混凝土	C25	m³	278.25	647.5	
65	80210091	(商)混凝土	C30	m³	276.2	786.879	
66	80210879	(商)混凝土	C20	m³	270.3	6.723	